# Lua程序设计

Programming in Lua (fourth edition)　　（第4版）

[巴西] Roberto Ierusalimschy　著
梅隆魁　译

U0281258

電子工業出版社
Publishing House of Electronics Industry
北京•BEIJING

## 内 容 简 介

本书由 Lua 语言作者亲自撰写，针对 Lua 语言本身由浅入深地从各个方面进行了完整和细致的讲解。作为第 4 版，本书主要针对的是 Lua 5.3，这是本书撰写时 Lua 语言的最新版本。作者从语言使用者的角度出发，讲解了语言基础、编程实操、高级特性及 C 语言 API 等四个方面的内容，既有 Lua 语言基本数据类型、输入输出、控制结构等基础知识，也有对模块、闭包、元表、协程、延续、反射、环境、垃圾回收、函数式编程、面向对象编程、C 语言 API 等高级特性的系统讲解，还有对 Lua 5.3 中引入的整型、位运算、瞬表、延续等新功能的细致说明。

所有与 Lua 语言打交道的人均能从本书受益，包括游戏、嵌入式、物联网、软件安全、逆向工程、移动互联网、C 语言核心系统开发等诸多领域中对 Lua 语言有一般使用需要的从业人员，以及需要从编译原理或语言设计哲学和实现角度深入学习 Lua 语言脚本引擎的高级开发者或研究人员。



版权贸易合同登记号　图字：01-2017-5969

**图书在版编目（CIP）数据**

Lua 程序设计：第 4 版 /（巴西）罗伯拖·鲁萨利姆斯奇（Roberto Ierusalimschy）著；梅隆魁译. — 北京：电子工业出版社，2018.6

书名原文：Programming in Lua (fourth edition)

ISBN 978-7-121-33804-5

I. ①L…II. ① 罗…② 梅…III. ① 游戏程序 – 程序设计 IV. ①TP317.6

中国版本图书馆 CIP 数据核字（2018）第 042514 号

策划编辑：符隆美
责任编辑：许　艳
印　　刷：北京天宇星印刷厂
装　　订：北京天宇星印刷厂
出版发行：电子工业出版社
　　　　　北京市海淀区万寿路 173 信箱　　邮编 100036
开　　本：787×980　1/16　印张：27　字数：560 千字
版　　次：2018 年 6 月第 1 版（原著第 4 版）
印　　次：2025 年 3 月第 21 次印刷
定　　价：89.00 元

凡所购买电子工业出版社图书有缺损问题，请向购买书店调换。若书店售缺，请与本社发行部联系，联系及邮购电话：（010）88254888，88258888。

质量投诉请发邮件至 zlts@phei.com.cn，盗版侵权举报请发邮件至 dbqq@phei.com.cn。

本书咨询联系方式：（010）51260888-819　faq@phei.com.cn。

# 推荐序一

Lua 这种类似于“胶水”的语言在游戏行业被广泛应用。我已经在游戏行业摸爬滚打了很多年，对游戏行业的变化之快深有体会：游戏策划时常更改设计是行业特点，工程师必须把“不要写死，要能热更”这句话刻在心里。因此在做开发时，大家喜欢把逻辑放在 Lua 这种嵌入型语言中，一方面是因为 Lua 性能好，另一方面主流引擎都支持通过推送 Lua 脚本来实现热更新，这样在修改 Bug 或者更新内容时，用户就不需要重新下载整个游戏安装包。并且 Lua 上手难度不高，所以很多初入游戏行业的程序员往往先学 Lua。但是，Lua 的中文学习资料很有限，社区上的知识比较零碎，为数不多的英文书翻译本也质量平平或其中所讲的版本已经过时，增加了初学者系统学习 Lua 的难度。所以，现在我们手中的这本用心打磨的译本，无疑是初学者的福音。

翻译一本有用的但不蹭热点的书，就像我们开发一款源自内心的喜爱却不跟风的游戏，也许不会成为爆款，但是总会对得起自己，也总能收获一群用户的喜爱。这本《Lua 程序设计（第 4 版）》，体现了译者的“傻劲”——不追捧热点、专注自己想做的事情。这种“傻劲”是这个时代稀缺的。然而读者也好，游戏用户也好，往往就喜欢这种“傻人”和他们的“傻劲”，我真心希望这样的“傻人”“傻劲”能多一些。

译者还计划要做一个 Lua 的社区，欢迎大家关注，也欢迎推荐给身边的朋友，独乐乐不如众乐乐。最后，开卷有益，祝大家学习愉快。

焦洋

盖娅互娱 CTO

# 推荐序二

这几年来，由于阅读 Lua 虚拟机实现源码的缘故，我深入了解了 Lua 的很多内部实现原理。Lua 作为一门诞生已经超过 20 年的语言，在设计上是非常克制的，以 Lua 5.1.4 版本来说，这个版本是 Lua 发展了十几年之后稳定使用了很长时间的版本，其解释器加上周边的库函数等不过就是一万多行的代码。

在设计上，Lua 语言从一开始就把简单、高效、可移植、可嵌入、可扩展等作为自己的目标。打一个可能不是太恰当的比方，Lua 语言专注于做一个配角，作为胶水语言来辅助像 C、C++ 这样的主角来更好地完成工作，当其他语言在前面攻城拔寨时，Lua 语言在后方实现自己辅助的作用。现在大部分主流编程语言都在走大而全的路线，在号称学会某一门语言就能成为所谓的“全栈工程师”的年代，Lua 语言始终恪守本分地做好“胶水语言”的本职工作，不得不说是一个异类的存在。

“上善若水，水善利万物而不争”，这大概是我能想到的最适合用于来描述 Lua 语言设计哲学的句子。

然而，我发现想找到一本关于 Lua 语言本身设计相关的书籍却很难。打开任何一个电商网站，以关键字“Lua”来进行搜索，能找到的相关书籍大多是如何基于 Lua 做应用开发，如游戏、OpenResty 等。在 2008 年，国内曾引进并翻译了《Lua 程序设计（第 2 版）》。然而，这一本书已经绝版不再印刷，而且 Lua 在这些年里也发生了不少的变化，从当时的 5.1 版本到了现在的 5.3 版本，也在更多领域有了广泛的应用。此时，引进并且翻译最新版本的《Lua 程序设计（第 4 版）》就显得很有必要了。

推荐那些常年要与 Lua 打交道的应用开发者都读一下这本由 Lua 创作者亲自编写的《Lua 程序设计（第 4 版）》，系统了解一下这门精致的语言，这不但对于深入理解并且使用好 Lua 有帮助，同时其设计哲学和思想也能在某种程度上开阔我们的视野。

Codedump<br>《Lua 设计与实现》作者

# 译者序

2016 年 2 月，时年 27 岁的我因春节期间暴饮暴食导致急性胰腺炎入院治疗两个余月。当真正别无选择地终日躺在病床上时，就似乎不可避免地开始面对和尝试回答那个亘古不变的问题：“假设有一天我死了，究竟能够留下什么？”

Lua 语言从 1993 年诞生至今已 20 余年，是开源嵌入式脚本语言领域中一门独树一帜的语言，在包括嵌入式、物联网、游戏、游戏外挂、软件安全、逆向工程乃至机器学习等领域中均具有不可替代的重要地位和极为广泛的应用。截至 2017 年 7 月，Lua 语言在 IEEE Spectrum 编程语言排行榜中名列第 21 位（http://spectrum.ieee.org/static/interactive-the-top-programming-languages-2017），在 TIOBE 排行榜中名列第 27 位（The TIOBE Programming Community index，https://www.tiobe.com/tiobe-index）。近年来，除了游戏领域典型的应用外，包括 Redis、Nginx/OpenResty、NMAP、WOW、OpenWRT、PhotoShop 等大量的著名产品也均使用 Lua 作为其嵌入式脚本引擎，以供开发者进行功能扩展和二次开发等。伴随着移动互联网、DevOps 等的迅猛发展，Lua 语言在包括热更新、不停机部署等的实现方面也提供了一种现实的解决方案（例如银行等金融应用中某些采用 C 语言编写的性能密集型核心交易逻辑）。在 Lua 语言多年的发展过程中，也有大量的第三方机构对 Lua 语言进行了多方面的改进和增强，诸如 Lua JIT 等的发展也十分迅速。

除了语言本身的使用外，从语言的实现、原理、设计哲学等角度看，Lua 语言也是学习编译原理、虚拟机、脚本引擎等的重要参考和现实依据，可以成为相关领域教科书式的典范，在国外也一直是部分高校计算机专业开展相关课程时的重要学习对象之一。在游戏领域，深入学习 Lua 语言后进行消化、吸收、优化、重构、增强甚至基于 Lua 语言的思想重新开发一种脚本语言或一个脚本引擎的例子屡见不鲜；在软件安全领域，基于虚拟机的思想设计出的各类混淆、VM 保护产品更是有无数的先例；在各种灰色产业中，Lua 语言也同样扮演了更加鲜为人知的重要角色。

我在研究生期间学习嵌入式和游戏逆向领域的过程中涉猎了 Lua 语言，之后由于在工作中需要编写 Nginx 和 Redis 的 Lua 脚本（Redis 的 Lua 脚本在原子性、执行效率等方面具有显著优势）才开始对 Lua 语言进行深入的学习。然而，在学习 Lua 语言的过程中，我发现国内对 Lua 语言的应用仍主要集中在传统的游戏领域，市面上有限的几本在售书籍也主要针对 Lua 语言在游戏开发中的使用，并没有一本书从语言本身的维度进行系统性介绍。目前网络上的各类中文资料、教程、手册也大多是碎片化的，而且面向的还主要是 Lua 语言的陈旧版本。对于有一定专业素养的从业人员而言，通常可以通过文档或速成式的教程在数天或数周内基本掌握一门语言，对于非计算机专业的开发人员或一般使用者则会难些。但我认为即便只考虑专业从业者，也需要一本权威、系统且工具性的书籍对 Lua 语言进行全面的介绍，以帮助实现低成本地快速学习和快速上手。此外，从事游戏逆向等软件安全领域的人士也有快速建立对 Lua 语言认知甚至进行深入学习的必要。

2006 年左右，本书的英文第 2 版出版后，国内出版了其中文译本，但至今已经超过 10 年，且本书的英文第 3 版也已经对全书的内容进行了重大重构，最新的 Lua 5.3 也发生了较大的变化，因此之前的中文第 2 版和网络上流传的影印版 PDF 均已经不能满足读者现有的需求。在这样的情况下，加上机缘的巧合，我于 2016 年 11 月开始与电子工业出版社博文视点的符隆美编辑一起联系了远在巴西的 Lua 语言的作者，并最终从国内诸多出版商和译者中杀出重围，艰难地争取到了作者的翻译版授权。

目前 Lua 语言在国内的发展不像 Python 语言、R 语言等为人熟知，也不似 Go 语言等站在风口浪尖，但 Lua 语言在国外却一直保持着持续性的演进，在过去 20 年间表现出了极为强大的生命力（随便举一个嵌入式领域 OpenWrt 路由器操作系统的例子，目前在各大主流路由器品牌或 KOS/小博无线等商业 WIFI 服务商中均扮演着不可替代的重要作用）。我相信，尽管略显小众，译文中也难免有值得商榷之处，这样一本针对 Lua 语言最新版本的权威、系统性的中文译本都应该能够为游戏、嵌入式、物联网、逆向工程、软件安全、移动互联网、C 语言核心系统开发工程师等诸多领域的学生、爱好者和从业人员提供些许帮助——而这也是我作为一名计算机行业从业人员的愿望。

在开始本书的翻译工作前，我自诩具有尚可的文字感知和表达能力，在多年的学习和工作中也阅读过计算机行业多个不同领域的大量中英文文档，力图以“信、达、雅”的原则要求自己，从一名计算机行业一线从业者的角度，在尽可能正确地理解了原著英文意思后，用尽可能专业的语言进行表述，避免出现读者“感觉还不如直接去看英本原版”的情况。但是，2017 年 4 月 20 日我拿到本书的部分原稿并开始着手翻译后，我发现在“信、达、雅”三者间做好平衡着实不是一件易事。受精力和能力所限，我也并未在实际生产代码中使用过原著中讲解的所有机制，所以译文中也一定会有诸多不妥、失误甚至错误，如果读者有任何意见或建议可以直接通过我的邮箱（mlkui@163.com）或 QQ 读者交流群（QQ 群号：662640785）联系我，我会虚心接受一切批评和指正。

最后，我要感谢对本书的出版做出了直接和间接贡献的人。

感谢我的父母、妻子及亲人们多年来给予的无限关心、支持和陪伴，你们是我今天幸福生活的缔造者和组成者，也是我奋斗的根本动力和首要原因。

感谢我不便在此一一列举的领导和同事们，感谢他们一直以来在工作和生活中给予的无限支持、认可、包容和指点，尽管他们中的有一些已经离开。

感谢中学、本科及研究生的朋友、同学、老师和团队，感谢他们多年以来给予的陪伴、认可和信任，也祝愿我们在未来有机会携手共创辉煌。

感谢电子工业出版社及其计算机图书分社博文视点，感谢博文视点符隆美编辑的认可和信任，感谢他们在本书引进并最终出版发行全过程中的卓越眼光和艰辛努力。

这是我自己真正署名的第一本技术书籍，我会把本书微薄的版税收入全部用于 Lua 语言中文官方网站http://www.lua-lang.org.cn的日常服务器及带宽开支，并捐献给其他投入国内 Lua 语言推广的相关组织和活动。我想，我终于可以给这个世界留下点什么了。

真诚希望我的劳动能够帮助更多有需要的人，帮助他们创造更多的价值！

梅隆魁

2017 年 7 月于北京

# 前言

1993 年，当我和 Waldemar、Luiz 开发 Lua 语言时，我们并没有想象到它会像今天这样被如此广泛地使用。当年，Lua 语言只是为了两个特定项目而开发的实验室项目；如今，Lua 语言被大量应用于需要一门简明、可扩展、可移植且高效的脚本语言的领域中，例如嵌入式系统、移动设备、物联网，当然还有游戏。

Lua 语言从一开始就被设计为能与 C/C++ 及其他常用语言开发的软件集成在一起使用的语言，这种设计带来了非常多的好处。一方面，Lua 语言不需要在性能、与三方软件交互等 C 语言已经非常完善的方面重复“造轮子”，可以直接依赖 C 语言实现上述特性，因而 Lua 语言非常精简；另一方面，通过引入安全的运行时环境、自动内存管理、良好的字符串处理能力和可变长的多种数据类型，Lua 语言弥补了 C 语言在非面向硬件的高级抽象能力、动态数据结构、鲁棒性、调试能力等方面的不足。

Lua 语言强大的原因之一就在于它的标准库，这不是偶然，毕竟扩展性本身就是 Lua 语言的主要能力之一。Lua 语言中的许多特性为扩展性的实现提供了支持：动态类型使得一定程度的多态成为了可能，自动内存管理简化了接口的实现（无须关心内存的分配/释放及处理溢出），作为第一类值的函数支持高度的泛化，从而使得函数更加通用。

Lua 语言除了是一门可扩展的语言外，还是一门*胶水语言*（*glue language*）。Lua 语言支持组件化的软件开发方式，通过整合已有的高级组件构建新的应用。这些组件通常是通过 C/C++ 等编译型强类型语言编写的，Lua 语言充当了整合和连接这些组件的角色。通常，组件（或对象）是对程序开发过程中相对稳定逻辑的具体底层（如小部件和数据结构）的抽象，这些逻辑占用了程序运行时的大部分 CPU 时间，而产品生命周期中可能经常发生变化的逻辑则可以使用 Lua 语言来实现。当然，除了整合组件外，Lua 语言也可以用来适配和改造组件，甚至创建全新的组件。

诚然，Lua 语言并非这个世界上唯一的脚本语言，还有许多其他的脚本语言提供了类似的能力。尽管如此，Lua 语言的很多特性使它成为解决许多问题的首选，这些特性如下。

**可扩展：** Lua 语言具有卓越的可扩展性。Lua 的可扩展性好到很多人认为 Lua 超越了编程语言的范畴，其甚至可以成为一种用于构建领域专用语言（Domain-Specific Language,

DSL）的工具包。Lua 从一开始就被设计为可扩展的，既支持使用 Lua 语言代码来扩展，也支持使用外部的 C 语言代码来扩展。在这一点上有一个很好的例证：Lua 语言的大部分基础功能都是通过外部库实现的。我们可以很容易地将 Lua 与 C/C++、Java、C# 和 Python 等结合在一起使用。

**简明：** Lua 语言是一门精简的语言。尽管它本身具有的概念并不多，但每个概念都很强大。这样的特性使得 Lua 语言的学习成本很低，也有助于减小其本身的大小（其包含所有标准库的 Linux 64 位版本仅有 220 KB）。

**高效：** Lua 语言的实现极为高效。独立的性能测试说明 Lua 语言是脚本语言中最快的语言之一。

**可移植：** Lua 语言可以运行在我们听说过的几乎所有平台之上，包括所有的类 UNIX 操作系统（Linux、FreeBSD 等）、Windows、Android、iOS、OS X、IBM 大型机、游戏终端（PlayStation、Xbox、Wii 等）、微处理器（如 Arduino）等。针对所有这些平台的源码本质上是一样的，Lua 语言遵循 ANSI（ISO）C 标准，并未使用条件编译来对不同平台进行代码的适配。因此，当需要适配新平台时，只要使用对应平台下的 ISO C 编译器重新编译 Lua 语言的源码就可以了。

## 预期读者

除了本书的最后一部分（其中讨论了 Lua 语言的 C 语言 API）外，阅读本书并不需要对 Lua 语言或其他任何一种编程语言有预先了解。不过，阅读本书的确需要了解一些基本的编程概念，尤其是变量与赋值、控制结构、函数与参数、流与文件及数据结构等。

Lua 语言有三类典型用户：在应用程序中嵌入式地使用 Lua 语言的用户、单独使用 Lua 语言的用户，以及和 C 语言一起使用 Lua 语言的用户。

诸如 Adobe Lightroom、Nmap 和魔兽世界等在内的许多应用程序中嵌入式地使用了 Lua 语言。这些应用使用 Lua 语言的 C 语言 API 去注册新函数、创建新类型和改变部分运算符的行为，以最终达到将 Lua 语言用于特定领域的目的。一般情况下，这些应用的用户根本感受不到 Lua 语言其实是一门被用于特定领域的独立编程语言。例如，Lightroom 插件的很多开发者压根儿不知道他们使用的是 Lua 语言，Nmap 的用户也倾向于将 Lua 语言视为 Nmap 脚本引擎所使用的语言，魔兽世界的很多玩家也认为 Lua 语言是这个游戏所独有的。尽管应用场景各异，Lua 语言的核心是相同的，本书中将要讲的编程技巧也都是适用的。

除了用于文本处理和用后即弃的小程序外，作为一门独立的编程语言，Lua 语言也同样适用于大中型项目。对于这些应用而言，Lua 语言的主要能力源于标准库。例如，标准库提供了模式匹配和其他字符串处理函数。随着 Lua 语言不断改进对标准库的支持，第三方库的数量在不断增加。LuaRocks 是一个 Lua 语言模块的部署和管理系统，该系统在 2015 年管理了 1000 多个涵盖各个领域的模块。

最后，还有一部分程序员会在编写程序时将 Lua 语言当作 C 语言的一个标准库来使用。他们通常更多地用 C 语言（相对于 Lua 语言）来进行编码，但是只有较好地理解了 Lua 语言才能写出简单易用且便于二者集成的接口。

## 全书结构

本书的这一版本增加了针对很多领域的新内容和示例，包括沙盒、协程以及日期和时间处理。此外，还增加了 Lua 5.3 的相关内容，包括整型值、位运算及无符号整型值等。

更具体地说，这一版对全书结构进行了重大的重构。在本版中，笔者尝试围绕编程中的常见主题来组织内容，而不是围绕编程语言（例如分章节介绍每个标准库）去组织内容。新的组织方式来自于 Lua 语言教学的实际经验，它能帮助读者从简单的主题开始循序渐进地学习。特别地，笔者认为这一版的组织方式让本书成为了 Lua 语言相关课程的一份更好的教学资源。

和前几版一样，本书共由 4 个部分组成，每个部分包括 9 章左右的内容，各有侧重。

第1部分涵盖了 Lua 语言的基础知识（因此这一部分被命名为*语言基础*），主要围绕数值、字符串、表和函数等几种主要数据类型，也对基本输入/输出模型和 Lua 语言的整体语法进行了介绍。

第2部分为*编程实操*，涵盖了在其他类似编程语言中也经常涉及的高级主题，如闭包、模式匹配、时间和日期处理、数据结构、模块和错误处理等。

第3部分为*语言特性*。顾名思义，这一部分介绍了 Lua 语言与其他语言相比的不同之处，如元表及其使用、环境、弱引用表、协程和反射等高级特性。

最后，和以前的版本一样，本书的第4部分介绍了 Lua 语言和 C 语言之间的 API，以便于使用 C 语言的开发者能够发挥出 Lua 语言的全部能力。由于在这一部分中将使用 C 语言而非 Lua 语言进行编程，所以这一部分和本书的其他部分大相径庭。一些读者可能对 Lua 语言的 C 语言 API 毫无兴趣，而其他一些读者可能觉得这一部分是本书中最有意义的部分。

在本书的所有部分中，我们都专注于不同的语言结构，并且使用了大量的示例和练习来演示如何将这些语言结构应用于实际需求中。在一些章节之间，我们也设置了几个“插曲”，每个“插曲”都提供了一个简短但完整的Lua语言程序，以帮助读者建立对Lua语言的更多整体认识。

## 其他资源

官方文档是所有真正希望学习一门语言的人所必须具备的资料。本书无意取代Lua语言官方文档。相反，本书是对官方文档的补充。一方面，官方文档只描述了Lua语言，其中既没有代码实例，也没有语言结构的基本原理。另一方面，官方文档覆盖了Lua语言的所有内容，本书则跳过了Lua语言中的一些极少使用的边边角角。此外，官方文档是有关Lua语言最权威的文档，本书中任何与官方文档不同的地方都应该以官方文档为准。我们可以在Lua语言的官方网站 `http://www.lua.org` 上找到官方文档和其他的更多内容。

此外，在Lua语言的用户社区 `http://lua-users.org` 中也有不少有用的信息。与其他资源相比，用户社区提供了教程、第三方库列表、文档以及Lua语言官方邮件列表的存档等资料。

本书内容基于Lua 5.3版本，不过书中的大部分内容对于老版本和可能的后续版本同样适用。Lua 5.3和Lua 5.x老版本之间的区别都已经被清晰地描述了出来；如果读者使用的是本书出版后更新的版本，那么也可以在官方文档中找到相应版本之间的具体差异。

## 排版约定

在本书中，我们使用双引号表示字符串常量（如`"literal strings"`），使用单引号表示单个字符（如`'a'`）。用作模式的字符串也会被单引号引起来，例如`'[%w_]*'`。此外，代码段（`chunks of code`）和标识符（`identifier`）使用等宽字体，强调的内容则使用**粗体**。大段代码使用如下格式给出：

```
-- 程序"Hello World"
print("Hello World")          --> Hello World
```

记号`-->`表示一条语句的输出或表达式求值的结果：

```
print(10)     --> 10
```

```
13 + 3          --> 16
```

由于 Lua 语言中两个连续的连字符（--）表示单行注释，因此在程序中使用记号--> 不会有任何问题。

本书前几章中有一些代码需要在交互模式下输入，对于这种情况下的每一行代码，我们使用 Lua 语言的提示符（">"）进行了标注：

```
> 3 + 5            --> 8
> math.sin(2.3)    --> 0.74570521217672
```

在 Lua 5.2 及更早版本中，如果需要打印表达式求值的结果，必须在每个表达式前加上一个等号：

```
> = 3 + 5             --> 8
> a = 25
> = a                 --> 25
```

为了向下兼容，Lua 5.3 也允许这种语法结构。

最后，本书使用符号 <--> 表示两者完全等价：

```
this     <-->     that
```

## 运行示例

运行本书中的示例需要使用 Lua 语言解释器。尽管理想情况下应该使用 Lua 5.3 版本，但本书中的大部分示例无须修改也能在旧版本中运行。

可以从 Lua 语言的官网（http://www.lua.org）上下载解释器的源码。如果读者知道如何使用 C 语言编译器在自己的机器上编译 C 代码，那么建议尝试从源码编译并安装 Lua 语言（这非常简单）。*Lua Binaries* 网站（搜索 luabinaries）为大多数主流平台提供了已经编译好的 Lua 语言解释器。如果读者使用的是 Linux 或者其他的类 UNIX 操作系统，那么通常在软件库中已经提供了 Lua 语言执行环境，很多个发行版中已经提供了 Lua 语言相关的包。

Lua 语言有几种集成开发环境（IDE），在搜索引擎中搜一下就可以找到（尽管如此，笔者还是推荐 Windows 下的命令行接口或者其他操作系统下的文本编辑器，尤其是对于初学者而言）。

## 致谢

从本书第 1 版发行到现在已经十余年了。在这十余年中，很多朋友和机构都给予过很多帮助。

像过去一样，Luiz Henrique de Figueiredo、Waldemar Celes 和 Lua coauthors 给予了很多帮助。Reuben Thomas、Robert Day、André Carregal、Asko Kauppi、Brett Kapilik、Diego Nehab、Edwin Moragas、Fernando Jefferson、Gavin Wraith、John D. Ramsdell 和 Norman Ramsey 提出了无数的建议，也为丰富本书第 4 版的内容提供了很多启发。Luiza Novaes 为本书的封面设计提供了关键性的支持。

感谢 Lightning Source 公司在本书印刷和发行过程中表现出的可靠和高效。如果没有他们的帮助，自己出版本书几乎是不可能的。

感谢 Marcelo Gattass 领导的 Tecgraf，他们从 1993 年 Lua 项目诞生到 2005 年期间一直为 Lua 语言提供资助，并且仍在以很多方式持续地推动 Lua 语言的发展。

我还要感谢里约热内卢天主教大学（Pontifical Catholic University of Rio de Janeiro，PUC-Rio）和巴西国家研究理事会（Brazilian National Research Council，CNPq），感谢他们对我工作的一贯支持。如果没有 PUC-Rio 为我提供的环境，那么 Lua 语言项目的开发根本不可能进行。

最后，我必须向 Noemi Rodriguez 表达我最诚挚的感谢（包括技术方面和非技术方面），感谢她点亮了我的生活。

# 读者服务

轻松注册成为博文视点社区用户（www.broadview.com.cn），扫码直达本书页面。

- **提交勘误**：您对书中内容的修改意见可在 提交勘误 处提交，若被采纳，将获赠博文视点社区积分（在您购买电子书时，积分可用来抵扣相应金额）。
- **交流互动**：在页面下方 读者评论 处留下您的疑问或观点，与我们和其他读者一同学习交流。

页面入口：http://www.broadview.com.cn/33804

# 目录

# 第 1 部分

# 语言基础

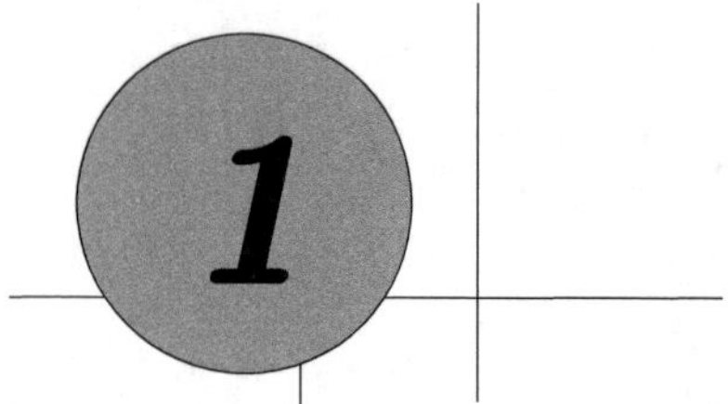

# Lua 语言入门

遵照惯例，我们的第一个 Lua 程序是通过标准输出打印字符串"Hello World"：

```
print("Hello World")
```

如果读者使用的是 Lua 语言独立解释器（stand-alone interpreter），要运行这第一个程序的话，直接调用解释器（通常被命名为 lua 或者 lua5.3）运行包含程序代码的文本文件就可以了。例如，如果把上述代码保存为名为 hello.lua 的文件，那么可以通过以下命令运行：

```
% lua hello.lua
```

再来看一个稍微复杂点的例子，以下代码定义了一个计算阶乘的函数，该函数先让用户输入一个数，然后打印出这个数的阶乘结果：

```
-- 定义一个计算阶乘的函数
function fact (n)
  if n == 0 then
    return 1
  else
    return n * fact(n - 1)
  end
end

print("enter a number:")
```

```
a = io.read("*n")        -- 读取一个数字
print(fact(a))
```

## 1.1 程序段

我们将 Lua 语言执行的每一段代码（例如，一个文件或交互模式下的一行）称为一个程序段（*Chunk*），即一组命令或表达式组成的序列。

程序段既可以简单到只由一句表达式构成（例如输出“Hello World”的示例），也可以由多句表达式和函数定义（实际是赋值表达式，后面会详细介绍）组成（例如计算阶乘的示例）。程序段在大小上并没有限制，事实上，由于 Lua 语言也可以被用作数据定义语言，所以几 MB 的程序段也很常见。Lua 语言的解释器可以支持非常大的程序段。

除了将源码保存成文件外，我们也可以直接在交互式模式（interactive mode）下运行独立解释器（stand-alone interpreter）。当不带参数地调用 `lua` 时，可以看到如下的输出：

```
% lua
Lua 5.3  Copyright (C) 1994-2016 Lua.org, PUC-Rio
>
```

此后，输入的每一条命令（例如：`print "Hello World"`）都会在按下回车键后立即执行。我们可以通过输入 EOF 控制字符（End-Of-File、POSIX 环境下使用 `ctrl-D`，Windows 环境下使用 `ctrl-Z`），或调用操作系统库的 `exit` 函数（执行 `os.exit()`）退出交互模式。

从 Lua 5.3 版本开始，可以直接在交互模式下输入表达式，Lua 语言会输出表达式的值，例如：

```
% lua
Lua 5.3  Copyright (C) 1994-2016 Lua.org, PUC-Rio
> math.pi / 4       --> 0.78539816339745
> a = 15
> a^2               --> 225
> a + 2             --> 17
```

与之相比，在 Lua 5.3 之前的老版本中，需要在表达式前加上一个等号：

```
% lua5.2
Lua 5.2.3  Copyright (C) 1994-2013 Lua.org, PUC-Rio
```

```
> a = 15
> = a^2                    --> 225
```

为了向下兼容，Lua 5.3 也支持这种语法结构。

要以代码段的方式运行代码（不在交互模式下），那么必须把表达式包在函数 print 的调用中：

```
print(math.pi / 4)
a = 15
print(a^2)
print(a + 2)
```

在交互模式下，Lua 语言解释器一般会把我们输入的每一行当作完整的程序块或表达式来解释执行。但是，如果 Lua 语言解释器发现我们输入的某一行不完整，那么它会等待直到程序块或表达式被输入完整后再进行解释执行。这样，我们也可以直接在交互模式下输入一个像阶乘函数示例那样的由很多行组成的多行定义。不过，对于这种较长的函数定义而言，将其保存成文件然后再调用独立解释器来执行通常更方便。

我们可以使用-i 参数让 Lua 语言解释器在执行完指定的程序段后进入交互模式：

```
% lua -i prog
```

上述的命令行会在执行完文件 prog 中的程序段后进入交互模式，这对于调试和手工测试很有用。在本章的最后，我们会学习有关独立解释器的更多参数。

另一种运行程序段的方式是调用函数 dofile，该函数会立即执行一个文件。例如，假设我们有一个如下所示的文件 lib1.lua：

```
function norm (x, y)
  return math.sqrt(x^2 + y^2)
end

function twice (x)
  return 2.0 * x
end
```

然后，在交互模式下运行：

```
> dofile("lib1.lua")      -- 加载文件①
```

① 即加载库，但联系上下文，这里应该是“加载文件”。

```
> n = norm(3.4, 1.0)
> twice(n)                 --> 7.0880180586677
```

函数 dofile 在开发阶段也非常有用。我们可以同时打开两个窗口，一个窗口中使用文件编辑器编辑的代码（例如文件 prog.lua），另一个窗口中使用交互模式运行 Lua 语言解释器。当修改完代码并保存后，只要在 Lua 语言交互模式的提示符下执行 dofile("prog.lua") 就可以加载新代码，然后就可以观察新代码的函数调用和执行结果了。

## 1.2 一些词法规范

Lua 语言中的标识符（或名称）是由任意字母[①]、数字和下画线组成的字符串（注意，不能以数字开头），例如：

```
i       j       i10       _ij
aSomewhatLongName      _INPUT
```

“下画线 + 大写字母”（例如 _VERSION）组成的标识符通常被 Lua 语言用作特殊用途，应避免将其用作其他用途。我通常会将“下画线 + 小写字母”用作哑变量（Dummy variable）。

以下是 Lua 语言的保留字（reserved word），它们不能被用作标识符：

```
and       break     do        else      elseif
end       false     goto      for       function
if        in        local     nil       not
or        repeat    return    then      true
until     while
```

Lua 语言是对大小写敏感的，因而虽然 **and** 是保留字，但是 And 和 AND 就是两个不同的标识符。

Lua 语言中使用两个连续的连字符（--）表示单行注释的开始（从--之后直到此行结束都是注释），使用两个连续的连字符加两对连续左方括号表示长注释或多行注释的开始（直到两个连续的右括号为止，中间都是注释），例如：[②]

---

[①] 译者注：在 Lua 语言的早期版本中，“字母”的概念与操作系统的区域（Locale）设置有关，因此可能导致同一个程序在更换区域设置后不能正确运行的情况。所以，在新版 Lua 语言中标识符中的“字母”仅允许使用 A-Z 和 a-z。

[②] 长注释可能比这更复杂，更多内容参见4.2节。

```
--[[多行
    长注释
]]
```

在注释一段代码时，一个常见的技巧是将这些代码放入--[[和--]]之间，例如：

```
--[[
print(10)           -- 无动作（被注释掉了）
--]]
```

当我们需要重新启用这段代码时，只需在第一行行首添加一个连字符即可：

```
---[[
print(10)           --> 10
--]]
```

在第一个示例中，第一行的--[[表示一段多行注释的开始，直到遇到两个连续的右括号这段多行注释才会结束，因而尽管最后一行有两个连续的连字符，但由于这两个连字符在最后两个右方括号之前，所以仍然被注释掉了。在第二个示例中，由于第一行的---[[实际是单行注释，因此最后一行实际上也是一条独立的单行注释（最后的两个连续右方括号没有与之匹配的--[[），print 并没有被注释掉。

在 Lua 语言中，连续语句之间的分隔符并不是必需的，如果有需要的话可以使用分号来进行分隔。在 Lua 语言中，表达式之间的换行也不起任何作用。例如，以下 4 个程序段都是合法且等价的：

```
a = 1
b = a * 2

a = 1;
b = a * 2;

a = 1; b = a * 2

a = 1  b = a * 2    -- 可读性不佳，但是却是正确的
```

我个人的习惯只有在同一行中书写多条语句的情况下（这种情况一般也不会出现），才会使用分号做分隔符。

## 1.3 全局变量

在 Lua 语言中，全局变量（Global Variable）无须声明即可使用，使用未经初始化的全局变量也不会导致错误。当使用未经初始化的全局变量时，得到的结果是 nil：

```
> b           --> nil
> b = 10
> b           --> 10
```

当把 nil 赋值给全局变量时，Lua 会回收该全局变量（就像该全局变量从来没有出现过一样），例如：

```
> b = nil
> b           --> nil
```

Lua 语言不区分未初始化变量和被赋值为 nil 的变量。在上述赋值语句执行后，Lua 语言会最终回收该变量占用的内存。

## 1.4 类型和值

Lua 语言是一种动态类型语言（Dynamically-typed language），在这种语言中没有类型定义（type definition），每个值都带有其自身的类型信息。

Lua 语言中有 8 种基本类型：*nil*（空）、*boolean*（布尔）、*number*（数值）、*string*（字符串）、*userdata*（用户数据）、*function*（函数）、*thread*（线程）和 *table*（表）。使用函数 type 可获取一个值对应的类型名称：

```
> type(nil)             --> nil
> type(true)            --> boolean
> type(10.4 * 3)        --> number
> type("Hello world")   --> string
> type(io.stdin)        --> userdata
> type(print)           --> function
> type(type)            --> thread
> type({})              --> table
> type(type(X))         --> string
```

不管 X 是什么，最后一行返回的永远是"string"。这是因为函数 type 的返回值永远是一个字符串。

userdata 类型允许把任意的 C 语言数据保存在 Lua 语言变量中。在 Lua 语言中，用户数据类型除了赋值和相等性测试外，没有其他预定义的操作。用户数据被用来表示由应用或 C 语言编写的库所创建的新类型。例如，标准 I/O 库使用用户数据来表示打开的文件。我们会在后面涉及 C API 时再讨论更多的相关内容。

变量没有预定义的类型，任何变量都可以包含任何类型的值：

```
> type(a)            --> nil   ('a'尚未初始化)
> a = 10
> type(a)            --> number
> a = "a string!!"
> type(a)            --> string
> a = nil
> type(a)            --> nil
```

一般情况下，将一个变量用作不同类型时会导致代码的可读性不佳；但是，在某些情况下谨慎地使用这个特性可能会带来一定程度的便利。例如，当代码发生异常时可以返回一个 nil 以区别于其他正常情况下的返回值。

本章接下来将学习简单类型 nil 和 Boolean，在后续的章节中我们会依次对 number（第3章）、string（第4章）、table（第5章）和 function（第6章）进行详细学习。我们会在第24章中学习 thread 类型。

### 1.4.1 nil

nil 是一种只有一个 nil 值的类型，它的主要作用就是与其他所有值进行区分。Lua 语言使用 nil 来表示无效值（non-value，即没有有用的值）的情况。像我们之前所学习到的，一个全局变量在第一次被赋值前的默认值就是 nil，而将 nil 赋值给全局变量则相当于将其删除。

### 1.4.2 Boolean

Boolean 类型具有两个值，***true*** 和 ***false***，它们分别代表了传统布尔值。不过，在 Lua 语言中，Boolean 值并非是用于条件测试的唯一方式，任何值都可以表示条件。在 Lua 语言中，条件测试（例如控制结构中的分支语句）将除 Boolean 值 false 和 nil 外的所有其他值视为真。特别的是，在条件检测中 Lua 语言把零和空字符串也都视为真。

在本书中，“false”代表的是所有为假的值，包括 Boolean 类型的 **false** 或 nil；而“**false**”特指 Boolean 类型的值。“true”和“**true**”亦然。

Lua 语言支持常见的逻辑运算符：**and**、**or** 和 **not**。和条件测试一样，所有的逻辑运算将 Boolean 类型的 **false** 和 nil 当作假，而把其他值当作真。逻辑运算符 **and** 的运算结果为：如果它的第一个操作数为“false”，则返回第一个操作数，否则返回第二个操作数。逻辑运算符 **or** 的运算结果为：如果它的第一个操作数不为“false”，则返回第一个操作数，否则返回第二个操作数。例如：

```
> 4 and 5          --> 5
> nil and 13       --> nil
> false and 13     --> false
> 0 or 5           --> 0
> false or "hi"    --> "hi"
> nil or false     --> false
```

**and** 和 **or** 都遵循短路求值（Short-circuit evaluation）原则，即只在必要时才对第二个操作数进行求值。例如，根据短路求值的原则，表达式 `(i~=0 and a/i>b)` 不会发生运行时异常（当 i 等于 0 时，`a/i` 不会执行）。

在 Lua 语言中，形如 `x=x or v` 的惯用写法非常有用，它等价于：

```
if not x then x = v end
```

即，当 x 未被初始化时，将其默认值设为 v（假设 x 不是 Boolean 类型的 **false**）。

另一种有用的表达式形如 `((a and b) or c)` 或 `(a and b or c)`（由于 **and** 的运算符优先级高于 **or**，所以这两种表达形式等价，后面会详细介绍），当 b 不为 false 时，它们还等价于 C 语言的三目运算符 `a?b:c`。例如，我们可以使用表达式 `(x>y) and x or y` 选出数值 x 和 y 中较大的一个。当 x>y 时，**and** 的第一个操作数为 true，与第二个操作数 (x) 进行 **and** 运算后结果为 x，最终与 **or** 运算后返回第一个操作数 x。当 x>y 不成立时，**and** 表达式的值为 false，最终 **or** 运算后的结果是第二个操作数 y。

**not** 运算符永远返回 Boolean 类型的值：

```
> not nil       --> true
> not false     --> true
```

```
> not 0         --> false
> not not 1     --> true
> not not nil   --> false
```

## 1.5 独立解释器

独立解释器（Stand-alone interpreter，由于源文件名为 lua.c，所以也被称为lua.c；又由于可执行文件为 lua，所以也被称为 lua）是一个可以直接使用 Lua 语言的小程序。这一节介绍它的几个主要参数。

如果源代码文件第一行以井号（#）开头，那么解释器在加载该文件时会忽略这一行。这个特征主要是为了方便在 POSIX 系统中将 Lua 作为一种脚本解释器来使用。假设独立解释器位于/usr/local/bin 下，当使用下列脚本：

```
#!/usr/local/bin/lua
```

或

```
#!/usr/bin/env lua
```

时，不需要显式地调用 Lua 语言解释器也可以直接运行 Lua 脚本。

lua 命令的完整参数形如：

```
lua [options] [script [args]]
```

其中，所有的参数都是可选的。如前所述，当不使用任何参数调用 lua 时，就会直接进入交互模式。

-e 参数允许我们直接在命令行中输入代码，例如：

```
% lua -e "print(math.sin(12))"   --> -0.53657291800043
```

请注意，在 POSIX 系统下需要使用双引号，以防止 Shell 错误地解析括号。

-l 参数用于加载库。正如之前提到的那样，-i 参数用于在运行完其他命令行参数后进入交互模式。因此，下面的命令会首先加载 lib 库，然后执行 x=10 的赋值语句，并最终进入交互式模式：

```
% lua -i -llib -e "x = 10"
```

如果在交互模式下输入表达式，那么解释器会输出表达式求值后的结果：

```
> math.sin(3)              --> 0.14112000805987
> a = 30
> a                        --> 30
```

请记住，这个特性只在 Lua 5.3 及之后的版本中才有效。在之前的版本中，必须在表达式前加上一个等号。如果不想输出结果，那么可以在行末加上一个分号：

```
> io.flush()               --> true
> io.flush();
```

分号使得最后一行在语法上变成了无效的表达式，但可以被当作有效的命令执行。

解释器在处理参数前，会查找名为 `LUA_INIT_5_3` 的环境变量，如果找不到，就会再查找名为 `LUA_INIT` 的环境变量。如果这两个环境变量中的任意一个存在，并且其内容为 `@`*`filename`*，那么解释器就会运行相应的文件；如果 `LUA_INIT_5_3`（或者 `LUA_INIT`）存在但是不以 @ 开头，那么解释器就会认为其包含 Lua 代码，并会对其进行解释执行。由于可以通过上面的方法完整地配置 Lua，因而 `LUA_INIT` 使得我们可以灵活地配置独立解释器。例如，我们可以预先加载程序包（Package)、修改路径、定义自定义函数、对函数进行重命名或删除函数，等等。

我们可以通过预先定义的全局变量 `arg` 来获取解释器传入的参数。例如，当执行如下命令时：

```
% lua script a b c
```

编译器在运行代码前会创建一个名为 `arg` 的表，其中存储了所有的命令行参数。索引 0 中保存的内容为脚本名，索引 1 中保存的内容为第一个参数（本例中的"a"），依此类推；而在脚本之前的所有选项则位于负数索引上，例如：

```
% lua -e "sin=math.sin" script a b
```

解释器按照如下的方式获取参数：

```
arg[-3] = "lua"
arg[-2] = "-e"
arg[-1] = "sin=math.sin"
arg[0] = "script"
arg[1] = "a"
arg[2] = "b"
```

一般情况下，脚本只会用到索引为正数的参数（本例中的 `arg[1]` 和 `arg[2]`）。

Lua 语言也支持可变长参数，可以通过可变长参数表达式来获取。在脚本文件中，表达式`...`（3 个点）表示传递给脚本的所有参数。我们将在6.2节中学习可变长参数的使用。

## 1.6 练习

练习 1.1：运行阶乘的示例并观察，如果输入负数，程序会出现什么问题？试着修改代码来解决问题。

练习 1.2：分别使用`-l` 参数和 `dofile` 运行 `twice` 示例，并感受你喜欢哪种方式。

练习 1.3：你是否能举出其他使用"`--`" 作为注释的语言？

练习 1.4：以下字符串中哪些是有效的标识符？

```
___   _end   End   end   until?   nil   NULL   one-step
```

练习 1.5：表达式 `type(nil) ==nil` 的值是什么？你可以直接在 Lua 中运行来得到答案，但是你能够解释原因吗？

练习 1.6：除了使用函数 `type` 外，如何检查一个值是否为 Boolean 类型？

练习 1.7：考虑如下的表达式：

```
(x and y and (not z)) or ((not y) and x)
```

其中的括号是否是必需的？你是否推荐在这个表达式中使用括号？

练习 1.8：请编写一个可以打印出脚本自身名称的程序（事先不知道脚本自身的名称）。

# 2 小插曲：八皇后问题

本章作为小插曲将讲解如何用 Lua 语言编写的简单但完整的程序来解决八皇后问题（*eight-queen puzzle*，其目标是把 8 个皇后合理地摆放在棋盘上，让每个皇后之间都不能相互攻击）。

本书中给出的代码并不只适用于 Lua 语言，只要稍加改动，就能将代码转化成其他几种语言。之所以要在本章安排这个小插曲，是为了在不深究细节的情况下，先直观地呈现 Lua 语言的特点（尤其是其大致语法结构）。我们会在后面的章节中学习所有缺失的细节。

要解决八皇后问题，首先必须认识到每一行中只能有一个皇后。因此，可以用一个由 8 个数字组成的简单数组（一个数字对应一行，代表皇后在这一行的哪一列）来表示可能的解决方案。例如，数组 `{3, 7, 2, 1, 8, 6, 5, 4}` 表示皇后在棋盘中的位置分别是 (1, 3)、(2, 7)、(3, 2)、(4, 1)、(5, 8)、(6, 6)、(7, 5) 和 (8, 4)。当然，这个示例并不是一个正确的解，例如 (3, 2) 中的皇后就可以攻击 (4, 1) 中的皇后。此外，我们还必须认识到正确的解必须是整数 1 到 8 组成的排列（Permutation），这样才能保证每一列中也只有一个皇后。

完整的程序参见示例 2.1。

**示例 2.1　求解八皇后问题的程序**

```
N = 8    -- 棋盘大小


-- 检查(n,c)是否不会被攻击
function isplaceok (a, n, c)
```

```
  for i = 1, n - 1 do   -- 对于每一个已经被放置的皇后
    if (a[i] == c) or                -- 同一列?
       (a[i] - i == c - n) or        -- 同一对角线?
       (a[i] + i == c + n) then      -- 同一对角线?
      return false             -- 位置会被攻击
    end
  end
  return true    -- 不会被攻击; 位置有效
end

-- 打印棋盘
function printsolution (a)
  for i = 1, N do      -- 对于每一行
    for j = 1, N do    -- 和每一列
      -- 输出"X"或"-", 外加一个空格
      io.write(a[i] == j and "X" or "-", " ")
    end
    io.write("\n")
  end
  io.write("\n")
end

-- 把从'n'到'N'的所有皇后放在棋盘'a'上
function addqueen (a, n)
  if n > N then    -- 是否所有的皇后都被放置好了?
    printsolution(a)
  else  -- 尝试着放置第n个皇后
    for c = 1, N do
      if isplaceok(a, n, c) then
        a[n] = c    -- 把第n个皇后放在列'c'
        addqueen(a, n + 1)
      end
    end
  end
end
```

```
-- 运行程序
addqueen({}, 1)
```

第一个函数是 isplaceok，该函数用来检查如果在棋盘上指定位置放置皇后，是否会受到之前被放置的皇后的攻击。更确切地说，该函数用来检查将第 n 个皇后放在第 c 列上时，是否会与之前已经被放置在数组 a 中的 n-1 个皇后发生冲突。请注意，由于我们使用的表示方法保证了两个皇后不会位于同一行中，所以函数 isplaceok 只需检查新的位置上是否有皇后在同一列或对角线上即可。

接下来，我们使用函数 printsolution 打印出棋盘。该函数只是简单地遍历整个棋盘，在有皇后的位置输出 X，而在其他位置输出-，没有使用花哨的图形（注意 **and-or** 的用法）。每个摆放结果形如：

```
X - - - - - - -
- - - - X - - -
- - - - - - - X
- - - - - X - -
- - X - - - - -
- - - - - - X -
- X - - - - - -
- - - X - - - -
```

最后一个函数 addqueen 是这段程序的核心，该函数尝试着将所有大于等于 n 的皇后摆放在棋盘上，使用回溯法来搜索正确的解。首先，该函数检查当前解是否已经完成了所有皇后的摆放，如果已经完成则打印出当前解对应的摆放结果；如果还没有完成，则为第 n 个皇后遍历所有的列，将皇后放置在不会受到攻击的每一列上，并递归地寻找下一个皇后的可能摆放位置。

最后，代码在一个空白的解上[①]调用 addqueen 开始进行求解。

## 2.1 练习

练习 2.1：修改八皇后问题的程序，使其在输出第一个解后即停止运行。

---

[①] 译者注：参数 {}。

练习 2.2：解决八皇后问题的另一种方式是，先生成 1~8 之间的所有排列，然后依次遍历这些排列，检查每一个排列是否是八皇后问题的有效解。请使用这种方法修改程序，并对比新程序与旧程序之间的性能差异（提示，比较调用 `isplaceok` 函数的次数）。

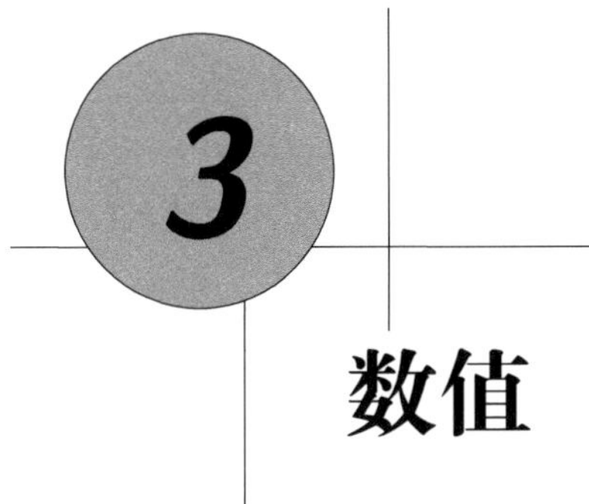

# 数值

在 Lua 5.2 及之前的版本中，所有的数值都以双精度浮点格式表示。从 Lua 5.3 版本开始，Lua 语言为数值格式提供了两种选择：被称为 *integer* 的 64 位整型和被称为 *float* 的双精度浮点类型（注意，在本书中“float”不代表单精度类型）。对于资源受限的平台，我们可以将 Lua 5.3 编译为精简 *Lua*（*Small Lua*）模式，在该模式中使用 32 位整型和单精度浮点类型。[1]

整型的引入是 Lua 5.3 的一个重要标志，也是与之前版本相比的主要区别。不过尽管如此，由于双精度浮点型能够表示最大为 $2^{53}$ 的整型值，所以不会造成太大的不兼容性。我们接下来学习的大多数内容对于 Lua 5.2 及更早版本也同样适用。在本章末尾，我们会讨论兼容性方面的更多细节。

## 3.1 数值常量

我们可以使用科学计数法（一个可选的十进制部分外加一个可选的十进制指数部分）书写数值常量，例如：

```
> 4                    --> 4
> 0.4                  --> 0.4
> 4.57e-3              --> 0.00457
```

[1] 除了使用了 LUA_32BITS 宏定义以外，精简 Lua 和标准 Lua 的源码是一样的。除了数值表示占用的字节大小不一样外，精简 Lua 和标准 Lua 完全一致。

```
> 0.3e12               --> 300000000000.0
> 5E+20                --> 5e+20
```

具有十进制小数或者指数的数值会被当作浮点型值，否则会被当作整型值。

整型值和浮点型值的类型都是"number"：

```
> type(3)     --> number
> type(3.5)   --> number
> type(3.0)   --> number
```

由于整型值和浮点型值的类型都是"number"，所以它们是可以相互转换的。同时，具有相同算术值的整型值和浮点型值在 Lua 语言中是相等的：

```
> 1 == 1.0       --> true
> -3 == -3.0     --> true
> 0.2e3 == 200   --> true
```

在少数情况下，当需要区分整型值和浮点型值时，可以使用函数 math.type：

```
> math.type(3)       --> integer
> math.type(3.0)     --> float
```

在 Lua 5.3 中：

```
> 3           --> 3
> 3.0         --> 3.0
> 1000        --> 1000
> 1e3         --> 1000.0
```

Lua 语言像其他语言一样也支持以 0x 开头的十六进制常量。与其他很多编程语言不同，Lua 语言还支持十六进制的浮点数，这种十六进制浮点数由小数部分和以 p 或 P 开头的指数部分组成。[①]例如：

```
> 0xff                 --> 255
> 0x1A3                --> 419
> 0x0.2                --> 0.125
> 0x1p-1               --> 0.5
> 0xa.bp2              --> 42.75
```

[①] 是在 Lua 5.2 中被引入的。

可以使用%a 参数，通过函数 string.format 对这种格式进行格式化输出：

```
> string.format("%a", 419)        --> 0x1.a3p+8
> string.format("%a", 0.1)        --> 0x1.999999999999ap-4
```

虽然这种格式很难阅读，但是这种格式可以保留所有浮点数的精度，并且比十进制的转换速度更快。

## 3.2 算术运算

除了加、减、乘、除、取负数（单目减法，即把减号当作一元运算符使用）等常见的算术运算外，Lua 语言还支持取整除法（floor 除法）、取模和指数运算。

对于 Lua 5.3 中引入的整型而言，主要的建议就是“开发人员要么选择忽略整型和浮点型二者之间的不同，要么就完整地控制每一个数值的表示。”[1]因此，所有的算术操作符不论操作整型值还是浮点型值，结果都应该是一样的。

两个整型值进行相加、相减、相乘、相除和取负操作的结果仍然是整型值。对于这些算术运算而言，操作数是用整型还是用浮点型表示的整数都没有区别（除非发生溢出，参见3.5节）：

```
> 13 + 15               --> 28
> 13.0 + 15.0           --> 28.0
```

如果两个操作数都是整型值，那么结果也是整型值；否则，结果就是浮点型值。当操作数一个是整型值一个是浮点型值时，Lua 语言会在进行算术运算前先将整型值转换为浮点型值：

```
> 13.0 + 25        --> 38.0
> -(3 * 6.0)       --> -18.0
```

由于两个整数相除的结果并不一定是整数（数学领域称为不能整除），因此除法不遵循上述规则。为了避免两个整型值相除和两个浮点型值相除导致不一样的结果，除法运算操作的永远是浮点数且产生浮点型值的结果：

```
> 3.0 / 2.0       --> 1.5
> 3 / 2           --> 1.5
```

[1] 参考 *Lua 5.3 Reference Manual*。

Lua 5.3 针对整数除法引入了一个称为 *floor* 除法的新算术运算符//。顾名思义，floor 除法会对得到的商向负无穷取整，从而保证结果是一个整数。这样，floor 除法就可以与其他算术运算一样遵循同样的规则：如果操作数都是整型值，那么结果就是整型值，否则就是浮点型值（其值是一个整数）。

```
> 3 // 2          --> 1
> 3.0 // 2        --> 1.0
> 6 // 2          --> 3
> 6.0 // 2.0      --> 3.0
> -9 // 2         --> -5
> 1.5 // 0.5      --> 3.0
```

以下公式是取模运算的定义：

```
a % b == a - ((a // b) * b)
```

如果操作数是整数，那么取模运算的结果也是整数。因此，取模运算也遵从与算术运算相同的规律，即如果两个操作数均是整型值，则结果为整型，否则为浮点型。

对于整型操作数而言，取模运算的含义没什么特别的，其结果的符号永远与第二个操作数的符号保持一致。特别地，对于任意指定的正常量 K，即使 x 是负数，表达式 x%K 的结果也永远在 $[0, K-1]$ 之间。例如，对于任意整型值 i，表达式 i%2 的结果均是 0 或 1。

对于实数类型的操作数而言，取模运算有一些不同。例如，x-x%0.01 恰好是 x 保留两位小数的结果，x-x%0.001 恰好是 x 保留三位小数的结果：

```
> x = math.pi
> x - x%0.01         --> 3.14
> x - x%0.001        --> 3.141
```

再比如，我们可以使用取模运算检查某辆车在拐过了指定的角度后是否能够原路返回。假设使用度作为角度的单位，那么我们可以使用如下的公式：

```
local tolerance = 10
function isturnback (angle)
  angle = angle % 360
  return (math.abs(angle - 180) < tolerance)
end
```

该函数对负的角度而言也同样适用：

```
print(isturnback(-180))        --> true
```

假设使用弧度作为角度的单位，那么我们只需要简单地修改常量的定义即可：

```
local tolerance = 0.17
function isturnback (angle)
  angle = angle % (2*math.pi)
  return (math.abs(angle - math.pi) < tolerance)
end
```

表达式 angle%(2*math.pi) 实现了将任意范围的角度归一化到 $[0,2\pi)$ 之间。

Lua 语言同样支持幂运算，使用符号 ^ 表示。像除法一样，幂运算的操作数也永远是浮点类型（整型值在幂运算时不能整除，例如，$2^{-2}$ 的结果不是整型值）。我们可以使用 x^0.5 来计算 x 的平方根，使用 x^(1/3) 来计算 x 的立方根。

## 3.3 关系运算

Lua 语言提供了下列关系运算：

```
<    >    <=    >=    ==    ~=
```

这些关系运算的结果都是 Boolean 类型。

==用于相等性测试，~=用于不等性测试。这两个运算符可以应用于任意两个值，当这两个值的类型不同时，Lua 语言认为它们是不相等的；否则，会根据它们的类型再对两者进行比较。

比较数值时应永远忽略数值的子类型，数值究竟是以整型还是浮点型类型表示并无区别，只与算术值有关（尽管如此，比较具有相同子类型的数值时效率更高）。

## 3.4 数学库

Lua 语言提供了标准数学库 math。标准数学库由一组标准的数学函数组成，包括三角函数（sin、cos、tan、asin 等）、指数函数、取整函数、最大和最小函数 max 和 min、用于生成伪随机数的伪随机数函数（random）以及常量 pi 和 huge（最大可表示数值，在大多数平台上代表 *inf*）。

所有的三角函数都以弧度为单位，并通过函数 deg 和 rad 进行角度和弧度的转换。

### 3.4.1 随机数发生器

函数 math.random 用于生成伪随机数，共有三种调用方式。当不带参数调用时，该函数将返回一个在 $[0,1)$ 范围内均匀分布的伪随机实数。当使用带有一个整型值 $n$ 的参数调用时，该函数将返回一个在 $[1,n]$ 范围内的伪随机整数。例如，我们可以通过调用 random(6) 来模拟掷骰子的结果。当使用带有两个整型值 $l$ 和 $u$ 的参数调用时，该函数返回在 $[l,u]$ 范围内的伪随机整数。

函数 randomseed 用于设置伪随机数发生器的种子，该函数的唯一参数就是数值类型的种子。在一个程序启动时，系统固定使用 1 为种子初始化伪随机数发生器。如果不设置其他的种子，那么每次程序运行时都会生成相同的伪随机数序列。从调试的角度看，这是一个不错的特性，然而，对于一个游戏来说却会导致相同的场景重复不断地出现。为了解决这个问题，通常调用 math.randomseed(os.time()) 来使用当前系统时间作为种子初始化随机数发生器（后续12.1节中会对 os.time 进行介绍）。

### 3.4.2 取整函数

数学库提供了三个取整函数：floor、ceil 和 modf。其中，floor 向负无穷取整，ceil 向正无穷取整，modf 向零取整。当取整结果能够用整型表示时，返回结果为整型值，否则返回浮点型值（当然，表示的是整数值）。除了返回取整后的值以外，函数 modf 还会返回小数部分作为第二个结果。[①]

```
> math.floor(3.3)          --> 3
> math.floor(-3.3)         --> -4
> math.ceil(3.3)           --> 4
> math.ceil(-3.3)          --> -3
> math.modf(3.3)           --> 3      0.3
> math.modf(-3.3)          --> -3     -0.3
> math.floor(2^70)         --> 1.1805916207174e+21
```

如果参数本身就是一个整型值，那么它将被原样返回。

如果想将数值 x 向最近的整数（nearest integer）取整，可以对 x+0.5 调用 floor 函数。不过，当参数是一个很大的整数时，简单的加法可能会导致错误。例如，考虑如下的代码：

① 详见6.1节，Lua 语言支持一个函数返回多个值。

```
x = 2^52 + 1
print(string.format("%d %d", x, math.floor(x + 0.5)))
   --> 4503599627370497 4503599627370498
```

$2^{52}+1.5$ 的浮点值表示是不精确的，因此内部会以我们不可控制的方式取整。为了避免这个问题，我们可以单独地处理整数值：

```
function round (x)
  local f = math.floor(x)
  if x == f then return f
  else return math.floor(x + 0.5)
  end
end
```

上例中的函数总是会向上取整半个整数（例如 2.5 会被取整为 3）。如果想进行无偏取整（unbiased rounding），即向距离最近的偶数取整半个整数，上述公式在 `x+0.5` 是奇数的情况下会产生不正确的结果：

```
> math.floor(3.5 + 0.5)    --> 4   (ok)
> math.floor(2.5 + 0.5)    --> 3   (wrong)
```

这时，还是可以利用取整操作来解决上述公式中存在的问题：表达式 `(x%2.0==0.5)` 只有在 `x+0.5` 为奇数时（也就是我们的公式会出错的情况）为真。基于这些情况，定义一个无偏取整函数就很简单了：

```
function round (x)
  local f = math.floor(x)
  if (x == f) or (x % 2.0 == 0.5) then
    return f
  else
    return math.floor(x + 0.5)
  end
end

print(round(2.5))         --> 2
print(round(3.5))         --> 4
print(round(-2.5))        --> -2
print(round(-1.5))        --> -2
```

## 3.5 表示范围

大多数编程语言使用某些固定长度的比特位来表达数值。因此，数值的表示在范围和精度上都是有限制的。

标准 Lua 使用 64 个比特位来存储整型值，其最大值为 $2^{63}-1$，约等于 $10^{19}$；精简 Lua 使用 32 个比特位存储整型值，其最大值约为 20 亿。数学库中的常量定义了整型值的最大值（`math.maxinteger`）和最小值（`math.mininteger`）。

64 位整型值中的最大值是一个很大的数值：全球财富总和（按美分计算）的数千倍和全球人口总数的数十亿倍。尽管这个数值很大，但是仍然有可能发生溢出。当我们在整型操作时出现比 `mininteger` 更小或者比 `maxinteger` 更大的数值时，结果就会回环（*wrap around*）。

在数学领域，回环的意思是结果只能在 `mininteger` 和 `maxinteger` 之间，也就是对 $2^{64}$ 取模的算术结果。在计算机领域，回环的意思是丢弃最高进位（the last carry bit）。假设最高进位存在，其将是第 65 个比特位，代表 $2^{64}$。因此，忽略第 65 个比特位不会改变值对 $2^{64}$ 取模的结果。在 Lua 语言中，这种行为对所有涉及整型值的算术运算都是一致且可预测的：

```
> math.maxinteger + 1 == math.mininteger      --> true
> math.mininteger - 1 == math.maxinteger      --> true
> -math.mininteger == math.mininteger         --> true
> math.mininteger // -1 == math.mininteger    --> true
```

最大可以表示的整数是 `0x7ff...fff`，即除最高位（符号位，零为非负数值）外其余比特位均为 1。当我们对 `0x7ff...fff` 加 1 时，其结果变为 `0x800...000`，即最小可表示的整数。最小整数比最大整数的表示幅度大 1：

```
> math.maxinteger         -->  9223372036854775807
> 0x7fffffffffffffff      -->  9223372036854775807
> math.mininteger         --> -9223372036854775808
> 0x8000000000000000      --> -9223372036854775808
```

对于浮点数而言，标准 Lua 使用双精度。标准 Lua 使用 64 个比特位表示所有数值，其中 11 位为指数。双精度浮点数可以表示具有大致 16 个有效十进制位的数，范围从 $-10^{308}$ 到 $10^{308}$。精简 Lua 使用 32 个比特位表示的单精度浮点数，大致具有 7 个有效十进制位，范围从 $-10^{38}$ 到 $10^{38}$。

双精度浮点数对于大多数实际应用而言是足够大的，但是我们必须了解精度的限制。如果我们使用十位表示一个数，那么 1/7 会被取整到 0.142857142。如果我们使用十位计算 1/

7*7，结果会是 0.999999994 而不是 1。此外，用十进制表示的有限小数在用二进制表示时可能是无限小数。例如，12.7 -20 + 7.3 即便是用双精度表示也不是 0，这是由于 12.7 和 7.3 的二进制表示不是有限小数（参见练习 3.5）。

由于整型值和浮点型值的表示范围不同，因此当超过它们的表示范围时，整型值和浮点型值的算术运算会产生不同的结果：

```
> math.maxinteger + 2             --> -9223372036854775807
> math.maxinteger + 2.0           --> 9.2233720368548e+18
```

在上例中，两个结果从数学的角度看都是错误的，而且它们错误的方式不同。第一行对最大可表示整数进行了整型求和，结果发生了回环。第二行对最大可表示整数进行了浮点型求和，结果被取整成了一个近似值，这可以通过如下的比较运算证明：

```
> math.maxinteger + 2.0 == math.maxinteger + 1.0   --> true
```

尽管每一种表示方法都有其优势，但是只有浮点型才能表示小数。浮点型的值可以表示很大的范围，但是浮点型能够表示的整数范围被精确地限制在 $[-2^{53}, 2^{53}]$ 之间（不过这个范围已经很大了）。在这个范围内，我们基本可以忽略整型和浮点型的区别；超出这个范围后，我们则应该谨慎地思考所使用的表示方式。

## 3.6 惯例

我们可以简单地通过增加 0.0 的方法将整型值强制转换为浮点型值，一个整型值总是可以被转换成浮点型值：

```
> -3 + 0.0                       --> -3.0
> 0x7fffffffffffffff + 0.0       --> 9.2233720368548e+18
```

小于 $2^{53}$（即 9007199254740992）的所有整型值的表示与双精度浮点型值的表示一样，对于绝对值超过了这个值的整型值而言，在将其强制转换为浮点型值时可能导致精度损失：

```
> 9007199254740991 + 0.0 == 9007199254740991      --> true
> 9007199254740992 + 0.0 == 9007199254740992      --> true
> 9007199254740993 + 0.0 == 9007199254740993      --> false
```

在最后一行中，$2^{53}+1$ 的结果被取整为 $2^{53}$，打破了等式，表达式结果为 false。

通过与零进行按位或运算，可以把浮点型值强制转换为整型值：[①]

```
> 2^53                  --> 9.007199254741e+15      (浮点型值)
> 2^53 | 0              --> 9007199254740992        (整型值)
```

在将浮点型值强制转换为整型值时，Lua 语言会检查数值是否与整型值表示完全一致，即没有小数部分且其值在整型值的表示范围内，如果不满足条件则会抛出异常：

```
> 3.2 | 0        -- 小数部分
stdin:1: number has no integer representation
> 2^64 | 0       -- 超出范围
stdin:1: number has no integer representation
> math.random(1, 3.5)
stdin:1: bad argument #2 to 'random' (数值没有用整型表示)
```

对小数进行取整必须显式地调用取整函数。

另一种把数值强制转换为整型值的方式是使用函数 math.tointeger，该函数会在输入参数无法转换为整型值时返回 nil：

```
> math.tointeger(-258.0)   --> -258
> math.tointeger(2^30)     --> 1073741824
> math.tointeger(5.01)     --> nil      （不是整数值）
> math.tointeger(2^64)     --> nil      （超出范围）
```

这个函数在需要检查一个数字能否被转换成整型值时尤为有用。例如，以下函数在可能时会将输入参数转换为整型值，否则保持原来的值不变：

```
function cond2int (x)
  return math.tointeger(x) or x
end
```

## 3.7 运算符优先级

Lua 语言中的运算符优先级如下（优先级从高到低）：

[①] 位操作在 Lua 5.3 中引入，我们会在13.1节中对其进行讨论。

```
^
一元运算符 (-    #    ~    not)
*    /    //    %
+    -
..                  (连接)
<<    >>            (按位移位)
&                   (按位与)
~                   (按位异或)
|                   (按位或)
<    >    <=    >=    ~=    ==
and
or
```

在二元运算符中，除了幂运算和连接操作符是右结合的外，其他运算符都是左结合的。因此，以下各个表达式的左右两边等价：

```
a+i < b/2+1          <-->       (a+i) < ((b/2)+1)
5+x^2*8              <-->       5+((x^2)*8)
a < y and y <= z     <-->       (a < y) and (y <= z)
-x^2                 <-->       -(x^2)
x^y^z                <-->       x^(y^z)
```

当不能确定某些表达式的运算符优先级时，应该显式地用括号来指定所希望的运算次序。这比查看参考手册方便，也不至于让别人在阅读你的代码时产生同样的疑问。

## 3.8 兼容性

诚然，Lua 5.3 中引入的整型值导致其相对于此前的 Lua 版本出现了一定的不兼容，但如前所述，程序员基本上可以忽略整型值和浮点型值之间的不同。当忽略这些不同时，也就忽略掉了 Lua 5.3 和 Lua 5.2（该版本中所有的数值都是浮点型）之间的不同（至于数值，Lua 5.0及 Lua 5.1 与 Lua 5.2 完全一致）。

Lua 5.3 和 Lua 5.2 之间的最大不同就是整数的表示范围。Lua 5.2 支持的最大整数为 $2^{53}$，而 Lua 5.3 支持的最大整数为 $2^{63}$。在当作计数值使用时，它们之间的区别通常不会导致问题；然而，当把整型值当作通用的比特位使用时（例如，把 3 个 20-bit 的整型值放在一起使用），它们之间的区别则可能很重要。

虽然 Lua 5.2 不支持整型，但是在几个场景下仍然会涉及整型的问题。例如，C 语言实现的库函数通常使用整型参数，但 Lua 5.2 却并没有约定这些情况下浮点型值和整型值之间的转换方法：官方文档里只是说“数值会以某种不确定的方式被截断”。这个问题非常现实，根据具体的不同平台，Lua 5.2 可能将 –3.2 转换成 –3，也可能转换为 –4。与 Lua 5.2 不同的是，Lua 5.3 明确了这种类型转换的规则，即只有数值恰好可以表示为整数时才可以进行转换。

由于 Lua 5.2 中的数值类型只有一种，所以没有提供函数 `math.type`。由于 Lua 5.2 中不存在整型的概念，所以也没有常量 `math.maxinteger` 及 `math.mininteger`。虽然可以实现，但 Lua 5.2 中也没有 floor 除法（毕竟，Lua 5.2 中的取模运算基本上和 floor 除法是等价的）。

可能让人感到震惊的是，与整型引入相关的问题的根源在于，Lua 语言将数值转换为字符串的方式。Lua 5.2 将所有的整数值格式化为整型（不带小数点），而 Lua 5.3 则将所有的浮点数格式化为浮点型（带有十进制小数点或指数）。因此，Lua 5.2 会将 `3.0` 格式化为`"3"` 输出，而 Lua 5.3 则会将其格式化为`"3.0"` 输出。虽然 Lua 语言从未说明过格式化数值的方式，但是很多程序员默认的是早期版本的格式化输出行为。在将数值转换为字符串时，我们可以通过显式地指明格式的方式来避免这种问题。然而，这个问题实际上提示我们，语言设计思想中可能存在更深层的瑕疵，即无理由地将整数转换为浮点型值来可能并非好事（实际上，这也正是 Lua 5.3 中引入新格式化规则的主要动机。将整数值使用浮点型表示通常会使得程序可读性不佳，而新的格式化规则避免了这些问题）。

## 3.9 练习

练习 3.1：以下哪些是有效的数值常量？它们的值分别是多少？

```
.0e12    .e12    0.0e    0x12    0xABFG    0xA    FFFF    0xFFFFFFFF
0x    0x1P10    0.1e1    0x0.1p1
```

练习 3.2：解释下列表达式之所以得出相应结果的原因。（注意：整型算术运算总是会回环。）

```
> math.maxinteger * 2                  --> -2
> math.mininteger * 2                  --> 0
> math.maxinteger * math.maxinteger    --> 1
> math.mininteger * math.mininteger    --> 0
```

练习 3.3：下列代码的输出结果是什么？

```
for i = -10, 10 do
  print(i, i % 3)
end
```

练习 3.4：表达式 2^3^4 的值是什么？表达式 2^-3^4 呢？

练习 3.5：当分母是 10 的整数次幂时，数值 12.7 与表达式 127/10 相等。能否认为当分母是 2 的整数次幂时，这是一种通用规律？对于数值 5.5 情况又会怎样呢？

练习 3.6：请编写一个通过高、母线与轴线的夹角来计算正圆锥体体积的函数。

练习 3.7：利用函数 math.random 编写一个生成遵循正态分布（高斯分布）的伪随机数发生器。

# 4 字符串

字符串用于表示文本。Lua 语言中的字符串既可以表示单个字符，也可以表示一整本书籍[①]。在 Lua 语言中，操作 100K 或者 1M 个字母组成的字符串的程序也很常见。

Lua 语言中的字符串是一串字节组成的序列，Lua 核心并不关心这些字节究竟以何种方式编码文本。在 Lua 语言中，字符使用 8 个比特位来存储（eight-bit clean[②]）。Lua 语言中的字符串可以存储包括空字符在内的所有数值代码，这意味着我们可以在字符串中存储任意的二进制数据。同样，我们可以使用任意一种编码方法（UTF-8、UTF-16 等）来存储 Unicode 字符串；不过，像我们接下来很快要讨论的那样，最好在一切可能的情况下优先使用 UTF-8 编码。Lua 的字符串标准库默认处理 8 个比特位（1Byte）的字符，但是也同样可以非常优雅地处理 UTF-8 字符串。此外，从 Lua 5.3 开始还提供了一个帮助使用 UTF-8 编码的函数库。

Lua 语言中的字符串是不可变值（immutable value）。我们不能像在 C 语言中那样直接改变某个字符串中的某个字符，但是我们可以通过创建一个新字符串的方式来达到修改的目的，例如：

```
a = "one string"
b = string.gsub(a, "one", "another")  -- 改变字符串中的某些部分
print(a)       --> one string
print(b)       --> another string
```

---

[①] 译者注：实际是指可以存储比单个字符多得多的文本内容。

[②] 译者注：通常与之对比的是 7-bit ASCII。

像Lua语言中的其他对象（表、函数等）一样，Lua语言中的字符串也是自动内存管理的对象之一。这意味着Lua语言会负责字符串的分配和释放，开发人员无须关注。

可以使用长度操作符（*length operator*）（#）获取字符串的长度：

```
a = "hello"
print(#a)              --> 5
print(#"good bye")     --> 8
```

该操作符返回字符串占用的字节数，在某些编码中，这个值可能与字符串中字符的个数不同。

我们可以使用连接操作符..（两个点）来进行字符串连接。如果操作数中存在数值，那么Lua语言会先把数值转换成字符串：

```
> "Hello " .. "World"     --> Hello World
> "result is " .. 3       --> result is 3
```

在某些语言中，字符串连接使用的是加号，但实际上3+5和3..5是不一样的。

应该注意，在Lua语言中，字符串是不可变量。字符串连接总是创建一个新字符串，而不会改变原来作为操作数的字符串：

```
> a = "Hello"
> a .. " World"           --> Hello World
> a                       --> Hello
```

## 4.1 字符串常量

我们可以使用一对双引号或单引号来声明字符串常量（literal string）：

```
a = "a line"
b = 'another line'
```

使用双引号和单引号声明字符串是等价的。它们两者唯一的区别在于，使用双引号声明的字符串中出现单引号时，单引号可以不用转义；使用单引号声明的字符串中出现双引号时，双引号可以不用转义。

从代码风格上看，大多数程序员会选择使用相同的方式来声明“同一类”字符串，至于

“同一类”究竟具体指什么则是依赖于具体实现的。[①]比如，由于 XML 文本中一般都会有双引号，所以一个操作 XML 的库可能就会使用单引号来声明 XML 片段[②]。

Lua 语言中的字符串支持下列 C 语言风格的转义字符：

| | |
|---|---|
| `\a` | 响铃（bell） |
| `\b` | 退格（back space） |
| `\f` | 换页（form feed） |
| `\n` | 换行（newline） |
| `\r` | 回车（carriage return） |
| `\t` | 水平制表符（horizontal tab） |
| `\v` | 垂直制表符（vertical tab） |
| `\\` | 反斜杠（backslash） |
| `\"` | 双引号（double quote） |
| `\'` | 单引号（single quote） |

下述示例展示了转义字符的使用方法：

```
> print("one line\nnext line\n\"in quotes\", 'in quotes'")
one line
next line
"in quotes", 'in quotes'
> print('a backslash inside quotes: \'\\\'')
a backslash inside quotes: '\'
> print("a simpler way: '\\'")
a simpler way: '\'
```

在字符串中，还可以通过转义序列`\ddd`和`\xhh`来声明字符。其中，*ddd* 是由最多 3 个十进制数字组成的序列，*hh* 是由两个且必须是两个十六进制数字组成的序列。举一个稍微有点刻意的例子，在一个使用 ASCII 编码的系统中，`"ALO\n123\""` 和`'\x41LO\10\04923"'` 实际上是一样的[③]：0x41（十进制的 65）在 ASCII 编码中对应 `A`，10 对应换行符，49 对应数字 `1`

[①] 译者注：即大多数情况下要么使用单引号声明字符串，要么就使用双引号来声明字符串，不会一会儿使用单引号一会儿使用双引号。

[②] 译者注：XML 结构中一般包括大量的双引号，如果使用双引号来声明代表 XML 文本的字符串，那么 XML 文本中原有的双引号都得进行转义。

[③] 译者注：字面值一样，但不一定在相同内存位置。

（在这个例子中，由于转义序列之后紧跟了其他的数字，所以 49 必须写成`\049`，即用 0 来补足三位数字；否则，Lua 语言会将其错误地解析为`\492`）。我们还可以把上述字符串写成`'\x41\x4c\x4f\x0a\x31\x32\x33\x22'`，即使用十六进制来表示字符串中的每一个字符。

从 Lua 5.3 开始，也可以使用转义序列`\u{h...h}`来声明 UTF-8 字符，花括号中可以支持任意有效的十六进制：

```
> "\u{3b1} \u{3b2} \u{3b3}"          --> α β γ
```

上例中假定终端使用的是 UTF-8 编码。

## 4.2 长字符串/多行字符串

像长注释/多行注释一样，可以使用一对双方括号来声明长字符串/多行字符串常量。被方括号括起来的内容可以包括很多行，并且内容中的转义序列不会被转义。此外，如果多行字符串中的第一个字符是换行符，那么这个换行符会被忽略。多行字符串在声明包含大段代码的字符串时非常方便，例如：

```
page = [[
<html>
<head>
  <title>An HTML Page</title>
</head>
<body>
  <a href="http://www.lua.org">Lua</a>
</body>
</html>
]]

write(page)
```

有时字符串中可能有类似`a=b[c[i]]`这样的内容（注意其中的`]]`），或者，字符串中可能有被注释掉的代码。为了应对这些情况，可以在两个左方括号之间加上任意数量的等号，如`[===[`。这样，字符串常量只有在遇到了包含相同数量等号的两个右方括号时才会结束（就前例而言，即`]===]`）。Lua 语言的语法扫描器会忽略所含等号数量不相同的方括号。通过选择恰当数量的等号，就可以在无须修改原字符串的情况下声明任意的字符串常量了。

对注释而言，这种机制也同样有效。例如，我们可以使用--[=[和]=]来进行长注释，从而降低了对内部已经包含注释的代码进行注释的难度。

当代码中需要使用常量文本时，使用长字符串是一种理想的选择。但是，对于非文本的常量我们不应该滥用长字符串。虽然 Lua 语言中的字符串常量可以包含任意字节，但是滥用这个特性并不明智（例如，可能导致某些文本编辑器出现异常）。同时，像"\r\n" 一样的 EOF 序列在被读取的时候可能会被归一化成"\n"。作为替代方案，最好就是把这些可能引起歧义的二进制数据用十进制数值或十六进制的数值转义序列进行表示，例如"\x13\x01\xA1\xBB"。不过，由于这种转义表示形成的字符串往往很长，所以对于长字符串来说仍可能是个问题。针对这种情况，从 Lua 5.2 开始引入了转义序列\z，该转义符会跳过其后的所有空白字符，直到遇到第一个非空白字符。下例中演示了该转义符的使用方法：

```
data = "\x00\x01\x02\x03\x04\x05\x06\x07\z
        \x08\x09\x0A\x0B\x0C\x0D\x0E\x0F"
```

第一行最后的\z 会跳过其后的 EOF 和第二行的制表符，因此在最终得到的字符串中，\x08 实际上是紧跟着\x07 的。

## 4.3 强制类型转换

Lua 语言在运行时提供了数值与字符串之间的自动转换（conversion）。针对字符串的所有算术操作会尝试将字符串转换为数值。Lua 语言不仅仅在算术操作时进行这种强制类型转换（coercion），还会在任何需要数值的情况下进行，例如函数 math.sin 的参数。

相反，当 Lua 语言发现在需要字符串的地方出现了数值时，它就会把数值转换为字符串：

```
print(10 .. 20)            --> 1020
```

当在数值后紧接着使用字符串连接时，必须使用空格将它们分开，否则 Lua 语言会把第一个点当成小数点。

很多人认为自动强制类型转换算不上是 Lua 语言中的一项好设计。作为原则之一，建议最好不要完全寄希望于自动强制类型转换。虽然在某些场景下这种机制很便利，但同时也给语言和使用这种机制的程序带来了复杂性。

作为这种“二类状态（second-class status）”的表现之一，Lua 5.3 没有实现强制类型转换与整型的集成，而是采用了另一种更简单和快速的实现方式：算术运算的规则就是只有在两个操作数都是整型值时结果才是整型。因此，由于字符串不是整型值，所以任何有字符串参与的算术运算都会被当作浮点运算处理：

```
> "10" + 1                --> 11.0
```

如果需要显式地将一个字符串转换成数值，那么可以使用函数 tonumber。当这个字符串的内容不能表示为有效数字时该函数返回 nil；否则，该函数就按照 Lua 语法扫描器的规则返回对应的整型值或浮点类型值：

```
> tonumber("  -3 ")         --> -3
> tonumber(" 10e4 ")        --> 100000.0
> tonumber("10e")           --> nil   (not a valid number)
> tonumber("0x1.3p-4")      --> 0.07421875
```

默认情况下，函数 tonumber 使用的是十进制，但是也可以指明使用二进制到三十六进制之间的任意进制：

```
> tonumber("100101", 2)        --> 37
> tonumber("fff", 16)          --> 4095
> tonumber("-ZZ", 36)          --> -1295
> tonumber("987", 8)           --> nil
```

在最后一行中，对于指定的进制而言，传入的字符串是一个无效值，因此函数 tonumber 返回 nil。

调用函数 tostring 可以将数值转换成字符串：

```
print(tostring(10) == "10")   --> true
```

上述的这种转换总是有效，但我们需要记住，使用这种转换时并不能控制输出字符串的格式（例如，结果中十进制数字的个数）。我们会在下一节中看到，可以通过函数 string.format 来全面地控制输出字符串的格式。

与算术操作不同，比较操作符不会对操作数进行强制类型转换。请注意，"0" 和 0 是不同的。此外，2<15 明显为真，但"2"<"15" 却为假（字母顺序）。为了避免出现不一致的结果，当比较操作符中混用了字符串和数值（比如 2<"15"）时，Lua 语言会抛出异常。

## 4.4 字符串标准库

Lua 语言解释器本身处理字符串的能力是十分有限的。一个程序能够创建字符串、连接字符串、比较字符串和获取字符串的长度，但是，它并不能提取字符串的子串或检视字符串的内容。Lua 语言处理字符串的完整能力来自其字符串标准库。

正如此前提到的，字符串标准库默认处理的是 8 bit（1 byte）字符。这对于某些编码方式（例如 ASCII 或 ISO-8859-1）适用，但对所有的 Unicode 编码来说都不适用。不过尽管如此，我们接下来会看到，字符串标准库中的某些功能对 UTF-8 编码来说还是非常有用的。

字符串标准库中的一些函数非常简单：函数 `string.len(s)` 返回字符串 s 的长度，等价于 `#s`。函数 `string.rep(s,n)` 返回将字符串 s 重复 n 次的结果。可以通过调用 `string.rep("a", 2^20)` 创建一个 1MB 大小的字符串（例如用于测试）。函数 `string.reverse` 用于字符串翻转。函数 `string.lower(s)` 返回一份 s 的副本，其中所有的大写字母都被转换成小写字母，而其他字符则保持不变。函数 `string.upper` 与之相反，该函数会将小写字母转换成大写字母。

```
> string.rep("abc", 3)              --> abcabcabc
> string.reverse("A Long Line!")    --> !eniL gnoL A
> string.lower("A Long Line!")      --> a long line!
> string.upper("A Long Line!")      --> A LONG LINE!
```

作为一种典型的应用，我们可以使用如下代码在忽略大小写差异的原则下比较两个字符串：

```
string.lower(a) < string.lower(b)
```

函数 `string.sub(s, i, j)` 从字符串 s 中提取第 i 个到第 j 个字符（包括第 i 个和第 j 个字符，字符串的第一个字符索引为 1）。该函数也支持负数索引，负数索引从字符串的结尾开始计数：索引 –1 代表字符串的最后一个字符，索引 –2 代表倒数第二个字符，依此类推。这样，对字符串 s 调用函数 `string.sub(s, 1, j)` 得到的是字符串 s 中长度为 j 的前缀，调用 `string.sub(s, j, -1)` 得到的是字符串 s 中从第 j 个字符开始的后缀，调用 `string.sub(s, 2, -2)` 返回的是去掉字符串 s 中第一个和最后一个字符后的结果：

```
> s = "[in brackets]"
> string.sub(s, 2, -2)       --> in brackets
> string.sub(s, 1, 1)        --> [
> string.sub(s, -1, -1)      --> ]
```

请注意，Lua 语言中的字符串是不可变的。和 Lua 语言中的所有其他函数一样，函数 `string.sub` 不会改变原有字符串的值，它只会返回一个新字符串。一种常见的误解是以为 `string.sub(s, 2, -2)` 返回的是修改后的 s[①]。如果需要修改原字符串，那么必须把新的值赋值给它：

```
s = string.sub(s, 2, -2)
```

函数 `string.char` 和 `string.byte` 用于转换字符及其内部数值表示。函数 `string.char` 接收零个或多个整数作为参数，然后将每个整数转换成对应的字符，最后返回由这些字符连接而成的字符串。函数 `string.byte(s, i)` 返回字符串 s 中第 i 个字符的内部数值表示，该函数的第二个参数是可选的。调用 `string.byte(s)` 返回字符串 s 中第一个字符（如果字符串只由一个字符组成，那么就返回这个字符）的内部数值表示。在下例中，假定字符是用 ASCII 表示的：

```
print(string.char(97))                    --> a
i = 99; print(string.char(i, i+1, i+2))   --> cde
print(string.byte("abc"))                 --> 97
print(string.byte("abc", 2))              --> 98
print(string.byte("abc", -1))             --> 99
```

在最后一行中，使用了负数索引来访问字符串的最后一个字符。

调用 `string.byte(s, i, j)` 返回索引 i 到 j 之间（包括 i 和 j）的所有字符的数值表示：

```
print(string.byte("abc", 1, 2))           --> 97 98
```

一种常见的写法是 `{string.byte(s, 1, -1)}`，该表达式会创建一个由字符串 s 中的所有字符代码组成的表（由于 Lua 语言限制了栈大小，所以也限制了一个函数的返回值的最大个数，默认最大为一百万个。因此，这个技巧不能用于大小超过 1MB 的字符串）。

函数 `string.format` 是用于进行字符串格式化和将数值输出为字符串的强大工具，该函数会返回第一个参数（也就是所谓的格式化字符串（*format string*））的副本，其中的每一个指示符（*directive*）都会被替换为使用对应格式进行格式化后的对应参数。格式化字符串中的指示符与 C 语言中函数 `printf` 的规则类似，一个指示符由一个百分号和一个代表格式化方式的字母组成：d 代表一个十进制整数、x 代表一个十六进制整数、f 代表一个浮点数、s 代表字符串，等等。

[①] 译者注：实际上字符串 s 不会被修改。

```
> string.format("x = %d  y = %d", 10, 20)   --> x = 10  y = 20
> string.format("x = %x", 200)              --> x = c8
> string.format("x = 0x%X", 200)            --> x = 0xC8
> string.format("x = %f", 200)              --> x = 200.000000
> tag, title = "h1", "a title"
> string.format("<%s>%s</%s>", tag, title, tag)
  --> <h1>a title</h1>
```

在百分号和字母之间可以包含用于控制格式细节的其他选项。例如，可以指定一个浮点数中小数点的位数：

```
print(string.format("pi = %.4f", math.pi))      --> pi = 3.1416
d = 5; m = 11; y = 1990
print(string.format("%02d/%02d/%04d", d, m, y)) --> 05/11/1990
```

在上例中，%.4f 表示小数点后保留 4 位小数；%02d 表示一个十进制数至少由两个数字组成，不足两个数字的用 0 补齐，而%2d 则表示用空格来补齐。关于这些指示符的完整描述可以参阅 C 语言 printf 函数的相关文档，因为 Lua 语言是通过调用 C 语言标准库来完成实际工作的。

可以使用冒号操作符像调用字符串的一个方法那样调用字符串标准库中的所有函数。例如，string.sub(s, i, j) 可以重写为 s:sub(i, j)，string.upper(s) 可以重写为 s:upper()（我们会在第21章中学习冒号操作符的细节）。

字符串标准库还包括了几个基于模式匹配的函数。函数 string.find 用于在指定的字符串中进行模式搜索：

```
> string.find("hello world", "wor")    --> 7    9
> string.find("hello world", "war")    --> nil
```

如果该函数在指定的字符串中找到了匹配的模式，则返回模式的开始和结束位置，否则返回 nil。函数 string.gsub（Global SUBstitution）则把所有匹配的模式用另一个字符串替换：

```
> string.gsub("hello world", "l", ".")     --> he..o wor.d    3
> string.gsub("hello world", "ll", "..")   --> he..o world    1
> string.gsub("hello world", "a", ".")     --> hello world    0
```

该函数还会在第二个返回值中返回发生替换的次数。

我们会在第10章中继续学习上面提到的所有函数和关于模式匹配的所有知识。

## 4.5 Unicode 编码

从 Lua 5.3 开始，Lua 语言引入了一个用于操作 UTF-8 编码的 Unicode 字符串的标准库。当然，在引入这个标准库之前，Lua 语言也提供了对 UTF-8 字符串的合理支持。

UTF-8 是 Web 环境中用于 Unicode 的主要编码之一。由于 UTF-8 编码与 ASCII 编码部分兼容，所以 UTF-8 对于 Lua 语言来说也是一种理想的编码方式。这种兼容性保证了用于 ASCII 字符串的一些字符串操作技巧无须修改就可以用于 UTF-8 字符串。

UTF-8 使用变长的多个字节来编码一个 Unicode 字符。例如，UTF-8 编码使用一个字节的 65 来代表 A，使用两个字节的 215-144 代表希伯来语（Hebrew）字符 Aleph（其在 Unicode 中的编码是 1488）。UTF-8 使用一个字节表示所有 ASCII 范围内的字符（小于 128）。对于其他字符，则使用字节序列表示，其中第一个字节的范围是 [194, 244]，而后续的字节范围是 [128, 191]。更准确地说，对于两个字节组成的序列来说，第一个字节的范围是 [194, 223]；对于三个字节组成的序列来说，第一个字节的范围是 [224, 239]；对于四个字节组成的序列来说，第一个字节的范围是 [240, 244]，这些范围相互之间均不重叠。这种特点保证了任意字符对应的字节序列不会在其他字符对应的字节序列中出现。特别地，一个小于 128 的字节永远不会出现在多字节序列中，它只会代表与之对应的 ASCII 字符。

Lua 语言中的一些机制对 UTF-8 字符串来说同样“有效”。由于 Lua 语言使用 8 个字节来编码字符，所以可以像操作其他字符串一样读写和存储 UTF-8 字符串。字符串常量也可以包含 UTF-8 数据（当然，读者可能需要使用支持 UTF-8 编码的编辑器来处理使用 UTF-8 编码的源文件）。字符串连接对 UTF-8 字符串同样适用。对字符串的比较（小于、小于等于，等等）会按照 Unicode 编码中的字符代码顺序进行[①]。

Lua 语言的操作系统库和输入输出库是与对应系统之间的主要接口，所以它们是否支持 UTF-8 取决于对应的操作系统。例如，在 Linux 操作系统下文件名使用 UTF-8 编码，而在 Windows 操作系统下文件名使用 UTF-16 编码。因此，如果要在 Windows 操作系统中处理 Unicode 文件名，那么要么使用额外的库，要么就要修改 Lua 语言的标准库。

让我们看一下字符串标准库中的函数是如何处理 UTF-8 字符串的。函数 `reverse`、`upper`、`lower`、`byte` 和 `char` 不适用于 UTF-8 字符串，这是因为它们针对的都是一字节字符。函数 `string.format` 和 `string.rep` 适用于 UTF-8 字符串（格式选项 `'%c'` 除外，该格式选项针对一字节字符）。函数 `string.len` 和 `string.sub` 可以用于 UTF-8 字符串，其中的索引以字节

[①] 译者注：即代码点，后面会详细介绍。

为单位而不是以字符为单位。通常，这些函数就够用了。

现在让我们学习一下新的 utf8 标准库。函数 utf8.len 返回指定字符串中 UTF-8 字符（代码点）的个数[①]。此外，该函数还会验证字符串，如果该函数发现字符串中包含无效的字节序列，则返回 false 外加第一个无效字节的位置：

```
> utf8.len("résumé")              --> 6
> utf8.len("ação")                --> 4
> utf8.len("Månen")               --> 5
> utf8.len("ab\x93")              --> nil    3
```

当然，需要使用支持 UTF-8 的终端来运行上述示例。

函数 utf8.char 和 utf8.codepoint 在 UTF-8 环境下等价于 string.char 和 string.byte：

```
> utf8.char(114, 233, 115, 117, 109, 233)    --> résumé
> utf8.codepoint("résumé", 6, 7)             --> 109    233
```

请注意最后一行的索引。utf8 库中大多数函数使用字节为索引。例如，调用 string.codepoint(s, i, j) 时 i 和 j 都会被当作字符串 s 中的字节位置。如果想使用字符位置作为索引，那么可以通过函数 utf8.offset 把字符位置转换为字节位置：

```
> s = "Nähdään"
> utf8.codepoint(s, utf8.offset(s, 5))    --> 228
> utf8.char(228)                          --> ä
```

在这个示例中，我们使用函数 utf8.offset 来获取字符串中第 5 个字符的字节索引，然后将这个值作为参数调用函数 codepoint。

像在字符串标准库中一样，函数 utf8.offset 使用的索引可以是负值，代表从字符串末尾开始计数：

```
> s = "ÃøÆËÐ"
> string.sub(s, utf8.offset(s, -2))    --> ËÐ
```

utf8 标准库中的最后一个函数是 utf8.codes，该函数用于遍历 UTF-8 字符串中的每一个字符：

① 译者注：正如前文所述，一个诸如 Unicode 等的超大字符集中的字符可能需要用两个或两个以上的字节表示，一个完整的 Unicode 字符就叫做代码点，不能直接使用字节位置或字节长度来对 Unicode 字符进行操作。

```
for i, c in utf8.codes("Ação") do
  print(i, c)
end
  --> 1    65
  --> 2    231
  --> 4    227
  --> 6    111
```

上述的代码结构会遍历指定字符串中的所有字符，将每个字符对应的字节索引和编码赋给两个局部变量。在上例中，循环体会打印出这两个变量的值（我们会在第18章中进一步学习迭代器）。

不幸的是，除了上述的内容外，Lua 语言没有再提供其他机制。Unicode 具有如此多稀奇古怪的特性，以至于想从特定的语言中抽象出其中的任意一个概念基本上都是不太可能的。由于 Unicode 编码的字符和字素（grapheme）之间没有一对一的关系，所以甚至连字符的概念都是模糊的。例如，常见的字素 é 既可以使用单个代码点"\u{E9}"表示，也可以使用两个代码点表示（"e\u{301}"，即 e 后面跟一个区分标记）。其他诸如字母之类的基本概念在不同的语系中也有差异。由于这些复杂性的存在，如果想支持完整的 Unicode 就需要巨大的表，而这又与 Lua 语言精简的大小相矛盾。因此，对于这些特殊需求来说，最好的选择就是使用外部库。

## 4.6 练习

练习 4.1：请问如何在 Lua 程序中以字符串的方式使用如下的 XML 片段：

```
<![CDATA[
  Hello world
]]>
```

请给出至少两种实现方式。

练习 4.2：假设你需要以字符串常量的形式定义一组包含歧义的转义字符序列，你会使用哪种方式？请注意考虑诸如可读性、每行最大长度及字符串最大长度等问题。

练习 4.3：请编写一个函数，使之实现在某个字符串的指定位置插入另一个字符串：

```
> insert("hello world", 1, "start: ")    --> start: hello world
> insert("hello world", 7, "small ")     --> hello small world
```

练习 4.4：使用 UTF-8 字符串重写下例：

```
> insert("ação", 5, "!")     --> ação!
```

注意，这里的起始位置和长度都是针对代码点（CodePoint）而言的。

练习 4.5：请编写一个函数，该函数用于移除指定字符串中的一部分，移除的部分使用起始位置和长度指定：

```
> remove("hello world", 7, 4)     --> hello d
```

练习 4.6：使用 UTF-8 字符串重写下例：

```
> remove("ação", 2, 2)     --> ao
```

注意，起始位置和长度都是以代码点来表示的。

练习 4.7：请编写一个函数判断指定的字符串是否为回文字符串（palindrome）：

```
> ispali("step on no pets")     --> true
> ispali("banana")              --> false
```

练习 4.8：重写之前的练习，使得它们忽略空格和标点符号。

练习 4.9：使用 UTF-8 字符串重写之前的练习。

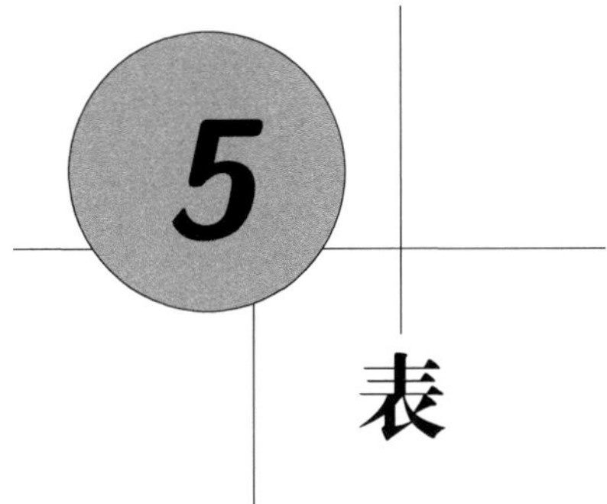

# 5 表

表（Table）是Lua语言中最主要（事实上也是唯一的）和强大的数据结构。使用表，Lua语言可以以一种简单、统一且高效的方式表示数组、集合、记录和其他很多数据结构。Lua语言也使用表来表示包（package）和其他对象。当调用函数 `math.sin` 时，我们可能认为是“调用了 `math` 库中函数 `sin`”；而对于 Lua 语言来说，其实际含义是“以字符串`"sin"`为键检索表 `math`”。

Lua 语言中的表本质上是一种辅助数组（associative array），这种数组不仅可以使用数值作为索引，也可以使用字符串或其他任意类型的值作为索引（nil 除外）。

Lua 语言中的表要么是值要么是变量，它们都是对象（*object*）。如果读者对 Java 或 Scheme 中的数组比较熟悉，那么应该很容易理解上述概念。可以认为，表是一种动态分配的对象，程序只能操作指向表的引用（或指针）。除此以外，Lua 语言不会进行隐藏的拷贝（hidden copies）或创建新的表[①]。

我们使用构造器表达式（*constructor expression*）创建表，其最简单的形式是 `{}`：

```
> a = {}            -- 创建一个表然后用表的引用赋值
> k = "x"
> a[k] = 10         -- 新元素，键是"x"，值是10
> a[20] = "great"   -- 新元素，键是20，值是"great"
> a["x"]                   --> 10
```

[①] 译者注：此处所谓的隐藏的拷贝是指深拷贝，即拷贝的是对象的引用而非整个对象本身。

```
> k = 20
> a[k]                    --> "great"
> a["x"] = a["x"] + 1     -- 增加元素"x"的值
> a["x"]                  --> 11
```

表永远是匿名的，表本身和保存表的变量之间没有固定的关系：

```
> a = {}
> a["x"] = 10
> b = a              -- 'b'和'a'引用同一张表
> b["x"]             --> 10
> b["x"] = 20
> a["x"]             --> 20
> a = nil            -- 只有'b'仍然指向表
> b = nil            -- 没有指向表的引用了
```

对于一个表而言，当程序中不再有指向它的引用时，垃圾收集器会最终删除这个表并重用其占用的内存。

## 5.1 表索引

同一个表中存储的值可以具有不同的类型索引[①]，并可以按需增长以容纳新的元素：

```
> a = {}     -- 空的表
> -- 创建1000个新元素
> for i = 1, 1000 do a[i] = i*2 end
> a[9]                --> 18
> a["x"] = 10
> a["x"]              --> 10
> a["y"]              --> nil
```

请注意上述代码的最后一行：如同全局变量一样，未经初始化的表元素为 nil，将 nil 赋值给表元素可以将其删除。这并非巧合，因为 Lua 语言实际上就是使用表来存储全局变量的（详见第22章）。

[①] 译者注：即不同数据类型的键。

当把表当作结构体使用时，可以把索引当作成员名称使用（a.name 等价于 a["name"]）。因此，可以使用这种更加易读的方式改写前述示例的最后几行：

```
> a = {}                        -- 空白表
> a.x = 10                      -- 等价于a["x"] = 10
> a.x       --> 10              -- 等价于a["x"]
> a.y       --> nil             -- 等价于a["y"]
```

对 Lua 语言而言，这两种形式是等价且可以自由混用的；不过，对于阅读程序的人而言，这两种形式可能代表了不同的意图。形如 a.name 的点分形式清晰地说明了表是被当作结构体使用的，此时表实际上是由固定的、预先定义的键组成的集合；而形如 a["name"] 的字符串索引形式则说明了表可以使用任意字符串作为键，并且出于某种原因我们操作的是指定的键。

初学者常常会混淆 a.x 和 a[x]。实际上，a.x 代表的是 a["x"]，即由字符串"x" 索引的表；而 a[x] 则是指由变量 x 对应的值索引的表，例如：

```
> a = {}
> x = "y"
> a[x] = 10                  -- 把10放在字段"y"中
> a[x]          --> 10       -- 字段"y"的值
> a.x           --> nil      -- 字段"x"的值（未定义）
> a.y           --> 10       -- 字段"y"的值
```

由于可以使用任意类型索引表，所以在索引表时会遇到相等性比较方面的微妙问题。虽然确实都能用数字 0 和字符串"0" 对同一个表进行索引，但这两个索引的值及其所对应的元素是不同的。同样，字符串"+1"、"01" 和"1" 指向的也是不同的元素。当不能确定表索引的真实数据类型时，可以使用显式的类型转换：

```
> i = 10; j = "10"; k = "+10"
> a = {}
> a[i] = "number key"
> a[j] = "string key"
> a[k] = "another string key"
> a[i]              --> 数值类型的键
> a[j]              --> 字符串类型的键
> a[k]              --> 另一个字符串类型的键
> a[tonumber(j)]    --> 数值类型的键
> a[tonumber(k)]    --> 数值类型的键
```

如果不注意这一点，就会很容易在程序中引入诡异的 Bug。

整型和浮点型类型的表索引则不存在上述问题。由于 2 和 2.0 的值相等，所以当它们被当作表索引使用时指向的是同一个表元素：

```
> a = {}
> a[2.0] = 10
> a[2.1] = 20
> a[2]              --> 10
> a[2.1]            --> 20
```

更准确地说，当被用作表索引时，任何能够被转换为整型的浮点数都会被转换成整型数。例如，当执行表达式 a[2.0]=10 时，键 2.0 会被转换为 2。相反，不能被转换为整型数的浮点数则不会发生上述的类型转换。

## 5.2 表构造器

表构造器（Table Constructor）是用来创建和初始化表的表达式，也是 Lua 语言中独有的也是最有用、最灵活的机制之一。

正如我们此前已经提到的，最简单的构造器是空构造器 {}。表构造器也可以被用来初始化列表，例如，下例中使用字符串"Sunday" 初始化了 days[1]（构造器第一个元素的索引是 1 而不是 0）、使用字符串"Monday" 初始化了 days[2]，依此类推：

```
days = {"Sunday", "Monday", "Tuesday", "Wednesday",
        "Thursday", "Friday", "Saturday"}

print(days[4])  --> Wednesday
```

Lua 语言还提供了一种初始化记录式（record-like）表的特殊语法：

```
a = {x = 10, y = 20}
```

上述代码等价于：

```
a = {}; a.x = 10; a.y = 20
```

不过，在第一种写法中，由于能够提前判断表的大小，所以运行速度更快。

无论使用哪种方式创建表，都可以随时增加或删除表元素：

```
w = {x = 0, y = 0, label = "console"}
x = {math.sin(0), math.sin(1), math.sin(2)}
w[1] = "another field"    -- 把键1增加到表'w'中
x.f = w                   -- 把键"f"增加到表'x'中
print(w["x"])             --> 0
print(w[1])               --> another field
print(x.f[1])             --> another field
w.x = nil                 -- 删除字段"x"
```

不过，正如此前所提到的，使用合适的构造器来创建表会更加高效和易读。

在同一个构造器中，可以混用记录式（record-style）和列表式（list-style）写法：

```
polyline = {color="blue",
            thickness=2,
            npoints=4,
            {x=0,   y=0},    -- polyline[1]
            {x=-10, y=0},    -- polyline[2]
            {x=-10, y=1},    -- polyline[3]
            {x=0,   y=1}     -- polyline[4]
           }
```

上述的示例也同时展示了如何创建嵌套表（和构造器）以表达更加复杂的数据结构。每一个元素 polyline[i] 都是代表一条记录的表：

```
print(polyline[2].x)    --> -10
print(polyline[4].y)    --> 1
```

不过，这两种构造器都有各自的局限。例如，使用这两种构造器时，不能使用负数索引初始化表元素[①]，也不能使用不符合规范的标识符作为索引。对于这类需求，可以使用另一种更加通用的构造器，即通过方括号括起来的表达式显式地指定每一个索引：

```
opnames = {["+"] = "add", ["-"] = "sub",
           ["*"] = "mul", ["/"] = "div"}

i = 20; s = "-"
a = {[i+0] = s, [i+1] = s..s, [i+2] = s..s..s}
```

[①] 译者注：意思是索引必须以 1 作为开始，不能是负数或其他值。

```
print(opnames[s])     --> sub
print(a[22])          --> ---
```

这种构造器虽然冗长，但却非常灵活，不管是记录式构造器还是列表式构造器均是其特殊形式。例如，下面的几种表达式就相互等价：

```
{x = 0, y = 0}      <-->    {["x"] = 0, ["y"] = 0}
{"r", "g", "b"}     <-->    {[1] = "r", [2] = "g", [3] = "b"}
```

在最后一个元素后总是可以紧跟一个逗号。虽然总是有效，但是否加最后一个逗号是可选的：

```
a = {[1] = "red", [2] = "green", [3] = "blue",}
```

这种灵活性使得开发人员在编写表构造器时不需要对最后一个元素进行特殊处理。

最后，表构造器中的逗号也可以使用分号代替，这主要是为了兼容 Lua 语言的旧版本，目前基本不会被用到。

## 5.3 数组、列表和序列

如果想表示常见的数组（array）或列表（list），那么只需要使用整型作为索引的表即可。同时，也不需要预先声明表的大小，只需要直接初始化我们需要的元素即可：

```
-- 读取10行，然后保存在一个表中
a = {}
for i = 1, 10 do
  a[i] = io.read()
end
```

鉴于能够使用任意值对表进行索引，我们也可以使用任意数字作为第一个元素的索引。不过，在 Lua 语言中，数组索引按照惯例是从 1 开始的（不像 C 语言从 0 开始），Lua 语言中的其他很多机制也遵循这个惯例。

当操作列表时，往往必须事先获取列表的长度。列表的长度可以存放在常量中，也可以存放在其他变量或数据结构中。通常，我们把列表的长度保存在表中某个非数值类型的字段中（由于历史原因，这个键通常是"n"）。当然，列表的长度经常也是隐式的。请注意，由于未初始化的元素均为 nil，所以可以利用 nil 值来标记列表的结束。例如，当向一个列表中写入了 10 行数据后，由于该列表的数值类型的索引为 1, 2, ..., 10，所以可以很容易地知道列表的长度就是 10。这种技巧只有在列表中不存在空洞（*hole*）时（即所有元素均不为 nil）才有效，此时我们把这种所有元素都不为 nil 的数组称为*序列*（*sequence*）。[①]。

Lua 语言提供了获取序列长度的操作符 #。正如我们之前所看到的，对于字符串而言，该操作符返回字符串的字节数；对于表而言，该操作符返回表对应序列的长度。例如，可以使用如下的代码输出上例中读入的内容：

```
-- 输出行，从1到#a
for i = 1, #a do
  print(a[i])
end
```

长度操作符也为操作序列提供了几种有用的写法：

```
print(a[#a])          -- 输出序列'a'的最后一个值
a[#a] = nil           -- 移除最后一个值
a[#a + 1] = v         -- 把'v'加到序列的最后
```

对于中间存在空洞（nil 值）的列表而言，序列长度操作符是不可靠的，它只能用于序列（所有元素均不为 nil 的列表）。更准确地说，*序列*（*sequence*）是由指定的 *n* 个正数数值类型的键所组成集合 {1, ..., *n*} 形成的表（请注意值为 nil 的键实际不在表中）。特别地，不包含数值类型键的表就是长度为零的序列。

将长度操作符用于存在空洞的列表的行为是 Lua 语言中最具争议的内容之一。在过去几年中，很多人建议在操作存在空洞的列表时直接抛出异常，也有人建议扩展长度操作符的语义。然而，这些建议都是说起来容易做起来难。其根源在于列表实际上是一个表，而对于表来说，“长度”的概念在一定程度上是不容易理解的。例如，考虑如下的代码：

```
a = {}
a[1] = 1
a[2] = nil    -- 什么也没做，因为a[2]已经是nil了
a[3] = 1
a[4] = 1
```

[①] 译者注：此处原文的逻辑有问题，作者实际想表达的意思是，像 C 语言使用空字符\0 作为字符串结束一样，Lua 语言中可以使用 nil 来隐式地代表列表的结束，而非直接使用 *1, 2, ..., 10* 的索引值来判断列表的长度。

我们可以很容易确定这是一个长度为 4、在索引 2 的位置上存在空洞的列表。不过，对于下面这个类似的示例是否也如此呢？

```
a = {}
a[1] = 1
a[10000] = 1
```

是否应该认为 a 是一个具有 10000 个元素、9998 个空洞的列表？如果代码进行了如下的操作：

```
a[10000] = nil
```

那么该列表的长度会变成多少？由于代码删除了最后一个元素，该列表的长度是不是变成了 9999？或者由于代码只是将最后一个元素变成了 nil，该列表的长度仍然是 10000？又或者该列表的长度缩成了 1？①

另一种常见的建议是让 #操作符返回表中全部元素的数量。虽然这种语义听起来清晰且定义明确，但并非特别有用和符合直觉。请考虑一下我们在此讨论过的所有例子，然后思考一下对这些例子而言，为什么让 #操作符返回表中全部元素的数量并非特别有用。

更复杂的是列表以 nil 结尾的情况。请问如下的列表的长度是多少：

```
a = {10, 20, 30, nil, nil}
```

请注意，对于 Lua 语言而言，一个为 nil 的字段和一个不存在的元素没有区别。因此，上述列表与 {10, 20, 30} 是等价的——其长度是 3，而不是 5。

可以将以 nil 结尾的列表当作一种非常特殊的情况。不过，很多列表是通过逐个添加各个元素创建出来的。任何按照这种方式构造出来的带有空洞的列表，其最后一定存在为 nil 的值。

尽管讨论了这么多，程序中的大多数列表其实都是序列（例如不能为 nil 的文件行）。正因如此，在多数情况下使用长度操作符是安全的。在确实需要处理存在空洞的列表时，应该将列表的长度显式地保存起来。

## 5.4 遍历表

我们可以使用 pairs 迭代器遍历表中的键值对：

① 译者注：在 Lua5.3 中此时表达式 #a 的结果是 1。

```
t = {10, print, x = 12, k = "hi"}
for k, v in pairs(t) do
  print(k, v)
end
  --> 1     10
  --> k     hi
  --> 2     function: 0x420610
  --> x     12
```

受限于表在Lua语言中的底层实现机制，遍历过程中元素的出现顺序可能是随机的，相同的程序在每次运行时也可能产生不同的顺序。唯一可以确定的是，在遍历的过程中每个元素会且只会出现一次。

对于列表而言，可以使用ipairs迭代器：

```
t = {10, print, 12, "hi"}
for k, v in ipairs(t) do
  print(k, v)
end
  --> 1     10
  --> 2     function: 0x420610
  --> 3     12
  --> 4     hi
```

此时，Lua会确保遍历是按照顺序进行的。

另一种遍历序列的方法是使用数值型for循环：

```
t = {10, print, 12, "hi"}
for k = 1, #t do
  print(k, t[k])
end
  --> 1     10
  --> 2     function: 0x420610
  --> 3     12
  --> 4     hi
```

## 5.5 安全访问

考虑如下的情景：我们想确认在指定的库中是否存在某个函数。如果我们确定这个库确实存在，那么可以直接使用 `if lib.foo then ...`；否则，就得使用形如 `if lib and lib.foo then ...`的表达式。

当表的嵌套深度变得比较深时，这种写法就会很容易出错，例如：

```
zip = company and company.director and
          company.director.address and
            company.director.address.zipcode
```

这种写法不仅冗长而且低效，该写法在一次成功的访问中对表进行了 6 次访问而非 3 次访问。

对于这种情景，诸如 C# 的一些编程语言提供了一种安全访问操作符（*safe navigation operator*）。在 C# 中，这种安全访问操作符被记为“?.”。例如，对于表达式 `a ?.b`，当 a 为 nil 时，其结果是 nil 而不会产生异常。使用这种操作符，可以将上例改写为：

```
zip = company?.director?.address?.zipcode
```

如果上述的成员访问过程中出现 nil，安全访问操作符会正确地处理 nil[①]并最终返回 nil。

Lua 语言并没有提供安全访问操作符，并且认为也不应该提供这种操作符。一方面，Lua 语言在设计上力求简单；另一方面，这种操作符也是非常有争议的，很多人就无理由地认为该操作符容易导致无意的编程错误。不过，我们可以使用其他语句在 Lua 语言中模拟安全访问操作符。

对于表达式 `a or {}`，当 a 为 nil 时其结果是一个空表。因此，对于表达式 `(a or {}).b`，当 a 为 nil 时其结果也同样是 nil。这样，我们就可以将之前的例子重写为：

```
zip = (((company or {}).director or {}).address or {}).zipcode
```

再进一步，我们还可以写得更短和更高效：

```
E = {}      -- 可以在其他类似表达式中复用
...
zip = (((company or E).director or E).address or E).zipcode
```

[①] 译者注：原文中的用词为 propagate nil（传播 nil）。

确实，上述的语法比安全访问操作符更加复杂。不过尽管如此，表中的每一个字段名都只被使用了一次，从而保证了尽可能少地对表进行访问（本例中对表仅有 3 次访问）；同时，还避免了向语言中引入新的操作符。就我个人看来，这已经是一种足够好的替代方案了。

## 5.6 表标准库

表标准库提供了操作列表和序列的一些常用函数。[①]

函数 `table.insert` 向序列的指定位置插入一个元素，其他元素依次后移。例如，对于列表 `t={10, 20, 30}`，在调用 `table.insert(t, 1, 15)` 后它会变成 `{15, 10, 20, 30}`，另一种特殊但常见的情况是调用 `insert` 时不指定位置，此时该函数会在序列的最后插入指定的元素，而不会移动任何元素。例如，下述代码从标准输入中按行读入内容并将其保存到一个序列中：

```
t = {}
for line in io.lines() do
  table.insert(t, line)
end
print(#t)            --> (读取的行数)
```

函数 `table.remove` 删除并返回序列指定位置的元素，然后将其后的元素向前移动填充删除元素后造成的空洞。如果在调用该函数时不指定位置，该函数会删除序列的最后一个元素。

借助这两个函数，可以很容易地实现栈（Stack）、队列（Queue）和双端队列（Double queue）。以栈的实现为例，我们可以使用 `t={}` 来表示栈，Push 操作可以使用 `table.insert(t, x)` 实现，Pop 操作可以使用 `table.remove(t)` 实现，调用 `table.insert(t, 1, x)` 可以实现在栈的顶部进行插入，调用 `table.remove(t, 1)` 可以从栈的顶部移除[②]。由于后两个函数涉及表中其他元素的移动，所以其运行效率并不是特别高。当然，由于 `table` 标准库中的这些函数是使用 C 语言实现的，所以移动元素所涉及循环的性能开销也并不是太昂贵。因而，对于几百个元素组成的小数组来说这种实现已经足矣。

---

[①] 可以认为表标准库是“列表库（The List Library）”或“序列库（The Sequence Library）”。之所以保留这两个概念，是为了兼容老版本。

[②] 译者注：原文中的表达不准确，上述 4 个函数实际是针对栈的实现来说的，对队列和双端队列来说还需稍做调整。

Lua 5.3 对于移动表中的元素引入了一个更通用的函数 `table.move(a, f, e, t)`，调用该函数可以将表 a 中从索引 f 到 e 的元素（包含索引 f 和索引 e 对应的元素本身）移动到位置 t 上。例如，如下代码可以在列表 a 的开头插入一个元素：

```
table.move(a, 1, #a, 2)
a[1] = newElement
```

如下的代码可以删除第一个元素：

```
table.move(a, 2, #a, 1)
a[#a] = nil
```

应该注意，在计算机领域，移动（*move*）实际上是将一个值从一个地方拷贝（*copy*）到另一个地方。因此，像上面的例子一样，我们必须在移动后显式地把最后一个元素删除。

函数 `table.move` 还支持使用一个表作为可选的参数。当带有可选的表作为参数时，该函数将第一个表中的元素移动到第二个表中。例如，`table.move(a, 1, #a, 1, {})` 返回列表 a 的一个克隆（clone）（通过将列表 a 中的所有元素拷贝到新列表中），`table.move(a, 1, #a, #b + 1, b)` 将列表 a 中的所有元素复制到列表 b 的末尾[①]。

## 5.7 练习

练习 5.1：下列代码的输出是什么？为什么？

```
sunday = "monday"; monday = "sunday"
t = {sunday = "monday", [sunday] = monday}
print(t.sunday, t[sunday], t[t.sunday])
```

练习 5.2：考虑如下代码：

```
a = {};  a.a = a
```

`a.a.a.a` 的值是什么？其中的每个 a 都一样吗？

如果将如下代码追加到上述的代码中：

```
a.a.a.a = 3
```

[①] 译者注：在计算机领域中，移动的概念实际是依赖于具体实现的，原文有两层含义，一方面想说明在 Lua 语言中不带第二个表参数的 `table.move` 对被移动的元素不默认进行删除（与之对应的是被移出的元素默认赋为空值），另一方面想说明带第二个参数的 `table.move` 也不会对第一个表进行改动，也就是原文中所谓的拷贝。

现在 a.a.a.a 的值变成了什么?

练习 5.3:假设要创建一个以转义序列为值、以转义序列对应字符串为键的表(参见4.1节),请问应该如何编写构造器?

练习 5.4:在 Lua 语言中,我们可以使用由系数组成的列表 $\{a_0, a_1, ..., a_n\}$ 来表达多项式 $a_n x^n + a_{n-1} x^{n-1} + ... + a_1 x^1 + a_0$。

请编写一个函数,该函数以多项式(使用表表示)和值 x 为参数,返回结果为对应多项式的值。

练习 5.5:改写上述函数,使之最多使用 $n$ 个加法和 $n$ 个乘法(且没有指数)。

练习 5.6:请编写一个函数,该函数用于测试指定的表是否为有效的序列。

练习 5.7:请编写一个函数,该函数将指定列表的所有元素插入到另一个列表的指定位置。

练习 5.8:表标准库中提供了函数 table.concat,该函数将指定表的字符串元素连接在一起:

```
print(table.concat({"hello", " ", "world"}))    --> hello world
```

请实现该函数,并比较在大数据量(具有上百万个元素的表,可利用 **for** 循环生成)情况下与标准库之间的性能差异。

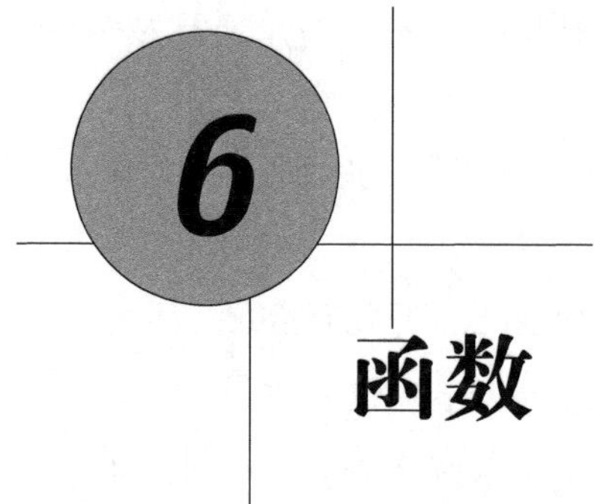

# 函数

在 Lua 语言中，函数（Function）是对语句和表达式进行抽象的主要方式。函数既可以用于完成某种特定任务（有时在其他语言中也称为过程（*procedure*）或子例程（*subroutine*）），也可以只是进行一些计算然后返回计算结果。在前一种情况下，我们将一句函数调用视为一条语句；而在后一种情况下，我们则将函数调用视为表达式：

```
print(8*9, 9/8)
a = math.sin(3) + math.cos(10)
print(os.date())
```

无论哪种情况，函数调用时都需要使用一对圆括号把参数列表括起来。即使被调用的函数不需要参数，也需要一对空括号 ()。对于这个规则，唯一的例外就是，当函数只有一个参数且该参数是字符串常量或表构造器时，括号是可选的：

```
print "Hello World"      <-->     print("Hello World")
dofile 'a.lua'           <-->     dofile ('a.lua')
print [[a multi-line     <-->     print([[a multi-line
 message]]                         message]])
f{x=10, y=20}            <-->     f({x=10, y=20})
type{}                   <-->     type({})
```

Lua 语言也为面向对象风格的调用（object-oriented call）提供了一种特殊的语法，即冒号操作符。形如 o:foo(x) 的表达式意为调用对象 o 的 foo 方法。在第21章中，我们会继续学习这种调用方式及面向对象编程。

一个 Lua 程序既可以调用 Lua 语言编写的函数，也可以调用 C 语言（或者宿主程序使用的其他任意语言）编写的函数。一般来说，我们选择使用 C 语言编写的函数来实现对性能要求更高，或不容易直接通过 Lua 语言进行操作的操作系统机制等。例如，Lua 语言标准库中所有的函数就都是使用 C 语言编写的。不过，无论一个函数是用 Lua 语言编写的还是用 C 语言编写的，在调用它们时都没有任何区别。

正如我们已经在其他示例中所看到的，Lua 语言中的函数定义的常见语法格式形如：

```
-- 对序列'a'中的元素求和
function add (a)
  local sum = 0
  for i = 1, #a do
    sum = sum + a[i]
  end
  return sum
end
```

在这种语法中，一个函数定义具有一个*函数名*（*name*，本例中的 add）、一个*参数*（*parameter*）组成的列表和由一组语句组成的*函数体*（*body*）。参数的行为与局部变量的行为完全一致，相当于一个用函数调用时传入的值进行初始化的局部变量。

调用函数时使用的参数个数可以与定义函数时使用的参数个数不一致。Lua 语言会通过抛弃多余参数和将不足的参数设为 nil 的方式来调整参数的个数。例如，考虑如下的函数：

```
function f (a, b) print(a, b) end
```

其行为如下：

```
f()          --> nil    nil
f(3)         --> 3      nil
f(3, 4)      --> 3      4
f(3, 4, 5)   --> 3      4        （5被丢弃）
```

虽然这种行为可能导致编程错误（在单元测试中容易发现），但同样又是有用的，尤其是对于默认参数（default argument）的情况。例如，考虑如下递增全局计数器的函数：

```
function incCount (n)
  n = n or 1
  globalCounter = globalCounter + n
end
```

该函数以 1 作为默认实参，当调用无参数的 incCount() 时，将 globalCounter 加 1。在调用 incCount() 时，Lua 语言首先把参数 n 初始化为 nil，接下来的 **or** 表达式又返回了其第二个操作数，最终把 n 赋成了默认值 1。

## 6.1 多返回值

Lua 语言中一种与众不同但又非常有用的特性是允许一个函数返回多个结果（Multiple Results）。Lua 语言中几个预定义函数就会返回多个值。我们已经接触过函数 string.find，该函数用于在字符串中定位模式（pattern）。当找到了对应的模式时，该函数会返回两个索引值：所匹配模式在字符串中起始字符和结尾字符的索引。使用多重赋值（multiple assignment）可以同时获取到这两个结果：

```
s, e = string.find("hello Lua users", "Lua")
print(s, e)    --> 7      9
```

请记住，字符串的第一个字符的索引值为 1。

Lua 语言编写的函数同样可以返回多个结果，只需在 **return** 关键字后列出所有要返回的值即可。例如，一个用于查找序列中最大元素的函数可以同时返回最大值及该元素的位置：

```
function maximum (a)
  local mi = 1          -- 最大值的索引
  local m = a[mi]       -- 最大值
  for i = 1, #a do
    if a[i] > m then
      mi = i; m = a[i]
    end
  end
  return m, mi          -- 返回最大值及其索引
end

print(maximum({8,10,23,12,5}))     --> 23   3
```

Lua 语言根据函数的被调用情况调整返回值的数量。当函数被作为一条单独语句调用时，其所有返回值都会被丢弃；当函数被作为表达式（例如，加法的操作数）调用时，将只保留函数的第一个返回值。只有当函数调用是一系列表达式中的最后一个表达式（或是唯一一个

表达式）时，其所有的返回值才能被获取到。这里所谓的“一系列表达式”在 Lua 中表现为 4 种情况：多重赋值、函数调用时传入的实参列表、表构造器和 **return** 语句。为了分别展示这几种情况，接下来举几个例子：

```
function foo0 () end                  -- 不返回结果
function foo1 () return "a" end       -- 返回1个结果
function foo2 () return "a", "b" end  -- 返回2个结果
```

在多重赋值中，如果一个函数调用是一系列表达式中的最后（或者是唯一）一个表达式，则该函数调用将产生尽可能多的返回值以匹配待赋值变量：

```
x, y = foo2()           -- x="a", y="b"
x = foo2()              -- x="a", "b"被丢弃
x, y, z = 10, foo2()    -- x=10, y="a", z="b"
```

在多重赋值中，如果一个函数没有返回值或者返回值个数不够多，那么 Lua 语言会用 nil 来补充缺失的值：

```
x,y = foo0()      -- x=nil, y=nil
x,y = foo1()      -- x="a", y=nil
x,y,z = foo2()    -- x="a", y="b", z=nil
```

请注意，只有当函数调用是一系列表达式中的最后（或者是唯一）一个表达式时才能返回多值结果，否则只能返回一个结果：

```
x,y = foo2(), 20        -- x="a", y=20    ('b'被丢弃)
x,y = foo0(), 20, 30    -- x=nil, y=20    (30被丢弃)
```

当一个函数调用是另一个函数调用的最后一个（或者是唯一）实参时，第一个函数的所有返回值都会被作为实参传给第二个函数。我们已经见到过很多这样的代码结构，例如函数 `print`。由于函数 `print` 能够接收可变数量的参数，所以 `print(g())` 会打印出 `g` 返回的所有结果。

```
print(foo0())          -->             (没有结果)
print(foo1())          --> a
print(foo2())          --> a    b
print(foo2(), 1)       --> a    1
print(foo2() .. "x")   --> ax          (后详)
```

当在表达式中调用 foo2 时，Lua 语言会把其返回值的个数调整为 1。因此，在上例的最后一行，只有第一个返回值"a" 参与了字符串连接操作。

当我们调用 f(g()) 时，如果 f 的参数是固定的，那么 Lua 语言会把 g 返回值的个数调整成与 f 的参数个数一致。这并非巧合，实际上这正是多重赋值的逻辑。

表构造器会完整地接收函数调用的所有返回值，而不会调整返回值的个数：

```
t = {foo0()}            -- t = {}  （一个空表）
t = {foo1()}            -- t = {"a"}
t = {foo2()}            -- t = {"a", "b"}
```

不过，这种行为只有当函数调用是表达式列表中的最后一个时才有效，在其他位置上的函数调用总是只返回一个结果：

```
t = {foo0(), foo2(), 4}   -- t[1] = nil, t[2] = "a", t[3] = 4
```

最后，形如 return f() 的语句会返回 f 返回的所有结果：

```
function foo (i)
  if i == 0 then return foo0()
  elseif i == 1 then return foo1()
  elseif i == 2 then return foo2()
  end
end

print(foo(1))      --> a
print(foo(2))      --> a  b
print(foo(0))      -- （无结果）
print(foo(3))      -- （无结果）
```

将函数调用用一对圆括号括起来可以强制其只返回一个结果：

```
print((foo0()))        --> nil
print((foo1()))        --> a
print((foo2()))        --> a
```

应该意识到，**return** 语句后面的内容是不需要加括号的，如果加了括号会导致程序出现额外的行为。因此，无论 f 究竟返回几个值，形如 return (f(x)) 的语句只返回一个值。有时这可能是我们所希望出现的情况，但有时又可能不是。

## 6.2 可变长参数函数

Lua 语言中的函数可以是*可变长参数函数*（*variadic*），即可以支持数量可变的参数。例如，我们已经使用一个、两个或更多个参数调用过函数 `print`。虽然函数 `print` 是在 C 语言中定义的，但也可以在 Lua 语言中定义可变长参数函数。

下面是一个简单的示例，该函数返回所有参数的总和：

```
function add (...)
  local s = 0
  for _, v in ipairs{...} do
    s = s + v
  end
  return s
end

print(add(3, 4, 10, 25, 12))    --> 54
```

参数列表中的三个点（`...`）表示该函数的参数是可变长的。当这个函数被调用时，Lua 内部会把它的所有参数收集起来，我们把这些被收集起来的参数称为函数的*额外参数*（*extra argument*）。当函数要访问这些参数时仍需用到三个点，但不同的是此时这三个点是作为一个表达式来使用的。在上例中，表达式 `{...}` 的结果是一个由所有可变长参数组成的列表，该函数会遍历该列表来累加其中的元素。

我们将三个点组成的表达式称为*可变长参数表达式*（*vararg expression*），其行为类似于一个具有多个返回值的函数，返回的是当前函数的所有可变长参数。例如，`print(...)` 会打印出该函数的所有参数。又如，如下的代码创建了两个局部变量，其值为前两个可选的参数（如果参数不存在则为 nil）：

```
local a, b = ...
```

实际上，可以通过变长参数来模拟 Lua 语言中普通的参数传递机制，例如：

```
function foo (a, b, c)
```

可以写成：

```
function foo (...)
  local a, b, c = ...
```

喜欢 Perl 参数传递机制的人可能会更喜欢第二种形式。

形如下例的函数只是将调用它时所传入的所有参数简单地返回：

```
function id (...) return ... end
```

该函数是一个多值恒等式函数（multi-value identity function）。下列函数的行为则类似于直接调用函数 foo，唯一不同之处是在调用函数 foo 之前会先打印出传递给函数 foo 的所有参数：

```
function foo1 (...)
  print("calling foo:", ...)
  return foo(...)
end
```

当跟踪对某个特定的函数调用时，这个技巧很有用。

接下来再让我们看另外一个很有用的示例。Lua 语言提供了专门用于格式化输出的函数 string.format 和输出文本的函数 io.write。我们会很自然地想到把这两个函数合并为一个具有可变长参数的函数：

```
function fwrite (fmt, ...)
  return io.write(string.format(fmt, ...))
end
```

注意，在三个点前有一个固定的参数 fmt。具有可变长参数的函数也可以具有任意数量的固定参数，但固定参数必须放在变长参数之前。Lua 语言会先将前面的参数赋给固定参数，然后将剩余的参数（如果有）作为可变长参数。

要遍历可变长参数，函数可以使用表达式 {...} 将可变长参数放在一个表中，就像 add 示例中所做的那样。不过，在某些罕见的情况下，如果可变长参数中包含无效的 nil，那么{...}获得的表可能不再是一个有效的序列。此时，就没有办法在表中判断原始参数究竟是不是以 nil 结尾的。对于这种情况，Lua 语言提供了函数 table.pack。[①]该函数像表达式{...}一样保存所有的参数，然后将其放在一个表中返回，但是这个表还有一个保存了参数个数的额外字段"n"。例如，下面的函数使用了函数 table.pack 来检测参数中是否有 nil：

```
function nonils (...)
  local arg = table.pack(...)
  for i = 1, arg.n do
```

[①] 该函数在 Lua 5.2 中被引入。

```
    if arg[i] == nil then return false end
  end
  return true
end

print(nonils(2,3,nil))     --> false
print(nonils(2,3))         --> true
print(nonils())            --> true
print(nonils(nil))         --> false
```

另一种遍历函数的可变长参数的方法是使用函数 `select`。函数 `select` 总是具有一个固定的参数 *selector*，以及数量可变的参数。如果 selector 是数值 n，那么函数 `select` 则返回第 n 个参数后的所有参数；否则，selector 应该是字符串`"#"`，以便函数 `select` 返回额外参数的总数。

```
print(select(1, "a", "b", "c"))       --> a    b    c
print(select(2, "a", "b", "c"))       --> b    c
print(select(3, "a", "b", "c"))       --> c
print(select("#", "a", "b", "c"))     --> 3
```

通常，我们在需要把返回值个数调整为 1 的地方使用函数 `select`，因此可以把`select(n, ...)`认为是返回第 `n` 个额外参数的表达式。

来看一个使用函数 `select` 的典型示例，下面是使用该函数的 `add` 函数：

```
function add (...)
  local s = 0
  for i = 1, select("#", ...) do
    s = s + select(i, ...)
  end
  return s
end
```

对于参数较少的情况，第二个版本的 `add` 更快，因为该版本避免了每次调用时创建一个新表。不过，对于参数较多的情况，多次带有很多参数调用函数 `select` 会超过创建表的开销，因此第一个版本会更好（特别地，由于迭代的次数和每次迭代时传入参数的个数会随着参数的个数增长，因此第二个版本的时间开销是二次代价（quadratic cost）的）。

## 6.3 函数 table.unpack

多重返回值还涉及一个特殊的函数 table.unpack。该函数的参数是一个数组，返回值为数组内的所有元素：

```
print(table.unpack{10,20,30})      --> 10   20   30
a,b = table.unpack{10,20,30}       -- a=10, b=20, 30被丢弃
```

顾名思义，函数 table.unpack 与函数 table.pack 的功能相反。pack 把参数列表转换成 Lua 语言中一个真实的列表（一个表），而 unpack 则把 Lua 语言中的真实的列表（一个表）转换成一组返回值，进而可以作为另一个函数的参数被使用。

unpack 函数的重要用途之一体现在泛型调用（generic call）机制中。泛型调用机制允许我们动态地调用具有任意参数的任意函数。例如，在 ISO C 中，我们无法编写泛型调用的代码，只能声明可变长参数的函数（使用 stdarg.h）或使用函数指针来调用不同的函数。但是，我们仍然不能调用具有可变数量参数的函数，因为 C 语言中的每一个函数调用的实参个数是固定的，并且每个实参的类型也是固定的。而在 Lua 语言中，却可以做到这一点。如果我们想通过数组 a 传入可变的参数来调用函数 f，那么可以写成：

```
f(table.unpack(a))
```

unpack 会返回 a 中所有的元素，而这些元素又被用作 f 的参数。例如，考虑如下的代码：

```
print(string.find("hello", "ll"))
```

可以使用如下的代码动态地构造一个等价的调用：

```
f = string.find
a = {"hello", "ll"}

print(f(table.unpack(a)))
```

通常，函数 table.unpack 使用长度操作符获取返回值的个数，因而该函数只能用于序列。不过，如果有需要，也可以显式地限制返回元素的范围：

```
print(table.unpack({"Sun", "Mon", "Tue", "Wed"}, 2, 3))
  --> Mon    Tue
```

虽然预定义的函数 unpack 是用 C 语言编写的，但是也可以利用递归在 Lua 语言中实现：

```
function unpack (t, i, n)
  i = i or 1
  n = n or #t
  if i <= n then
    return t[i], unpack(t, i + 1, n)
  end
end
```

在第一次调用该函数时，只传入一个参数，此时 i 为 1，n 为序列长度；然后，函数返回 t[1] 及 unpack(t, 2, n) 返回的所有结果，而 unpack(t, 2, n) 又会返回 t[2] 及 unpack(t, 3, n) 返回的所有结果，依此类推，直到处理完 *n* 个元素为止。

## 6.4 正确的尾调用

Lua 语言中有关函数的另一个有趣的特性是，Lua 语言是支持尾调用消除（tail-call elimination）的。这意味着 Lua 语言可以正确地（*properly*）尾递归（*tail recursive*），虽然尾调用消除的概念并没有直接涉及递归，参见练习 6.6。

尾调用（*tail call*）是被当作函数调用使用的跳转[1]。当一个函数的最后一个动作是调用另一个函数而没有再进行其他工作时，就形成了尾调用。例如，下列代码中对函数 g 的调用就是尾调用：

```
function f (x) x = x + 1; return g(x) end
```

当函数 f 调用完函数 g 之后，f 不再需要进行其他的工作。这样，当被调用的函数执行结束后，程序就不再需要返回最初的调用者。因此，在尾调用之后，程序也就不需要在调用栈中保存有关调用函数的任何信息。当 g 返回时，程序的执行路径会直接返回到调用 f 的位置。在一些语言的实现中，例如 Lua 语言解释器，就利用了这个特点，使得在进行尾调用时不使用任何额外的栈空间。我们就将这种实现称为尾调用消除（*tail-call elimination*）。

由于尾调用不会使用栈空间，所以一个程序中能够嵌套的尾调用的数量是无限的。例如，下列函数支持任意的数字作为参数：

```
function foo (n)
  if n > 0 then return foo(n - 1) end
```

[1] 译者注：原文为 A tail call is a goto dressed as a call。

```
end
```

该函数永远不会发生栈溢出。

关于尾调用消除的一个重点就是如何判断一个调用是尾调用。很多函数调用之所以不是尾调用，是由于这些函数在调用之后还进行了其他工作。例如，下例中调用 g 就不是尾调用：

```
function f (x)  g(x)  end
```

这个示例的问题在于，当调用完 g 后，f 在返回前还不得不丢弃 g 返回的所有结果。类似的，以下的所有调用也都不符合尾调用的定义：

```
return g(x) + 1      -- 必须进行加法
return x or g(x)     -- 必须把返回值限制为1个
return (g(x))        -- 必须把返回值限制为1个
```

在 Lua 语言中，只有形如 return *func*(*args*) 的调用才是尾调用。不过，由于 Lua 语言会在调用前对 *func* 及其参数求值，所以 *func* 及其参数都可以是复杂的表达式。例如，下面的例子就是尾调用：

```
return x[i].foo(x[j] + a*b, i + j)
```

## 6.5 练习

练习 6.1：请编写一个函数，该函数的参数为一个数组，打印出该数组的所有元素。

练习 6.2：请编写一个函数，该函数的参数为可变数量的一组值，返回值为除第一个元素之外的其他所有值。

练习 6.3：请编写一个函数，该函数的参数为可变数量的一组值，返回值为除最后一个元素之外的其他所有值。

练习 6.4：请编写一个函数，该函数用于打乱（shuffle）一个指定的数组。请保证所有的排列都是等概率的。

练习 6.5：请编写一个函数，其参数为一个数组，返回值为数组中元素的所有组合。提示：可以使用组合的递推公式 $C(n,m) = C(n-1,m-1) + C(n-1,m)$。要计算从 $n$ 个元素中选出 $m$ 个组成的组合 $C(n,m)$，可以先将第一个元素加到结果集中，然后计算所有的其他元素的 $C(n-1,m-1)$；然后，从结果集中删掉第一个元素，再计算其他所有剩余元素的 $C(n-1,m)$。当 $n$ 小于 $m$ 时，组合不存在；当 $m$ 为 0 时，只有一种组合（一个元素也没有）。

练习 6.6：有时，具有正确尾调用（proper-tail call）的语句被称为正确的尾递归（*properly tail recursive*），争论在于这种正确性只与递归调用有关（如果没有递归调用，那么一个程序的最大调用深度是静态固定的）。

请证明上述争论的观点在像 Lua 语言一样的动态语言中不成立：不使用递归，编写一个能够实现支持无限调用链（unbounded call chain）的程序（提示：参考6.1节）。

# 7 输入输出

由于 Lua 语言强调可移植性和嵌入性，所以 Lua 语言本身并没有提供太多与外部交互的机制。在真实的 Lua 程序中，从图形、数据库到网络的访问等大多数 I/O 操作，要么由宿主程序实现，要么通过不包括在发行版中的外部库实现。单就 Lua 语言而言，只提供了 ISO C 语言标准支持的功能，即基本的文件操作等。在这一章中，我们将会学习标准库如何支持这些功能。

## 7.1 简单 I/O 模型

对于文件操作来说，I/O 库提供了两种不同的模型。简单模型虚拟了一个当前输入流（*current input stream*）和一个当前输出流（*current output stream*），其 I/O 操作是通过这些流实现的。I/O 库把当前输入流初始化为进程的标准输入（C 语言中的 `stdin`），将当前输出流初始化为进程的标准输出（C 语言中的 `stdout`）。因此，当执行类似于 `io.read()` 这样的语句时，就可以从标准输入中读取一行。

函数 `io.input` 和函数 `io.output` 可以用于改变当前的输入输出流。调用 `io.input(filename)` 会以只读模式打开指定文件，并将文件设置为当前输入流。之后，所有的输入都将来自该文件，除非再次调用 `io.input`。对于输出而言，函数 `io.output` 的逻辑与之类似。如果出现错误，这两个函数都会抛出异常。如果想直接处理这些异常，则必须使用完整 I/O 模型。

由于函数 `write` 比函数 `read` 简单，我们首先来看函数 `write`。函数 `io.write` 可以读取任意数量的字符串（或者数字）并将其写入当前输出流。由于调用该函数时可以使用多个参数，因此应该避免使用 io.write(a..b..c)，应该调用 io.write(a, b, c)，后者可以用更少的资源达到同样的效果，并且可以避免更多的连接动作。

作为原则，应该只在“用后即弃”的代码或调试代码中使用函数 print；当需要完全控制输出时，应该使用函数 io.write。与函数 print 不同，函数 io.write 不会在最终的输出结果中添加诸如制表符或换行符这样的额外内容。此外，函数 io.write 允许对输出进行重定向，而函数 print 只能使用标准输出。最后，函数 print 可以自动为其参数调用 tostring，这一点对于调试而言非常便利，但这也容易导致一些诡异的 Bug。

函数 io.write 在将数值转换为字符串时遵循一般的转换规则；如果想要完全地控制这种转换，则应该使用函数 string.format：

```
> io.write("sin(3) = ", math.sin(3), "\n")
  --> sin(3) = 0.14112000805987
> io.write(string.format("sin(3) = %.4f\n", math.sin(3)))
  --> sin(3) = 0.1411
```

函数 io.read 可以从当前输入流中读取字符串，其参数决定了要读取的数据：[①]

| | |
|---|---|
| "a" | 读取整个文件 |
| "l" | 读取下一行（丢弃换行符） |
| "L" | 读取下一行（保留换行符） |
| "n" | 读取一个数值 |
| *num* | 以字符串读取 *num* 个字符 |

调用 io.read("a") 可从当前位置开始读取当前输入文件的全部内容。如果当前位置处于文件的末尾或文件为空，那么该函数返回一个空字符串。

因为 Lua 语言可以高效地处理长字符串，所以在 Lua 语言中编写过滤器（filter）的一种简单技巧就是将整个文件读取到一个字符串中，然后对字符串进行处理，最后输出结果为：

```
t = io.read("a")                     -- 读取整个文件
t = string.gsub(t, "bad", "good")    -- 进行处理
io.write(t)                          -- 输出结果
```

[①] 在 Lua 5.2 及更早版本中，所有字符串选项之前要有一个星号。出于兼容性考虑，Lua 5.3 也可以支持星号。

举一个更加具体的例子，以下是一段将某个文件的内容使用 MIME 可打印字符引用编码（*quoted-printable*）进行编码的代码。这种编码方式将所有非 ASCII 字符编码为 =*xx*，其中 *xx* 是这个字符的十六进制。为保证编码的一致性，等号也会被编码：

```
t = io.read("all")
t = string.gsub(t, "([\128-\255=])", function (c)
      return string.format("=%02X", string.byte(c))
    end)
io.write(t)
```

函数 string.gsub 会匹配所有的等号及非 ASCII 字符（从 128 到 255），并调用指定的函数完成替换（在第10章中会讨论有关模式匹配的细节）。

调用 io.read("l") 会返回当前输入流的下一行，不包括换行符在内；调用 io.read("L") 与之类似，但会保留换行符（如果文件中存在）。当到达文件末尾时，由于已经没有内容可以返回，该函数会返回 nil。选项"l" 是函数 read 的默认参数。我通常只在逐行处理数据的算法中使用该参数，其他情况则更倾向于使用选项"a" 一次性地读取整个文件，或者像后续介绍的按块（block）读取。

作为面向行的（line-oriented）输入的一个简单例子，以下的程序会在将当前输入复制到当前输出中的同时对每行进行编号：

```
for count = 1, math.huge do
  local line = io.read("L")
  if line == nil then break end
  io.write(string.format("%6d  ", count), line)
end
```

不过，如果要逐行迭代一个文件，那么使用 io.lines 迭代器会更简单：

```
local count = 0
for line in io.lines() do
  count = count + 1
  io.write(string.format("%6d  ", count), line, "\n")
end
```

另一个面向行的输入的例子参见示例 7.1，其中给出了一个对文件中的行进行排序的完整程序。

**示例 7.1 对文件进行排序的程序**

```
local lines = {}

-- 将所有行读取到表'lines'中
for line in io.lines() do
  lines[#lines + 1] = line
end

-- 排序
table.sort(lines)

-- 输出所有的行
for _, l in ipairs(lines) do
  io.write(l, "\n")
end
```

调用 io.read("n") 会从当前输入流中读取一个数值，这也是函数 read 返回值为数值（整型或者浮点型，与 Lua 语法扫描器的规则一致）而非字符串的唯一情况。如果在跳过了空格后，函数 io.read 仍然不能从当前位置读取到数值（由于错误的格式问题或到了文件末尾），则返回 nil。

除了上述这些基本的读取模式外，在调用函数 read 时还可以用一个数字 n 作为其参数：在这种情况下，函数 read 会从输入流中读取 *n* 个字符。如果无法读取到任何字符（处于文件末尾）则返回 nil；否则，则返回一个由流中最多 *n* 个字符组成的字符串。作为这种读取模式的示例，以下的代码展示了将文件从 stdin 复制到 stdout 的高效方法[①]：

```
while true do
  local block = io.read(2^13)        -- 块大小是8KB
  if not block then break end
  io.write(block)
end
```

io.read(0) 是一个特例，它常用于测试是否到达了文件末尾。如果仍然有数据可供读取，它会返回一个空字符串；否则，则返回 nil。

---

[①] 译者注：实际就是上文提到的按块读取的方式。

调用函数 read 时可以指定多个选项，函数会根据每个参数返回相应的结果。假设有一个每行由 3 个数字组成的文件：

```
6.0       -3.23     15e12
4.3       234       1000001
...
```

如果想打印每一行的最大值，那么可以通过调用函数 read 来一次性地同时读取每行中的 3 个数字：

```
while true do
  local n1, n2, n3 = io.read("n", "n", "n")
  if not n1 then break end
  print(math.max(n1, n2, n3))
end
```

## 7.2 完整 I/O 模型

简单 I/O 模型对简单的需求而言还算适用，但对于诸如同时读写多个文件等更高级的文件操作来说就不够了。对于这些文件操作，我们需要用到完整 I/O 模型。

可以使用函数 io.open 来打开一个文件，该函数仿造了 C 语言中的函数 fopen。这个函数有两个参数，一个参数是待打开文件的文件名，另一个参数是一个模式（*mode*）字符串。模式字符串包括表示只读的 r、表示只写的 w（也可以用来删除文件中原有的内容）、表示追加的 a，以及另外一个可选的表示打开二进制文件的 b。函数 io.open 返回对应文件的流。当发生错误时，该函数会在返回 nil 的同时返回一条错误信息及一个系统相关的错误码：

```
print(io.open("non-existent-file", "r"))
  --> nil     non-existent-file: No such file or directory    2

print(io.open("/etc/passwd", "w"))
  --> nil     /etc/passwd: Permission denied  13
```

检查错误的一种典型方法是使用函数 assert：

```
local f = assert(io.open(filename, mode))
```

如果函数 io.open 执行失败，错误信息会作为函数 assert 的第二个参数被传入，之后函数 assert 会将错误信息展示出来。

在打开文件后，可以使用方法 read 和 write 从流中读取和向流中写入。它们与函数 read 和 write 类似，但需要使用冒号运算符将它们当作流对象的方法来调用。例如，可以使用如下的代码打开一个文件并读取其中所有内容：

```
local f = assert(io.open(filename, "r"))
local t = f:read("a")
f:close()
```

关于冒号运算符的细节将会在第21章中讨论。

I/O 库提供了三个预定义的 C 语言流的句柄：io.stdin、io.stdout 和 io.stderr。例如，可以使用如下的代码将信息直接写到标准错误流中：

```
io.stderr:write(message)
```

函数 io.input 和 io.output 允许混用完整 I/O 模型和简单 I/O 模型。调用无参数的 io.input() 可以获得当前输入流，调用 io.input(handle) 可以设置当前输入流（类似的调用同样适用于函数 io.output）。例如，如果想要临时改变当前输入流，可以像这样：

```
local temp = io.input()      -- 保存当前输入流
io.input("newinput")         -- 打开一个新的当前输入流
对新的输入流进行某些操作
io.input():close()           -- 关闭当前流
io.input(temp)               -- 恢复此前的当前输入流
```

注意，io.read(*args*) 实际上是 io.input():read(*args*) 的简写，即函数 read 是用在当前输入流上的。同样，io.write(*args*) 是 io.output():write(*args*) 的简写。

除了函数 io.read 外，还可以用函数 io.lines 从流中读取内容。正如之前的示例中展示的那样，函数 io.lines 返回一个可以从流中不断读取内容的迭代器。给函数 io.lines 提供一个文件名，它就会以只读方式打开对应该文件的输入流，并在到达文件末尾后关闭该输入流。若调用时不带参数，函数 io.lines 就从当前输入流读取。我们也可以把函数 lines 当作句柄的一个方法。此外，从 Lua 5.2 开始，函数 io.lines 可以接收和函数 io.read 一样的参数。例如，下面的代码会以在 8KB 为块迭代，将当前输入流中的内容复制到当前输出流中：

```
for block in io.input():lines(2^13) do
  io.write(block)
end
```

## 7.3 其他文件操作

函数 io.tmpfile 返回一个操作临时文件的句柄，该句柄是以读/写模式打开的。当程序运行结束后，该临时文件会被自动移除（删除）。

函数 flush 将所有缓冲数据写入文件。与函数 write 一样，我们也可以把它当作 io.flush() 使用，以刷新当前输出流；或者把它当作方法 f:flush() 使用，以刷新流 f。

函数 setvbuf 用于设置流的缓冲模式。该函数的第一个参数是一个字符串："no" 表示无缓冲，"full" 表示在缓冲区满时或者显式地刷新文件时才写入数据，"line" 表示输出一直被缓冲直到遇到换行符或从一些特定文件（例如终端设备）中读取到了数据。对于后两个选项，函数 setvbuf 支持可选的第二个参数，用于指定缓冲区大小。

在大多数系统中，标准错误流（io.stderr）是不被缓冲的，而标准输出流（io.stdout）按行缓冲。因此，当向标准输出中写入了不完整的行（例如进度条）时，可能需要刷新这个输出流才能看到输出结果。

函数 seek 用来获取和设置文件的当前位置，常常使用 f:seek(whence, offset) 的形式来调用，其中参数 whence 是一个指定如何使用偏移的字符串。当参数 whence 取值为"set" 时，表示相对于文件开头的偏移；取值为"cur" 时，表示相对于文件当前位置的偏移；取值为"end" 时，表示相对于文件尾部的偏移。不管 whence 的取值是什么，该函数都会以字节为单位，返回当前新位置在流中相对于文件开头的偏移。

whence 的默认值是"cur"，offset 的默认值是 0。因此，调用函数 file:seek() 会返回当前的位置且不改变当前位置；调用函数 file:seek("set") 会将位置重置到文件开头并返回 0；调用函数 file:seek("end") 会将当前位置重置到文件结尾并返回文件的大小。下面的函数演示了如何在不修改当前位置的情况下获取文件大小：

```
function fsize (file)
  local current = file:seek()      -- 保存当前位置
  local size = file:seek("end")    -- 获取文件大小
  file:seek("set", current)        -- 恢复当前位置
  return size
end
```

此外，函数 `os.rename` 用于文件重命名，函数 `os.remove` 用于移除（删除）文件。需要注意的是，由于这两个函数处理的是真实文件而非流，所以它们位于 `os` 库而非 `io` 库中。

上述所有的函数在遇到错误时，均会返回 nil 外加一条错误信息和一个错误码。

## 7.4 其他系统调用

函数 `os.exit` 用于终止程序的执行。该函数的第一个参数是可选的，表示该程序的返回状态，其值可以为一个数值（0 表示执行成功）或者一个布尔值（**true** 表示执行成功）；该函数的第二个参数也是可选的，当值为 true 时会关闭 Lua 状态[①]并调用所有析构器释放所占用的所有内存（这种终止方式通常是非必要的，因为大多数操作系统会在进程退出时释放其占用的所有资源）。

函数 `os.getenv` 用于获取某个环境变量，该函数的输入参数是环境变量的名称，返回值为保存了该环境变量对应值的字符串：

```
print(os.getenv("HOME"))    --> /home/lua
```

对于未定义的环境变量，该函数返回 nil。

### 7.4.1 运行系统命令

函数 `os.execute` 用于运行系统命令，它等价于 C 语言中的函数 `system`。该函数的参数为表示待执行命令的字符串，返回值为命令运行结束后的状态。其中，第一个返回值是一个布尔类型，当为 **true** 时表示程序成功运行完成；第二个返回值是一个字符串，当为`"exit"`时表示程序正常运行结束，当为`"signal"`时表示因信号而中断；第三个返回值是返回状态（若该程序正常终结）或者终结该程序的信号代码。例如，在 POSIX 和 Windows 中都可以使用如下的函数创建新目录：

```
function createDir (dirname)
  os.execute("mkdir " .. dirname)
end
```

---

[①] 译者注：请参见最后一部分的相关内容。

另一个非常有用的函数是 io.popen。[①]同函数 os.execute 一样，该函数运行一条系统命令，但该函数还可以重定向命令的输入/输出，从而使得程序可以向命令中写入或从命令的输出中读取。例如，下列代码使用当前目录中的所有内容构建了一个表：

```
-- 对于POSIX系统而言，使用'ls'而非'dir'
local f = io.popen("dir /B", "r")
local dir = {}
for entry in f:lines() do
  dir[#dir + 1] = entry
end
```

其中，函数 io.popen 的第二个参数"r"表示从命令的执行结果中读取。由于该函数的默认行为就是这样，所以在上例中这个参数实际是可选的。

下面的示例用于发送一封邮件：

```
local subject = "some news"
local address = "someone@somewhere.org"

local cmd = string.format("mail -s '%s' '%s'", subject, address)
local f = io.popen(cmd, "w")
f:write([[
Nothing important to say.
-- me
]])
f:close()
```

注意，该脚本只能在安装了相应工具包的 POSIX 系统中运行[②]。上例中函数 io.popen 的第二个参数是"w"，表示向该命令中写入。

正如我们在上面的两个例子中看到的一样，函数 os.execute 和 io.popen 都是功能非常强大的函数，但它们也同样是非常依赖于操作系统的。

如果要使用操作系统的其他扩展功能，最好的选择是使用第三方库，比如用于基本目录操作和文件属性操作的 LuaFileSystem，或者提供了 POSIX.1 标准支持的 luaposix 库。

---

[①] 由于部分依赖的机制不是 ISO C 标准的一部分，因此该函数并非在所有的 Lua 版本中都能使用。不过，尽管标准 C 中没有该函数，但由于其在主流操作系统中存在的普遍性，所以 Lua 语言标准库还是提供了该函数。

[②] 译者注：即必须支持 mail 命令。

## 7.5 练习

练习 7.1：请编写一个程序，该程序读取一个文本文件然后将每行的内容按照字母表顺序排序后重写该文件。如果在调用时不带参数，则从标准输入读取并向标准输出写入；如果在调用时传入一个文件名作为参数，则从该文件中读取并向标准输出写入；如果在调用时传入两个文件名作为参数，则从第一个文件读取并将结果写入到第二个文件中。

练习 7.2：请改写上面的程序，使得当指定的输出文件已经存在时，要求用户进行确认。

练习 7.3：对比使用下列几种不同的方式把标准输入流复制到标准输出流中的 Lua 程序的性能表现：

- 按字节
- 按行
- 按块（每个块大小为 8KB）
- 一次性读取整个文件

对于最后一种情况，输入文件最大支持多大？

练习 7.4：请编写一个程序，该程序输出一个文本文件的最后一行。当文件较大且可以使用 seek 时，请尝试避免读取整个文件。

练习 7.5：请将上面的程序修改得更加通用，使其可以输出一个文本文件的最后 *n* 行。同时，当文件较大且可以使用 seek 时，请尝试避免读取整个文件。

练习 7.6：使用函数 `os.execute` 和 `io.popen`，分别编写用于创建目录、删除目录和输出目录内容的函数。

练习 7.7：你能否使用函数 `os.execute` 来改变 Lua 脚本的当前目录？为什么？

# 8 补充知识

在之前的示例中，尽管我们已经使用过Lua语言中大部分的语法结构，但仍然容易忽略一些细节。本章作为全书第1部分的最后一章，将会补充这些被忽略的部分，介绍更多的相关细节。

## 8.1 局部变量和代码块

Lua语言中的变量在默认情况下是全局变量，所有的局部变量在使用前必须声明。与全局变量不同，局部变量的生效范围仅限于声明它的代码块。一个代码块（*block*）是一个控制结构的主体，或是一个函数的主体，或是一个代码段（即变量被声明时所在的文件或字符串）：

```
x = 10
local i = 1         -- 对于代码段来说是局部的

while i <= x do
  local x = i * 2   -- 对于循环体来说是局部的
  print(x)          --> 2, 4, 6, 8, ...
  i = i + 1
end
```

```
if i > 20 then
  local x            -- 对于"then"来说是局部的
  x = 20
  print(x + 2)       -- （如果测试成功会输出22）
else
  print(x)           --> 10  （全局的）
end

print(x)             --> 10  （全局的）
```

请注意，上述示例在交互模式中不能正常运行。因为在交互模式中，每一行代码就是一个代码段（除非不是一条完整的命令）。一旦输入示例的第二行（`local i =1`），Lua语言解释器就会直接运行它并在下一行开始一个新的代码段。这样，**局部**（**local**）的声明就超出了原来的作用范围。解决这个问题的一种方式是显式地声明整个代码块，即将它放入一对**do-end**中。一旦输入了**do**，命令就只会在遇到匹配的**end**时才结束，这样Lua语言解释器就不会单独执行每一行的命令。

当需要更好地控制某些局部变量的生效范围时，**do**程序块也同样有用：

```
local x1, x2
do
  local a2 = 2*a
  local d = (b^2 - 4*a*c)^(1/2)
  x1 = (-b + d)/a2
  x2 = (-b - d)/a2
end                         -- 'a2'和'd'的范围在此结束
print(x1, x2)               -- 'x1'和'x2'仍在范围内
```

尽可能地使用局部变量是一种良好的编程风格。首先，局部变量可以避免由于不必要的命名而造成全局变量的混乱；其次，局部变量还能避免同一程序中不同代码部分中的命名冲突；再次，访问局部变量比访问全局变量更快；最后，局部变量会随着其作用域的结束而消失，从而使得垃圾收集器能够将其释放。

鉴于局部变量优于全局变量，有些人就认为Lua语言应该把变量默认视为局部的。然而，把变量默认视为局部的也有一系列的问题（例如非局部变量的访问问题）。一个更好的解决办法并不是把变量默认视为局部变量，而是在使用变量前必须先声明。Lua语言的发行版中有一个用于全局变量检查的模块`strict.lua`，如果试图在一个函数中对不存在的全局

变量赋值或者使用不存在的全局变量，将会抛出异常。这在开发 Lua 语言代码时是一个良好的习惯。

局部变量的声明可以包含初始值，其赋值规则与常见的多重赋值一样：多余的值被丢弃，多余的变量被赋值为 nil。如果一个声明中没有赋初值，则变量会被初始化为 nil：

```
local a, b = 1, 10
if a < b then
  print(a)   --> 1
  local a    -- '= nil'是隐式的
  print(a)   --> nil
end          -- 结束'then'开始的代码块
print(a, b)  --> 1   10
```

Lua 语言中有一种常见的用法：

```
local foo = foo
```

这段代码声明了一个局部变量 foo，然后用全局变量 foo 对其赋初值（局部变量 foo 只有在声明之后才能被访问）。这个用法在需要提高对 foo 的访问速度时很有用。当其他函数改变了全局变量 foo 的值，而代码段又需要保留 foo 的原始值时，这个用法也很有用，尤其是在进行运行时动态替换（monkey patching，猴子补丁）时。即使其他代码把 print 动态替换成了其他函数，在 local print =print 语句之前的所有代码使用的还都是原先的 print 函数。

有些人认为在代码块的中间位置声明变量是一个不好的习惯，实际上恰恰相反：我们很少会在不赋初值的情况下声明变量，在需要时才声明变量可以避免漏掉初始化这个变量。此外，通过缩小变量的作用域还有助于提高代码的可读性。

## 8.2 控制结构

Lua 语言提供了一组精简且常用的控制结构（control structure），包括用于条件执行的 **if** 以及用于循环的 **while**、**repeat** 和 **for**。所有的控制结构语法上都有一个显式的终结符：**end** 用于终结 **if**、**for** 及 **while** 结构，**until** 用于终结 **repeat** 结构。

控制结构的条件表达式（condition expression）的结果可以是任何值。请记住，Lua 语言将所有不是 **false** 和 nil 的值当作真（特别地，Lua 语言将 0 和空字符串也当作真）。

### 8.2.1 if then else

**if** 语句先测试其条件，并根据条件是否满足执行相应的 *then* 部分或 *else* 部分。else 部分是可选的。

```
if a < 0 then a = 0 end

if a < b then return a else return b end

if line > MAXLINES then
  showpage()
  line = 0
end
```

如果要编写嵌套的 **if** 语句，可以使用 **elseif**。它类似于在 **else** 后面紧跟一个 **if**，但可以避免重复使用 **end**：

```
if op == "+" the
  r = a + b
elseif op == "-" then
  r = a - b
elseif op == "*" then
  r = a*b
elseif op == "/" then
  r = a/b
else
  error("invalid operation")
end
```

由于 Lua 语言不支持 switch 语句，所以这种一连串的 else-if 语句比较常见。

### 8.2.2 while

顾名思义，当条件为真时 **while** 循环会重复执行其循环体。Lua 语言先测试 **while** 语句的条件，若条件为假则循环结束；否则，Lua 会执行循环体并不断地重复这个过程。

```
local i = 1
while a[i] do
  print(a[i])
  i = i + 1
end
```

### 8.2.3 repeat

顾名思义，**repeat-until** 语句会重复执行其循环体直到条件为真时结束。由于条件测试在循环体之后执行，所以循环体至少会执行一次。

```
-- 输出第一个非空的行
local line
repeat
  line = io.read()
until line ~= ""
print(line)
```

和大多数其他编程语言不同，在 Lua 语言中，循环体内声明的局部变量的作用域包括测试条件：

```
-- 使用Newton-Raphson法计算'x'的平方根
local sqr = x / 2
repeat
  sqr = (sqr + x/sqr) / 2
  local error = math.abs(sqr^2 - x)
until error < x/10000      -- 局部变量'error'此时仍然可见
```

### 8.2.4 数值型 for

**for** 语句有两种形式：数值型（*numerical*）**for** 和泛型（*generic*）**for**。

数值型 **for** 的语法如下：

```
for var = exp1, exp2, exp3 do
  something
end
```

在这种循环中，var 的值从 exp1 变化到 exp2 之前的每次循环会执行 *something*，并在每次循环结束后将步长（*step*）exp3 增加到 var 上。第三个表达式 exp3 是可选的，若不存在，Lua 语言会默认步长值为 1。如果不想给循环设置上限，可以使用常量 math.huge：

```
for i = 1, math.huge do
  if (0.3*i^3 - 20*i^2 - 500 >= 0) then
    print(i)
    break
  end
end
```

为了更好地使用 **for** 循环，还需要了解一些细节。首先，在循环开始前，三个表达式都会运行一次；其次，控制变量是被 **for** 语句自动声明的局部变量，且其作用范围仅限于循环体内。一种典型的错误是认为控制变量在循环结束后仍然存在：

```
for i = 1, 10 do print(i) end
max = i       -- 可能会出错！此处的'i'是全局的
```

如果需要在循环结束后使用控制变量的值（通常在中断循环时），则必须将控制变量的值保存到另一个变量中：

```
-- 在一个列表中寻找一个值
local found = nil
for i = 1, #a do
  if a[i] < 0 then
    found = i       -- 保存'i'的值
    break
  end
end
print(found)
```

最后，不要改变控制变量的值，随意改变控制变量的值可能产生不可预知的结果。如果要在循环正常结束前停止 **for** 循环，那么可以参考上面的例子，使用 **break** 语句。

### 8.2.5 泛型 for

泛型 **for** 遍历迭代函数返回的所有值，例如我们已经在很多示例中看到过的 pairs、ipairs 和 io.lines 等。虽然泛型 **for** 看似简单，但它的功能非常强大。使用恰当的迭代器可以在保证代码可读性的情况下遍历几乎所有的数据结构。

当然，我们也可以自己编写迭代器。尽管泛型 **for** 的使用很简单，但编写迭代函数却有不少细节需要注意。我们会在后续的第18章中继续讨论该问题。

与数值型 **for** 不同，泛型 **for** 可以使用多个变量，这些变量在每次循环时都会更新。当第一个变量变为 nil 时，循环终止。像数值型 **for** 一样，控制变量是循环体中的局部变量，我们也不应该在循环中改变其值。

## 8.3 break、return 和 goto

**break** 和 **return** 语句用于从当前的循环结构中跳出，**goto** 语句则允许跳转到函数中的几乎任何地方。

我们可以使用 **break** 语句结束循环，该语句会中断包含它的内层循环（例如 **for**、**repeat** 或者 **while**）；该语句不能在循环外使用。break 中断后，程序会紧接着被中断的循环继续执行。

**return** 语句用于返回函数的执行结果或简单地结束函数的运行。所有函数的最后都有一个隐含的 return，因此我们不需要在每一个没有返还值的函数最后书写 return 语句。

按照语法，**return** 只能是代码块中的最后一句：换句话说，它只能是代码块的最后一句，或者是 **end**、**else** 和 **until** 之前的最后一句。例如，在下面的例子中，**return** 是 **then** 代码块的最后一句：

```
local i = 1
while a[i] do
  if a[i] == v then return i end
  i = i + 1
end
```

通常，这些地方正是使用 **return** 的典型位置，**return** 之后的语句不会被执行。不过，有时在代码块中间使用 **return** 也是很有用的。例如，在调试时我们可能不想让某个函数执行。在这种情况下，可以显式地使用一个包含 **return** 的 **do**：

```
function foo ()
  return              --<< SYNTAX ERROR
  -- 'return'是下一个代码块的最后一句
  do return end       -- OK
  other statements
end
```

**goto** 语句用于将当前程序跳转到相应的标签处继续执行。goto 语句一直以来备受争议，至今仍有很多人认为它们不利于程序开发并且应该在编程语言中禁止。不过尽管如此，仍有很多语言出于很多原因保留了 goto 语句。goto 语句有很强大的功能，只要足够细心，我们就能够利用它来提高代码质量。

在 Lua 语言中，goto 语句的语法非常传统，即保留字 **goto** 后面紧跟着标签名，标签名可以是任意有效的标识符。标签的语法稍微有点复杂：标签名称前后各紧跟两个冒号，形如`::name::`。这个复杂的语法是有意而为的，主要是为了在程序中醒目地突出这些标签。

在使用 goto 跳转时，Lua 语言设置了一些限制条件。首先，标签遵循常见的可见性规则，因此不能直接跳转到一个代码块中的标签（因为代码块中的标签对外不可见）。其次，goto 不能跳转到函数外（注意第一条规则已经排除了跳转进一个函数的可能性）。最后，goto 不能跳转到局部变量的作用域。

关于 goto 语句典型且正确的使用方式，请参考其他一些编程语言中存在但 Lua 语言中不存在的代码结构，例如 continue、多级 break、多级 continue、redo 和局部错误处理等。continue 语句仅仅相当于一个跳转到位于循环体最后位置处标签的 goto 语句，而 redo 语句则相当于跳转到代码块开始位置的 goto 语句：

```
while some_condition do
  ::redo::
  if some_other_condition then goto continue
  else if yet_another_condition then goto redo
  end
  some code
  ::continue::
end
```

Lua 语言规范中一个很有用的细节是，局部变量的作用域终止于声明变量的代码块中的最后一个有效（*non-void*）语句处，标签被认为是无效（void）语句。下列代码展示了这个实用的细节：

```
while some_condition do
  if some_other_condition then goto continue end
  local var = something
  some code
  ::continue::
end
```

读者可能认为，这个 goto 语句跳转到了变量 var 的作用域内。但实际上这个 continue 标签出现在该代码块的最后一个有效语句后，因此 goto 并未跳转进入变量 var 的作用域内。

goto 语句在编写状态机时也很有用。示例 8.1给出了一个用于检验输入是否包含偶数个 0 的程序。

示例 8.1　一个使用 **goto** 语句的状态机的示例

```
::s1:: do
  local c = io.read(1)
  if c == '0' then goto s2
  elseif c == nil then print'ok'; return
  else goto s1
  end
end

::s2:: do
  local c = io.read(1)
  if c == '0' then goto s1
  elseif c == nil then print'not ok'; return
  else goto s2
  end
end

goto s1
```

虽然可以使用更好的方式来编写这段代码，但上例中的方法有助于将一个有限自动机（finite automaton）自动地转化为 Lua 语言代码（请考虑动态代码生成（dynamic code generation））。

再举一个简单的迷宫游戏的例子。迷宫中有几个房间，每个房间的东南西北方向各有一扇门。玩家每次可以输入移动的方向，如果在这个方向上有一扇门，则玩家可以进入相应的房间，否则程序输出一个警告，玩家的最终目的是从第一个房间走到最后一个房间。

这个游戏是一个典型的状态机，当前玩家所在房间就是一个状态。为实现这个迷宫游戏，我们可以为每个房间对应的逻辑编写一段代码，然后用 goto 语句表示从一个房间移动到另一个房间。示例 8.2展示了如何编写一个由 4 个房间组成的小迷宫。

示例 8.2 一个迷宫游戏

```
goto room1       -- 起始房间

::room1:: do
  local move = io.read()
  if move == "south" then goto room3
  elseif move == "east" then goto room2
  else
    print("invalid move")
    goto room1     -- 待在同一个房间
  end
end

::room2:: do
  local move = io.read()
  if move == "south" then goto room4
  elseif move == "west" then goto room1
  else
    print("invalid move")
    goto room2
  end
end

::room3:: do
  local move = io.read()
  if move == "north" then goto room1
  elseif move == "east" then goto room4
  else
    print("invalid move")
    goto room3
  end
end

::room4:: do
  print("Congratulations, you won!")
```

```
  end
```

对于这个简单的游戏，读者可能会发现，使用数据驱动编程（使用表来描述房间和移动）是一种更好的设计方法。不过，如果游戏中的每间房都各自不同，那么就非常适合使用这种状态机的实现方法。

## 8.4 练习

练习 8.1：大多数 C 语法风格的编程语言都不支持 **elseif** 结构，为什么 Lua 语言比这些语言更需要这种结构？

练习 8.2：描述 Lua 语言中实现无条件循环的 4 种不同方法，你更喜欢哪一种？

练习 8.3：很多人认为，由于 **repeat--until** 很少使用，因此在像 Lua 语言这样的简单的编程语言中最好不要出现，你怎么看？

练习 8.4：正如在6.4节中我们所见到的，尾部调用伪装成了 goto 语句。请用这种方法重写8.2.5节的迷宫游戏。每个房间此时应该是一个新函数，而每个 goto 语句都变成了一个尾部调用。

练习 8.5：请解释一下为什么 Lua 语言会限制 goto 语句不能跳出一个函数。（提示：你要如何实现这个功能？）

练习 8.6：假设 goto 语句可以跳转出函数，请说明示例 8.3中的程序将会如何执行。

示例 8.3 一种诡异且不正确的 **goto** 语句的使用

```
function getlabel ()
  return function () goto L1 end
 ::L1::
  return 0
end

function f (n)
  if n == 0 then return getlabel()
  else
    local res = f(n - 1)
    print(n)
```

```
    return res
  end
end

x = f(10)
x()
```

请试着解释为什么标签要使用与局部变量相同的作用范围规则。

# 第 2 部分

# 编程实操

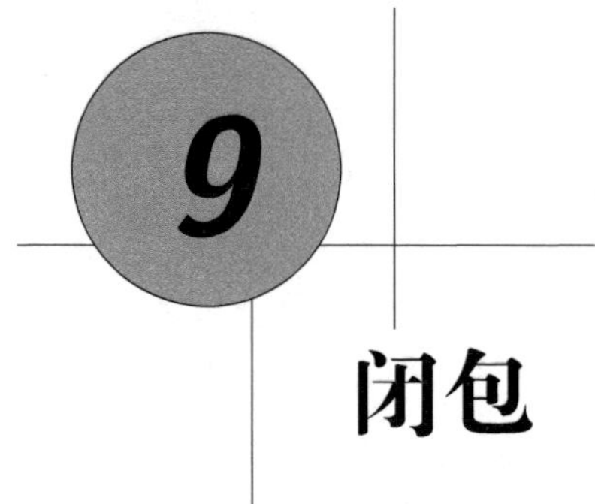

# 闭包

在Lua语言中,函数是严格遵循词法定界(lexical scoping)的第一类值(first-class value)。

“第一类值”意味着Lua语言中的函数与其他常见类型的值(例如数值和字符串)具有同等权限：一个程序可以将某个函数保存到变量中(全局变量和局部变量均可)或表中，也可以将某个函数作为参数传递给其他函数，还可以将某个函数作为其他函数的返回值返回。

“词法定界”意味着Lua语言中的函数可以访问包含其自身的外部函数中的变量(也意味着Lua语言完全支持Lambda演算)。[①]

上述两个特性联合起来为Lua语言带来了极大的灵活性。例如，一个程序可以通过重新定义函数来增加新功能，也可以通过擦除函数来为不受信任的代码(例如通过网络接收到的代码)创建一个安全的运行时环境[②]。更重要的是，上述两个特性允许我们在Lua语言中使

---

① 译者注：此处原文大致为“Lexical scoping means that functions can access variables of their enclosing functions”，实际上是指Lua语言中的一个函数 *A* 可以嵌套在另一个函数 *B* 中，内部的函数 *A* 可以访问外部函数 *B* 中声明的变量。原著中对此概念在此处一带而过，并未做过多解释，而是在本章“词法定界”一节中进行了说明；但实际上，即便如此，较原著中的简单解释，词法定界是具有更加明确含义的术语。建议读者阅读完“词法定界”一节后结合此处的注解一并理解。为了便于读者理解，译者认为此处非常有必要针对定界(scope)的概念进行详细解释。定界是计算机科学中的专有名词，指变量与变量所对应实体之间绑定关系的有效范围，在部分情况下也常与可见性(visibility)混用。词法定界也被称为静态定界(static scoping)，常常与动态定界(dynamic scoping)比较，其中前者被大多数现代编程语言采用，后者常见于Bash等Shell语言。使用静态定界时，一个变量的可见性范围仅严格地与组成程序的静态具体词法上下文有关，而与运行时的具体堆栈调用无关；使用动态定界时，一个变量的可见性范围在编译时无法确定，依赖于运行时的实际堆栈调用情况。更加具体的例子等建议读者仔细阅读Wiki中有关定界的深入解释，链接为：https://en.wikipedia.org/wiki/Scope_(computer_science)。

② 译者注：通常通过网络等方式动态加载的代码只应该具有访问其自身代码和数据的能力，而不应该具有访问除其自身代码和数据外其他固有代码和数据的能力，否则就可能出现越权或各种溢出类风险，因此可以通过在使用完成后将这些动态加载的代码擦除的方式消除由于动态加载了非受信代码而可能导致的安全风险。

用很多函数式语言（functional-language）的强大编程技巧。即使对函数式编程毫无兴趣，也不妨学习一下如何探索这些技巧，因为这些技巧可以使程序变得更加小巧和简单。

## 9.1 函数是第一类值

如前所述，Lua 语言中的函数是第一类值。以下的示例演示了第一类值的含义：

```
a = {p = print}       -- 'a.p'指向'print'函数
a.p("Hello World")    --> Hello World
print = math.sin      -- 'print'现在指向sine函数
a.p(print(1))         --> 0.8414709848079
math.sin = a.p        -- 'sin'现在指向print函数
math.sin(10, 20)      --> 10      20
```

如果函数也是值的话，那么是否有创建函数的表达式呢？答案是肯定的。事实上，Lua 语言中常见的函数定义方式如下：

```
function foo (x)  return 2*x  end
```

就是所谓的*语法糖*（*syntactic sugar*）的例子[①]，它只是下面这种写法的一种美化形式：

```
foo = function (x)  return 2*x  end
```

赋值语句右边的表达式（`function (x) body end`）就是函数构造器，与表构造器 `{}` 相似。因此，函数定义实际上就是创建类型为`"function"` 的值并把它赋值给一个变量的语句。

请注意，在 Lua 语言中，所有的函数都是匿名的（anonymous）。像其他所有的值一样，函数并没有名字。当讨论函数名时，比如 `print`，实际上指的是保存该函数的变量。虽然我们通常会把函数赋值给全局变量，从而看似给函数起了一个名字，但在很多场景下仍然会保留函数的匿名性[②]。下面来看几个例子。

表标准库提供了函数 `table.sort`，该函数以一个表为参数并对其中的元素排序。这种函数必须支持各种各样的排序方式：升序或降序、按数值顺序或按字母顺序、按表中的键等。函数 `sort` 并没有试图穷尽所有的排序方式，而是提供了一个可选的参数，也就是所谓的排

[①] 译者注：语法糖也称糖衣语法，由英国计算机科学家 Peter J. Landin 发明，他最先发现了 Lambda 演算，由此而创立了函数式编程。糖衣语法意指那些没有给语言添加新功能但对程序员来说更“甜蜜”的语法，这种语法能使程序员更方便地使用语言开发程序，同时增强程序代码的可读性和避免出错。

[②] 译者注：即使用匿名函数。

序函数（*order function*），排序函数接收两个参数并根据第一个元素是否应排在第二个元素之前返回不同的值。例如，假设有一个如下所示的表：

```
network = {
  {name = "grauna",  IP = "210.26.30.34"},
  {name = "arraial", IP = "210.26.30.23"},
  {name = "lua",     IP = "210.26.23.12"},
  {name = "derain",  IP = "210.26.23.20"},
}
```

如果想针对 name 字段、按字母顺序逆序对这个表排序，只需使用如下语句：

```
table.sort(network, function (a,b) return (a.name > b.name) end)
```

可见，匿名函数在这条语句中显示出了很好的便利性。

像函数 sort 这样以另一个函数为参数的函数，我们称之为高阶函数（*higher-order function*）。高阶函数是一种强大的编程机制，而利用匿名函数作为参数正是其灵活性的主要来源。不过尽管如此，请记住高阶函数也并没有什么特殊的，它们只是 Lua 语言将函数作为第一类值处理所带来结果的直接体现。

为了进一步演示高阶函数的用法，让我们再来实现一个常见的高阶函数，即导数（*derivative*）。按照通常的定义，函数 $f$ 的导数为 $f'(x) = (f(x+d) - f(x))/d$，其中 $d$ 趋向于无穷小[①]。根据这个定义，可以用如下方式近似地计算导数：

```
function derivative (f, delta)
  delta = delta or 1e-4
  return function (x)
           return (f(x + delta) - f(x))/delta
         end
end
```

对于指定的函数 f，调用 derivative(f) 将返回（近似地）其导数，也就是另一个函数：

```
c = derivative(math.sin)
> print(math.cos(5.2), c(5.2))
  -->    0.46851667130038    0.46856084325086
print(math.cos(10), c(10))
```

① 译者注：在数学领域中导数的定义方法有很多，上述定义是常见的一种近似形式。

```
--> -0.83907152907645 -0.83904432662041
```

## 9.2 非全局函数

由于函数是一种“第一类值”，因此一个显而易见的结果就是：函数不仅可以被存储在全局变量中，还可以被存储在表字段和局部变量中。

我们已经在前面的章节中见到过几个将函数存储在表字段中的示例，大部分Lua语言的库就采用了这种机制（例如 io.read 和 math.sin）。如果要在Lua语言中创建这种函数，只需将到目前为止我们所学到的知识结合起来：

```
Lib = {}
Lib.foo = function (x,y) return x + y end
Lib.goo = function (x,y) return x - y end

print(Lib.foo(2, 3), Lib.goo(2, 3))    --> 5    -1
```

当然，也可以使用表构造器：

```
Lib = {
  foo = function (x,y) return x + y end,
  goo = function (x,y) return x - y end
}
```

除此以外，Lua语言还提供了另一种特殊的语法来定义这类函数：

```
Lib = {}
function Lib.foo (x,y) return x + y end
function Lib.goo (x,y) return x - y end
```

正如我们将在第21章中看到的，在表字段中存储函数是Lua语言中实现面向对象编程的关键要素。

当把一个函数存储到局部变量时，就得到了一个*局部函数*（*local function*），即一个被限定在指定作用域中使用的函数。局部函数对于包（package）而言尤其有用：由于Lua语言将每个程序段（chunk）作为一个函数处理，所以在一段程序中声明的函数就是局部函数，这些局部函数只在该程序段中可见。词法定界保证了程序段中的其他函数可以使用这些局部函数。

对于这种局部函数的使用，Lua 语言提供了一种语法糖：

```
local function f (params)
  body
end
```

在定义局部递归函数（recursive local function）时，由于原来的方法不适用，所以有一点是极易出错的。考虑如下的代码：

```
local fact = function (n)
  if n == 0 then return 1
  else return n*fact(n-1)    -- 有问题
  end
end
```

当 Lua 语言编译函数体中的 `fact(n-1)` 调用时，局部的 `fact` 尚未定义。因此，这个表达式会尝试调用全局的 `fact` 而非局部的 `fact`。我们可以通过先定义局部变量再定义函数的方式来解决这个问题：

```
local fact
fact = function (n)
  if n == 0 then return 1
  else return n*fact(n-1)
  end
end
```

这样，函数内的 `fact` 指向的是局部变量。尽管在定义函数时，这个局部变量的值尚未确定，但到了执行函数时，`fact` 肯定已经有了正确的赋值。

当 Lua 语言展开局部函数的语法糖时，使用的并不是之前的基本函数定义。相反，形如

```
local function foo (params)  body  end
```

的定义会被展开成

```
local foo; foo = function (params)  body  end
```

因此，使用这种语法来定义递归函数不会有问题。

当然，这个技巧对于间接递归函数（indirect recursive function）是无效的。在间接递归的情况下，必须使用与明确的前向声明（explicit forward declaration）等价的形式：

```
local f       -- “前向”声明

local function g ()
  some code  f()  some code
end

function f ()
  some code  g()  some code
end
```

请注意，不能在最后一个函数定义前加上 local。否则，Lua 语言会创建一个全新的局部变量 f，从而使得先前声明的 f（函数 g 中使用的那个）变为未定义状态。

## 9.3 词法定界

当编写一个被其他函数 *B* 包含的函数 *A* 时，被包含的函数 *A* 可以访问包含其的函数 *B* 的所有局部变量，我们将这种特性称为*词法定界*（*lexical scoping*）[①]。虽然这种可见性规则听上去很明确，但实际上并非如此。词法定界外加嵌套的第一类值函数可以为编程语言提供强大的功能，但很多编程语言并不支持将这两者组合使用。

先看一个简单的例子。假设有一个表，其中包含了学生的姓名和对应的成绩，如果我们想基于分数对学生姓名排序，分数高者在前，那么可以使用如下的代码完成上述需求：

```
names = {"Peter", "Paul", "Mary"}
grades = {Mary = 10, Paul = 7, Peter = 8}
table.sort(names, function (n1, n2)
  return grades[n1] > grades[n2]        -- 比较分数
end)
```

现在，假设我们想创建一个函数来完成这个需求：

```
function sortbygrade (names, grades)
  table.sort(names, function (n1, n2)
    return grades[n1] > grades[n2]      -- 比较分数
```

[①] 译者注：请注意回顾本章开始时译者注中对词法定界概念的解释。

```
    end)
end
```

在后一个示例中，有趣的一点就在于传给函数 sort 的匿名函数可以访问 grades，而 grades 是包含匿名函数的外层函数 sortbygrade 的形参。在该匿名函数中，grades 既不是全局变量也不是局部变量，而是我们所说的*非局部变量*（*non-local variable*）（由于历史原因，在 Lua 语言中非局部变量也被称为上值）。

这一点之所以如此有趣是因为，函数作为第一类值，能够*逃逸*（*escape*）出它们变量的原始定界范围。考虑如下的代码：

```
function newCounter ()
  local count = 0
  return function ()      -- 匿名函数
           count = count + 1
           return count
         end
end

c1 = newCounter()
print(c1())  --> 1
print(c1())  --> 2
```

在上述代码中，匿名函数访问了一个非局部变量（count）并将其当作计数器。然而，由于创建变量的函数（newCounter）已经返回，因此当我们调用匿名函数时，变量 count 似乎已经超出了作用范围。但其实不然，由于闭包（*closure*）概念的存在，Lua 语言能够正确地应对这种情况。简单地说，一个闭包就是一个函数外加能够使该函数正确访问非局部变量所需的其他机制。如果我们再次调用 newCounter，那么一个新的局部变量 count 和一个新的闭包会被创建出来，这个新的闭包针对的是这个新变量：

```
c2 = newCounter()
print(c2())  --> 1
print(c1())  --> 3
print(c2())  --> 2
```

因此，c1 和 c2 是不同的闭包。它们建立在相同的函数之上，但是各自拥有局部变量 count 的独立实例。

从技术上讲，Lua 语言中只有闭包而没有函数。函数本身只是闭包的一种原型。不过尽管如此，只要不会引起混淆，我们就仍将使用术语“函数”来指代闭包。

闭包在许多场合中均是一种有价值的工具。正如我们之前已经见到过的，闭包在作为诸如 sort 这样的高阶函数的参数时就非常有用。同样，闭包对于那些创建了其他函数的函数也很有用，例如我们之前的 newCounter 示例及求导数的示例；这种机制使得 Lua 程序能够综合运用函数式编程世界中多种精妙的编程技巧。另外，闭包对于回调（*callback*）函数来说也很有用。对于回调函数而言，一个典型的例子就是在传统 GUI 工具箱中创建按钮。每个按钮通常都对应一个回调函数，当用户按下按钮时，完成不同的处理动作的回调函数就会被调用。

例如，假设有一个具有 10 个类似按钮的数字计算器（每个按钮代表一个十进制数字），我们就可以使用如下的函数来创建这些按钮：

```
function digitButton (digit)
  return Button{ label = tostring(digit),
                 action = function ()
                            add_to_display(digit)
                          end
               }
end
```

在上述示例中，假设 Button 是一个创建新按钮的工具箱函数，label 是按钮的标签，action 是当按钮按下时被调用的回调函数。回调可能发生在函数 digitButton 早已执行完后，那时变量 digit 已经超出了作用范围，但闭包仍可以访问它。

闭包在另一种很不一样的场景下也非常有用。由于函数可以被保存在普通变量中，因此在 Lua 语言中可以轻松地重新定义函数，甚至是预定义函数。这种机制也正是 Lua 语言灵活的原因之一。通常，当重新定义一个函数的时候，我们需要在新的实现中调用原来的那个函数。例如，假设要重新定义函数 sin 以使其参数以角度为单位而不是以弧度为单位。那么这个新函数就可以先对参数进行转换，然后再调用原来的 sin 函数进行真正的计算。代码可能形如：

```
local oldSin = math.sin
math.sin = function (x)
  return oldSin(x * (math.pi / 180))
end
```

另一种更清晰一点的完成重新定义的写法是：

```
do
  local oldSin = math.sin
  local k = math.pi / 180
  math.sin = function (x)
    return oldSin(x * k)
  end
end
```

上述代码使用了 **do** 代码段来限制局部变量 `oldSin` 的作用范围；根据可见性规则，局部变量 `oldSin` 只在这部分代码段中有效。因此，只有新版本的函数 `sin` 才能访问原来的 `sin` 函数，其他部分的代码则访问不了。

我们可以使用同样的技巧来创建安全的运行时环境（secure environment），即所谓的沙盒（sandbox）。当执行一些诸如从远程服务器上下载到的未受信任代码（untrusted code）时，安全的运行时环境非常重要。例如，我们可以通过使用闭包重定义函数 `io.open` 来限制一个程序能够访问的文件：

```
do
  local oldOpen = io.open
  local access_OK = function (filename, mode)
    check access
  end
  io.open = function (filename, mode)
    if access_OK(filename, mode) then
      return oldOpen(filename, mode)
    else
      return nil, "access denied"
    end
  end
end
```

上述示例的巧妙之处在于，在经过重新定义后，一个程序就只能通过新的受限版本来调用原来未受限版本的 `io.open` 函数。示例代码将原来不安全的版本保存为闭包的一个私有变量，该变量无法从外部访问。通过这一技巧，就可以在保证简洁性和灵活性的前提下在 Lua 语言本身上构建 Lua 沙盒。相对于提供一套大而全（one-size-fits-all）的解决方案，Lua 语言提供的是一套“元机制（meta-mechanism）”，借助这种机制可以根据特定的安全需求来裁剪具体的运行时环境（真实的沙盒除了保护外部文件外还有更多的功能，我们会在25.4节中再次讨论这个话题）。

## 9.4 小试函数式编程

再举一个函数式编程（functional programming）的具体示例。在本节中我们要开发一个用来表示几何区域的简单系统。[①]我们的目标就是开发一个用来表示几何区域的系统，其中区域即为点的集合。我们希望能够利用该系统表示各种各样的图形，同时可以通过多种方式（旋转、变换、并集等）组合和修改这些图形。

为了实现这样的一个系统，首先需要找到表示这些图形的合理数据结构。我们可以尝试着使用面向对象的方案，利用继承来抽象某些图形；或者，也可以直接利用特征函数（characteristic or indicator function）来进行更高层次的抽象（集合 $A$ 的特征函数 $f_A$ 是指当且仅当 $x$ 属于 $A$ 时 $f_A(x)$ 成立）。鉴于一个几何区域就是点的集合，因此可以通过特征函数来表示一个区域，即可以提供一个点（作为参数）并根据点是否属于指定区域而返回真或假的函数来表示一个区域。

举例来说，下面的函数表示一个以点 (1.0, 3.0) 为圆心、半径 4.5 的圆盘（一个圆形区域）：

```
function disk1 (x, y)
  return (x - 1.0)^2 + (y - 3.0)^2 <= 4.5^2
end
```

利用高阶函数和词法定界，可以很容易地定义一个根据指定的圆心和半径创建圆盘的工厂：

```
function disk (cx, cy, r)
  return function (x, y)
           return (x - cx)^2 + (y - cy)^2 <= r^2
         end
end
```

形如 `disk(1.0, 3.0, 4.5)` 的调用会创建一个与 `disk1` 等价的圆盘。

[①] 本示例源于由 Paul Hudak 和 Mark P. Jones 撰写的研究报告 *Haskell vs. Ada vs. C++ vs. Awk vs. ... An Experiment in Software Prototyping Productivity*。

下面的函数创建了一个指定边界的轴对称矩形：

```
function rect (left, right, bottom, up)
  return function (x, y)
           return left <= x and x <= right and
                  bottom <= y and y <= up
         end
end
```

按照类似的方式，可以定义函数以创建诸如三角形或非轴对称矩形等其他基本图形。每一种图形都具有完全独立的实现，所需的仅仅是一个正确的特征函数。

接下来让我们考虑一下如何改变和组合区域。我们可以很容易地创建任何区域的补集：

```
function complement (r)
  return function (x, y)
           return not r(x, y)
         end
end
```

并集、交集和差集也很简单，参见示例 9.1。

**示例 9.1　区域的并集、交集和差集**

```
function union (r1, r2)
  return function (x, y)
           return r1(x, y) or r2(x, y)
         end
end

function intersection (r1, r2)
  return function (x, y)
           return r1(x, y) and r2(x, y)
         end
end

function difference (r1, r2)
  return function (x, y)
           return r1(x, y) and not r2(x, y)
```

```
        end
end
```

以下函数按照指定的增量平移指定的区域：

```
function translate (r, dx, dy)
  return function (x, y)
           return r(x - dx, y - dy)
         end
end
```

为了使一个区域可视化，我们可以遍历每个像素进行视口（viewport）测试；位于区域内的像素被绘制为黑色，而位于区域外的像素被绘制为白色。为了用简单的方式演示这个过程，我们接下来写一个函数来生成一个 PBM（可移植位图，*portable bitmap*）格式的文件来绘制指定的区域。

PBM 文件的结构很简单（这种结构也同样极为高效，但是这里强调的是简单性）。PBM 文件的文本形式以字符串"P1"开头，接下来的一行是图片的宽和高（以像素为单位），然后是对应每一个像素、由 1 和 0 组成的数字序列（黑为 1，白为 0，数字和数字之间由可选的空格分开），最后是 EOF。示例 9.2中的函数 plot 创建了指定区域的 PBM 文件，并将虚拟绘图区域 $(-1,1],[-1,1)$ 映射到视口区域 $[1,M],[1,N]$ 中。

### 示例 9.2 在 PBM 文件中绘制区域

```
function plot (r, M, N)
  io.write("P1\n", M, " ", N, "\n")      -- 文件头
  for i = 1, N do                    -- 对于每一行
    local y = (N - i*2)/N
    for j = 1, M do                  -- 对于每一列
      local x = (j*2 - M)/M
      io.write(r(x, y) and "1" or "0")
    end
    io.write("\n")
  end
end
```

为了让示例更加完整，以下的代码绘制了一个南半球（southern hemisphere）所能看到的娥眉月（waxing crescent moon）：

```
c1 = disk(0, 0, 1)
plot(difference(c1, translate(c1, 0.3, 0)), 500, 500)
```

## 9.5 练习

练习 9.1：请编写一个函数 integral，该函数以一个函数 f 为参数并返回其积分的近似值。

练习 9.2：请问如下的代码段将输出怎样的结果：

```
function F (x)
  return {
    set = function (y) x = y end,
    get = function () return x end
  }
end

o1 = F(10)
o2 = F(20)
print(o1.get(), o2.get())
o2.set(100)
o1.set(300)
print(o1.get(), o2.get())
```

练习 9.3：练习 5.4要求我们编写一个以多项式（使用表表示）和值 x 为参数、返回结果为对应多项式值的函数。请编写该函数的柯里化（*curried*）[①]版本，该版本的函数应该以一个多项式为参数并返回另一个函数（当这个函数的入参是值 x 时返回对应多项式的值）。考虑如下的示例：

```
f = newpoly({3, 0, 1})
print(f(0))    --> 3
print(f(5))    --> 28
print(f(10))   --> 103
```

---

[①] 译者注：在计算机科学中，柯里化（Currying）又被译为卡瑞化或加里化，是指将通过一个函数对多个参数（或单个由多个参数组成的结构）求值的过程变换为对一个只接收一个参数的函数序列进行求值的技巧。柯里化在实践和理论上均非常有用，更多详情可参考如下链接：https://en.wikipedia.org/wiki/Currying。

练习 9.4：使用几何区域系统的例子，绘制一个北半球（northern hemisphere）所能看到的娥眉月（waxing crescent moon）。

练习 9.5：在几何区域系统的例子中，增加一个函数来实现将指定的区域旋转指定的角度。

# 10 模式匹配

与其他几种脚本语言不同，Lua 语言既没有使用 POSIX 正则表达式，也没有使用 Perl 正则表达式来进行模式匹配（pattern matching）。之所以这样做的主要原因在于大小问题：一个典型的 POSIX 正则表达式实现需要超过 4000 行代码，这比所有 Lua 语言标准库总大小的一半还大。相比之下，Lua 语言模式匹配的实现代码只有不到 600 行。尽管 Lua 语言的模式匹配做不到完整 POSIX 实现的所有功能，但是 Lua 语言的模式匹配仍然非常强大，同时还具有一些与标准 POSIX 不同但又可与之媲美的功能。

## 10.1 模式匹配的相关函数

字符串标准库提供了基于模式（*pattern*）的 4 个函数。我们已经初步了解过函数 `find` 和 `gsub`，其余两个函数分别是 `match` 和 `gmatch`（*Global Match* 的缩写）。现在让我们学习这几个函数的细节。

### 10.1.1 函数 `string.find`

函数 `string.find` 用于在指定的目标字符串中搜索指定的模式。最简单的模式就是一个单词，它只会匹配到这个单词本身。例如，模式`'hello'` 会在目标字符串中搜索子串`"hello"`。函数 `string.find` 找到一个模式后，会返回两个值：匹配到模式开始位置的索引和结束位置的索引。如果没有找到任何匹配，则返回 nil：

```
s = "hello world"
i, j = string.find(s, "hello")
print(i, j)                      --> 1    5
print(string.sub(s, i, j))       --> hello
print(string.find(s, "world"))   --> 7    11
i, j = string.find(s, "l")
print(i, j)                      --> 3    3
print(string.find(s, "lll"))     --> nil
```

匹配成功后，可以以函数 find 返回的结果为参数调用函数 string.sub 来获取目标字符串中匹配相应模式的子串。对于简单的模式来说，这一般就是模式本身。

函数 string.find 具有两个可选参数。第 3 个参数是一个索引，用于说明从目标字符串的哪个位置开始搜索。第 4 个参数是一个布尔值，用于说明是否进行简单搜索（plain search）。字如其名，所谓简单搜索就是忽略模式而在目标字符串中进行单纯的“查找子字符串”的动作：

```
> string.find("a [word]", "[")
stdin:1: malformed pattern (missing ']')
> string.find("a [word]", "[", 1, true)   --> 3   3
```

由于'[' 在模式中具有特殊含义，因此第 1 个函数调用会报错。在第 2 个函数调用中，函数只是把'[' 当作简单字符串。请注意，如果没有第 3 个参数，是不能传入第 4 个可选参数的。

### 10.1.2 函数 string.match

由于函数 string.match 也用于在一个字符串中搜索模式，因此它与函数 string.find 非常相似。不过，函数 string.match 返回的是目标字符串中与模式相匹配的那部分子串，而非该模式所在的位置：

```
print(string.match("hello world", "hello"))   --> hello
```

对于诸如'hello' 这样固定的模式，使用这个函数并没有什么意义。然而，当模式是变量时，这个函数的强大之处就显现出来了，例如：

```
date = "Today is 17/7/1990"
d = string.match(date, "%d+/%d+/%d+")
print(d)  --> 17/7/1990
```

后续，我们会讨论模式'%d+/%d+/%d+' 的含义及函数 string.match 的更高级用法。

### 10.1.3 函数 string.gsub

函数 string.gsub 有 3 个必选参数：目标字符串、模式和替换字符串（replacement string），其基本用法是将目标字符串中所有出现模式的地方换成替换字符串：

```
s = string.gsub("Lua is cute", "cute", "great")
print(s)          --> Lua is great
s = string.gsub("all lii", "l", "x")
print(s)          --> axx xii
s = string.gsub("Lua is great", "Sol", "Sun")
print(s)          --> Lua is great
```

此外，该函数还有一个可选的第 4 个参数，用于限制替换的次数：

```
s = string.gsub("all lii", "l", "x", 1)
print(s)           --> axl lii
s = string.gsub("all lii", "l", "x", 2)
print(s)           --> axx lii
```

除了替换字符串以外，string.gsub 的第 3 个参数也可以是一个函数或一个表，这个函数或表会被调用（或检索）以产生替换字符串；我们会在10.4节中学习这个功能。

函数 string.gsub 还会返回第 2 个结果，即发生替换的次数。

### 10.1.4 函数 string.gmatch

函数 string.gmatch 返回一个函数，通过返回的函数可以遍历一个字符串中所有出现的指定模式。例如，以下示例可以找出指定字符串 s 中出现的所有单词：

```
s = "some string"
words = {}
for w in string.gmatch(s, "%a+") do
  words[#words + 1] = w
end
```

后续我们马上会学习到，模式'%a+'会匹配一个或多个字母组成的序列（也就是单词）。因此，**for** 循环会遍历所有目标字符串中的单词，然后把它们保存到列表 words 中。

## 10.2 模式

大多数模式匹配库都使用反斜杠（backslash）作为转义符。然而，这种方式可能会导致一些不良的后果。对于 Lua 语言的解析器而言，模式仅仅是普通的字符串。模式与其他的字符串一样遵循相同的规则，并不会被特殊对待；只有模式匹配相关的函数才会把它们当作模式进行解析。由于反斜杠是 Lua 语言中的转义符，所以我们应该避免将它传递给任何函数。模式本身就难以阅读，到处把"\"换成"\\"就更加火上浇油了。

我们可以使用双括号把模式括起来构成的长字符串来解决这个问题（某些语言在实践中推荐这种办法）。然而，长字符串的写法对于通常比较短的模式而言又往往显得冗长。此外，我们还会失去在模式内进行转义的能力（某些模式匹配工具通过再次实现常见的字符串转义来绕过这种限制）。

Lua 语言的解决方案更加简单：Lua 语言中的模式使用百分号（percent sign）作为转义符（C 语言中的一些函数采用的也是同样的方式，如函数 printf 和函数 strftime）。总体上，所有被转义的字母都具有某些特殊含义（例如'%a'匹配所有字母），而所有被转义的非字母则代表其本身（例如'%.'匹配一个点）。

我们首先来学习字符分类（*character class*）的模式。所谓字符分类，就是模式中能够与一个特定集合中的任意字符相匹配的一项。例如，分类%d 匹配的是任意数字。因此，可以使用模式'%d%d/%d%d/%d%d%d%d'来匹配 dd/mm/yyyy 格式的日期：

```
s = "Deadline is 30/05/1999, firm"
date = "%d%d/%d%d/%d%d%d%d"
print(string.match(s, date))   --> 30/05/1999
```

下表列出了所有预置的字符分类及其对应的含义：

| | |
|---|---|
| . | 任意字符 |
| %a | 字母 |
| %c | 控制字符 |
| %d | 数字 |
| %g | 除空格外的可打印字符 |

续表

| | |
|---|---|
| %l | 小写字母 |
| %p | 标点符号 |
| %s | 空白字符 |
| %u | 大写字母 |
| %w | 字母和数字 |
| %x | 十六进制数字 |

这些类的大写形式表示类的补集。例如，'%A' 代表任意非字母的字符：

```
print((string.gsub("hello, up-down!", "%A", ".")))
  --> hello..up.down.
```

在输出函数 gsub 的返回结果时，我们使用了额外的括号来丢弃第二个结果，也就是替换发生的次数[①]。

当在模式中使用时，还有一些被称为魔法字符（*magic character*）的字符具有特殊含义。Lua 语言的模式所使用的魔法字符包括：

```
( ) . % + - * ? [ ] ^ $
```

正如我们之前已经看到的，百分号同样可以用于这些魔法字符的转义。因此，'%?' 匹配一个问号，'%%' 匹配一个百分号。我们不仅可以用百分号对魔法字符进行转义，还可以将其用于其他所有字母和数字外的字符。当不确定是否需要转义时，为了保险起见就可以使用转义符。

可以使用字符集（*char-set*）来创建自定义的字符分类，只需要在方括号内将单个字符和字符分类组合起来即可。例如，字符集'[%w_]'匹配所有以下画线结尾的字母和数字，'[01]'匹配二进制数字，'[%[%]]' 匹配方括号。如果想要统计一段文本中元音的数量，可以使用如下的代码：

```
_, nvow = string.gsub(text, "[AEIOUaeiou]", "")
```

还可以在字符集中包含一段字符范围，做法是写出字符范围的第一个字符和最后一个字符并用横线将它们连接在一起。由于大多数常用的字符范围都被预先定义了，所以这个功能很少

[①] 译者注：如果只用一个括号则还会输出替换发生的次数，也就是 4。

被使用。例如，'%d' 相当于'[0-9]'，'%x' 相当于'[0-9a-fA-F]'。不过，如果需要查找一个八进制的数字，那么使用'[0-7]' 就比显式地枚举'[01234567]' 强多了。

在字符集前加一个补字符 ^ 就可以得到这个字符集对应的补集：模式'[^0-7]' 代表所有八进制数字以外的字符，模式'[^\n]' 则代表除换行符以外的其他字符。尽管如此，我们还是要记得对于简单的分类来说可以使用大写形式来获得对应的补集：'%S' 显然要比'[^%s]' 更简单。

还可以通过描述模式中重复和可选部分的修饰符（modifier，在其他语言中也被译为限定符）来让模式更加有用。Lua 语言中的模式提供了 4 种修饰符：

| | |
|---|---|
| + | 重复一次或多次 |
| * | 重复零次或多次 |
| - | 重复零次或多次（最小匹配） |
| ? | 可选（出现零次或一次） |

修饰符 + 匹配原始字符分类中的一个或多个字符，它总是获取与模式相匹配的最长序列。例如，模式'%a+' 代表一个或多个字母（即一个单词）：

```
print((string.gsub("one, and two; and three", "%a+", "word")))
  --> word, word word; word word
```

模式'%d+' 匹配一个或多个数字（一个整数）：

```
print(string.match("the number 1298 is even", "%d+"))   --> 1298
```

修饰符 * 类似于修饰符 +，但是它还接受对应字符分类出现零次的情况。该修饰符一个典型的用法就是在模式的部分之间匹配可选的空格。例如，为了匹配像 () 或 ( ) 这样的空括号对，就可以使用模式'%(%s*%)'，其中的'%s*' 匹配零个或多个空格（括号在模式中有特殊含义，所以必须进行转义）。另一个示例是用模式'[_%a][_%w]*' 匹配 Lua 程序中的标识符：标识符是一个由字母或下画线开头，并紧跟零个或多个由下画线、字母或数字组成的序列。

修饰符-和修饰符 * 类似，也是用于匹配原始字符分类的零次或多次出现。不过，跟修饰符 * 总是匹配能匹配的最长序列不同，修饰符-只会匹配最短序列。虽然有时它们两者并没有什么区别，但大多数情况下这两者会导致截然不同的结果。例如，当试图用模式'[_%a][_%w]-' 查找标识符时，由于'[_%w]-' 总是匹配空序列，所以我们只会找到第一个字母。又如，假设我们想要删掉某 C 语言程序中的所有注释，通常会首先尝试使用'/%*.*%*/'

（即"/*" 和"*/" 之间的任意序列，使用恰当的转义符对 * 进行转义）。然而，由于'.*' 会尽可能长地匹配[1]，因此程序中的第一个"/*" 只会与最后一个"*/" 相匹配：

```
test = "int x; /* x */  int y; /* y */"
print((string.gsub(test, "/%*.*%*/", "")))
  --> int x;
```

相反，模式'.-' 则只会匹配到找到的第一个"*/"，这样就能得到期望的结果：

```
test = "int x; /* x */  int y; /* y */"
print((string.gsub(test, "/%*.-%*/", "")))
  --> int x;   int y;
```

最后一个修饰符? 可用于匹配一个可选的字符。例如，假设我们想在一段文本中寻找一个整数，而这个整数可能包括一个可选的符号，那么就可以使用模式'[+-]?%d+' 来完成这个需求，该模式可以匹配像"-12"、"23" 和"+1009" 这样的数字。其中，字符分类'[+-]' 匹配加号或减号，而其后的问号则代表这个符号是可选的。

与其他系统不同的是，Lua 语言中的修饰符只能作用于一个字符模式，而无法作用于一组分类。例如，我们不能写出匹配一个可选的单词的模式（除非这个单词只由一个字母组成）。通常，可以使用一些将在本章最后介绍的高级技巧来绕开这个限制。

以补字符 ^ 开头的模式表示从目标字符串的开头开始匹配。类似地，以 $ 结尾的模式表示匹配到目标字符串的结尾。我们可以同时使用这两个标记来限制匹配查找和锚定（anchor）模式。例如，如下的代码可以用来检查字符串 s 是否以数字开头：

```
if string.find(s, "^%d") then ...
```

如下的代码用来检查字符串是否为一个没有多余前缀字符和后缀字符的整数：

```
if string.find(s, "^[+-]?%d+$") then ...
```

^和 $ 字符只有位于模式的开头和结尾时才具有特殊含义；否则，它们仅仅就是与其自身相匹配的普通字符。

模式'%b' 匹配成对的字符串，它的写法是'%b*xy*'，其中 *x* 和 *y* 是任意两个不同的字符，*x* 作为起始字符而 *y* 作为结束字符。例如，模式'%b()' 匹配以左括号开始并以对应右括号结束的子串：

[1] 译者注：在标准正则表达式中即为贪婪匹配。

```
s = "a (enclosed (in) parentheses) line"
print((string.gsub(s, "%b()", "")))     --> a  line
```

通常，我们使用'%b()'、'%b[]'、'%b{}' 或'%b<>' 等作为模式，但实际上可以用任意不同的字符作为分隔符。

最后，模式'%f[*char-set*]' 代表前置模式（*frontier pattern*）。该模式只有在后一个字符位于 *char-set* 内而前一个字符不在时匹配一个空字符串[①]：

```
s = "the anthem is the theme"
print((string.gsub(s, "%f[%w]the%f[%W]", "one")))
  --> one anthem is one theme
```

模式'%f[%w]' 匹配位于一个非字母或数字的字符和一个字母或数字的字符之间的前置，而模式'%f[%W]' 则匹配一个字母或数字的字符和一个非字母或数字的字符之间的前置。因此，指定的模式只会匹配完整的字符串"the"[②]。请注意，即使字符集只有一个分类，也必须把它用括号括起来。

前置模式把目标字符串中第一个字符前和最后一个字符后的位置当成空字符（ASCII 编码的\0）。在前例中，第一个"the" 在不属于集合'[%w]' 的空字符和属于集合'[%w]' 的 t 之间匹配了一个前置。

## 10.3 捕获

捕获（*capture*）机制允许根据一个模式从目标字符串中抽出与该模式匹配的内容来用于后续用途，可以通过把模式中需要捕获的部分放到一对圆括号内来指定捕获。

对于具有捕获的模式，函数 string.match 会将所有捕获到的值作为单独的结果返回；换句话说，该函数会将字符串切分成多个被捕获的部分：

```
pair = "name = Anna"
key, value = string.match(pair, "(%a+)%s*=%s*(%a+)")
print(key, value)  --> name  Anna
```

---

[①] 译者注：原文中前置模式的解释不够充分，实际上在http://lua-users.org/wiki/FrontierPattern中对此有额外说明，即 The frontier pattern %f followed by a set detects the transition from “not in set” to “in set”。

[②] 译者注：不会匹配到上例中 anthem 中的 the 或 theme 中的 the。

模式'%a+' 表示一个非空的字母序列，模式'%s*' 表示一个可能为空的空白序列。因此，上例中的这个模式表示一个字母序列、紧跟着空白序列、一个等号、空白序列以及另一个字母序列。模式中的两个字母序列被分别放在圆括号中，因此在匹配时就能捕获到它们。下面是一个类似的示例：

```
date = "Today is 17/7/1990"
d, m, y = string.match(date, "(%d+)/(%d+)/(%d+)")
print(d, m, y)  --> 17  7  1990
```

在这个示例中，使用了 3 个捕获，每个捕获对应一个数字序列。

在模式中，形如'%*n*' 的分类（其中 *n* 是一个数字），表示匹配第 *n* 个捕获的副本。举一个典型的例子，假设想在一个字符串中寻找一个由单引号或双引号括起来的子串。那么可能会尝试使用模式'["'].-["']'，它表示一个引号后面跟任意内容及另外一个引号；但是，这种模式在处理像"it's all right" 这样的字符串时会有问题。要解决这个问题，可以捕获第一个引号然后用它来指明第二个引号：

```
s = [[then he said: "it's all right"!]]
q, quotedPart = string.match(s, "([\"'])(.-)%1")
print(quotedPart)   --> it's all right
print(q)            --> "
```

第 1 个捕获是引号本身，第 2 个捕获是引号中的内容（与'.-' 匹配的子串）。

下例是一个类似的示例，用于匹配 Lua 语言中的长字符串的模式：

```
%[(=*)%[(.-)%]%1%]
```

它所匹配的内容依次是：一个左方括号、零个或多个等号、另一个左方括号、任意内容（即字符串的内容）、一个右方括号、相同数量的等号及另一个右方括号：

```
p = "%[(=*)%[(.-)%]%1%]"
s = "a = [=[[[ something ]] ]==] ]=]; print(a)"
print(string.match(s, p))    --> =        [[ something ]] ]==]
```

第 1 个捕获是等号序列（在本例中只有一个），第 2 个捕获是字符串内容[①]。

---

[①] 译者注：%*n* 表示匹配第 *n* 个捕获的副本，在本例中的第一个捕获就是若干个等号组成的序列，因此%1 相当于匹配这若干个等号。

被捕获对象的第 3 个用途是在函数 gsub 的替代字符串中。像模式一样，替代字符串同样可以包括像"%*n*"一样的字符分类，当发生替换时会被替换为相应的捕获。特别地，"%0"意味着整个匹配，并且替换字符串中的百分号必须被转义为"%%"。下面这个示例会重复字符串中的每个字母，并且在每个被重复的字母之间插入一个减号：

```
print((string.gsub("hello Lua!", "%a", "%0-%0")))
  --> h-he-el-ll-lo-o L-Lu-ua-a!
```

下例交换了相邻的字符：

```
print((string.gsub("hello Lua", "(.)(.)", "%2%1")))
  --> ehll ouLa
```

以下是一个更有用的示例，让我们编写一个原始的格式转换器，该格式转换器能读取 LaTeX 风格的命令，并将它们转换成 XML 风格：

```
\command{some text}    -->    <command>some text</command>
```

如果不允许嵌套的命令，那么以下调用函数 string.gsub 的代码即可完成这项工作：

```
s = [[the \quote{task} is to \em{change} that.]]
s = string.gsub(s, "\\(%a+){(.-)}", "<%1>%2</%1>")
print(s)
  --> the <quote>task</quote> is to <em>change</em> that.
```

（在下一节中，我们将会学习如何处理嵌套的命令。）

另一个有用的示例是剔除字符串两端空格：

```
function trim (s)
  s = string.gsub(s, "^%s*(.-)%s*$", "%1")
  return s
end
```

请注意模式中修饰符的合理运用。两个定位标记（^ 和 $）保证了我们可以获取到整个字符串。由于中间的'.-'只会匹配尽可能少的内容，所以两个'%s*'便可匹配到首尾两端的空格。

## 10.4 替换

正如我们此前已经看到的，函数 string.gsub 的第 3 个参数不仅可以是字符串，还可以是一个函数或表。当第 3 个参数是一个函数时，函数 string.gsub 会在每次找到匹配时调用该函数，参数是捕获到的内容而返回值则被作为替换字符串。当第 3 个参数是一个表时，函数 string.gsub 会把第一个捕获到的内容作为键，然后将表中对应该键的值作为替换字符串。如果函数的返回值为 nil 或表中不包含这个键或表中键的对应值为 nil，那么函数 gsub 不改变这个匹配。

先举一个例子，下述函数用于变量展开（variable expansion），它会把字符串中所有出现的 $varname 替换为全局变量 varname 的值：

```
function expand (s)
  return (string.gsub(s, "$(%w+)", _G))
end

name = "Lua"; status = "great"
print(expand("$name is $status, isn't it?"))
  --> Lua is great, isn't it?
```

（_G 是预先定义的包括所有全局变量的表，我们会在第22章中讨论相关细节。）对于每个与'$(%w+)' 匹配的地方（$ 符号后紧跟一个名字），函数 gsub 都会在全局表 _G 中查找捕获到的名字，并用找到的结果替换字符串中相匹配的部分；如果表中没有对应的键，则不进行替换：

```
print(expand("$othername is $status, isn't it?"))
  --> $othername is great, isn't it?
```

如果不确定是否指定变量具有字符串值，那么可以对它们的值调用函数 tostring。在这种情况下，可以用一个函数来返回要替换的值：

```
function expand (s)
  return (string.gsub(s, "$(%w+)", function (n)
            return tostring(_G[n])
          end))
end

print(expand("print = $print; a = $a"))
  --> print = function: 0x8050ce0; a = nil
```

在函数 expand 中，对于所有匹配'$(%w+)' 的地方，函数 gsub 都会调用给定的函数，传入捕获到的名字作为参数，并使用返回字符串替换匹配到的内容。

最后一个例子，让我们再回到上一节中提到的格式转换器。我们仍然是想将 LaTeX 风格的命令（\example{text}）转换成 XML 风格的（<example>text</example>），但这次允许嵌套的命令。以下的函数用递归的方式完成了这个需求：

```
function toxml (s)
  s = string.gsub(s, "\\(%a+)(%b{})", function (tag, body)
        body = string.sub(body, 2, -2)  -- 移除括号
        body = toxml(body)              -- 处理嵌套的命令
        return string.format("<%s>%s</%s>", tag, body, tag)
      end)
  return s
end

print(toxml("\\title{The \\bold{big} example}"))
  --> <title>The <bold>big</bold> example</title>
```

### 10.4.1 URL 编码

我们的下一个示例中将用到 *URL 编码*，也就是 HTTP 所使用的在 URL 中传递参数的编码方式。这种编码方式会将特殊字符（例如 =、& 和 +）编码为"%*xx*" 的形式，其中 *xx* 是对应字符的十六进制值。此外，URL 编码还会将空格转换为加号。例如，字符串"a+b =c" 的 URL 编码为"a%2Bb+%3D+c"。最后，URL 编码会将每对参数名及其值用等号连接起来，然后将每对 name=value 用 & 连接起来。例如，值

```
name = "al";  query = "a+b = c"; q="yes or no"
```

对应的 URL 编码为"name=al&query=a%2Bb+%3D+c&q=yes+or+no"。

现在，假设要将这个 URL 解码并将其中的键值对保存到一个表内，以相应的键作为索引，那么可以使用以下的函数完成基本的解码：

```
function unescape (s)
  s = string.gsub(s, "+", " ")
  s = string.gsub(s, "%%(%x%x)", function (h)
        return string.char(tonumber(h, 16))
      end)
  return s
```

```
end

print(unescape("a%2Bb+%3D+c"))  --> a+b = c
```

第一个 gsub 函数将字符串中的所有加号替换为空格，第二个 gsub 函数则匹配所有以百分号开头的两位十六进制数，并对每处匹配调用一个匿名函数。这个匿名函数会将十六进制数转换成一个数字（以 16 为进制，使用函数 tonumber）并返回其对应的字符（使用函数 string.char）。

可以使用函数 gmatch 来对键值对 name=value 进行解码。由于键名和值都不能包含 & 或 =，所以可以使用模式'[^&=]+' 来匹配它们：

```
cgi = {}
function decode (s)
  for name, value in string.gmatch(s, "([^&=]+)=([^&=]+)") do
    name = unescape(name)
    value = unescape(value)
    cgi[name] = value
  end
end
```

调用函数 gmatch 会匹配所有格式为 name=value 的键值对。对于每组键值对，迭代器会返回对应的捕获（在匹配的字符串中被括号括起来了），捕获到的内容也就是 name 和 value 的值。循环体内只是简单地对两个字符串调用函数 unescape，然后将结果保存到表 cgi 中。

对应的编码函数也很容易编写。先写一个 escape 函数，用它将所有的特殊字符编码为百分号紧跟对应的十六进制形式（函数 format 的参数"%02X" 用于格式化输出一个两位的十六进制数，若不足两位则以 0 补齐），然后把空格替换成加号：

```
function escape (s)
  s = string.gsub(s, "[&=+%%c]", function (c)
        return string.format("%%%02X", string.byte(c))
      end)
  s = string.gsub(s, " ", "+")
  return s
end
```

encode 函数会遍历整个待编码的表，然后构造出最终的字符串：

```
function encode (t)
  local b = {}
  for k,v in pairs(t) do
    b[#b + 1] = (escape(k) .. "=" .. escape(v))
  end
  -- 将'b'中所有的元素连接在一起，使用"&"分隔
  return table.concat(b, "&")
end

t = {name = "al",  query = "a+b = c", q = "yes or no"}
print(encode(t)) --> q=yes+or+no&query=a%2Bb+%3D+c&name=al
```

### 10.4.2 制表符展开

在 Lua 语言中，像'()'这样的空白捕获（empty capture）具有特殊含义。该模式并不代表捕获空内容（这样的话毫无意义），而是捕获模式在目标字符串中的位置（该位置是数值）：

```
print(string.match("hello", "()ll()"))   --> 3  5
```

（请注意，由于第 2 个空捕获的位置是在匹配之后，所以这个示例的结果与调用函数 string.find 得到的结果并不一样。）

另一个关于位置捕获（position capture）的良好示例是在字符串中进行制表符展开：

```
function expandTabs (s, tab)
  tab = tab or 8        -- 制表符的"大小"（默认是8）
  local corr = 0        -- 修正量
  s = string.gsub(s, "()\t", function (p)
        local sp = tab - (p - 1 + corr)%tab
        corr = corr - 1 + sp
        return string.rep(" ", sp)
      end)
  return s
end
```

函数 gsub 会匹配字符串中所有的制表符并捕获它们的位置。对于每个制表符，匿名函数会根据其所在位置计算出需要多少个空格才能恰好凑够一列（整数个 tab）：该函数先将

位置减去 1 以从 0 开始计数，然后加上 corr 凑整之前的制表符（每一个被展开的制表符都会影响后续制表符的位置）。之后，该函数更新下一个制表符的修正量：为正在被去掉的制表符减 1，再加上要增加的空格数 sp。最后，这个函数返回由替代制表符的合适数量的空格组成的字符串。

为了完整起见，让我们再看一下如何实现逆向操作，即将空格转换为制表符。第一种方法是通过空捕获来对位置进行操作，但还有一种更简单的方法：即在字符串中每隔 8 个字符插入一个标记，然后将前面有空格的标记替换为制表符。

```
function unexpandTabs (s, tab)
  tab = tab or 8
  s = expandTabs(s, tab)
  local pat = string.rep(".", tab)       --辅助模式
  s = string.gsub(s, pat, "%0\1")        --在每8个字符后添加一个标记\1
  s = string.gsub(s, " +\1", "\t")       --将所有以此标记结尾的空格序列
                                         --都替换为制表符\t
  s = string.gsub(s, "\1", "")           --将剩下的标记\1删除
  return s
end
```

这个函数首先对字符串进行了制表符展开以移除其中所有的制表符，然后构造出一个用于匹配所有 8 个字符序列的辅助模式，再利用这个模式在每 8 个字符后添加一个标记（控制字符\1）。接着，它将所有以此标记结尾的空格序列都替换为制表符。最后，将剩下的标记删除（即那些没有位于空格后的标记）。

## 10.5 诀窍

模式匹配是进行字符串处理的强大工具之一。虽然通过多次调用函数 string.gsub 就可以完成许多复杂的操作，但是还是应该谨慎地使用该函数。

模式匹配替代不了传统的解析器。对于那些用后即弃的程序来说，我们确实可以在源代码中做一些有用的操作，但却很难构建出高质量的产品。例如，考虑一下之前曾经用来匹配 C 语言程序中注释的模式'/%*.-%*/'。如果 C 代码中有一个字符串常量含有"/*"，那么就会得到错误的结果：

```
test = [[char s[] = "a /* here";  /* a tricky string */]]
```

```
print((string.gsub(test, "/%*.-%*/", "<COMMENT>")))
  --> char s[] = "a <COMMENT>
```

由于含有注释标记的字符串十分少见，因此对于我们自用的程序而言，这个模式可能能够满足需求；但是，我们不应该将这个带有缺陷的程序发布出去。

通常，在 Lua 程序中使用模式匹配时的效率是足够高的：笔者的新机器可以在不到 0.2 秒的时间内计算出一个 4.4MB 大小（具有 85 万个单词）的文本中所有单词的数量。[①]但仍然需要注意，应该永远使用尽可能精确的模式，不精确的模式会比精确的模式慢很多。一个极端的例子是模式'(.-)%$'，它用于获取字符串中第一个 $ 符号前的所有内容。如果目标字符串中有 $ 符号，那么这个模式工作很正常；但是，如果字符串中没有 $ 符号，那么模式匹配算法就会首先从字符串起始位置开始匹配，直至为了搜索 $ 符号而遍历完整个字符串。当到达字符串结尾时，这次从字符串起始位置开始的模式匹配就失败了。之后，模式匹配算法又从字符串的第二个位置开始第二次搜索，结果仍然是无法匹配这个模式。这个匹配过程会在字符串的每个位置上进行一次，从而导致 $O(n^2)$ 的时间复杂度。在笔者的新机器上，搜索 20 万个字符需要耗费超过 4 分钟的时间。要解决这个问题，我们只需使用'^(.-)%$'将模式锚定在字符串的开始位置即可。这样，如果不能从起始位置开始找到匹配，搜索就会停止。有了 ^ 的锚定以后，该模式匹配就只需要不到 0.01 秒的时间了。

此外，还要留心空模式，也就是那些匹配空字符串的模式。例如，如果试图使用模式'%a*'来匹配名字，那么就会发现到处都是名字：

```
i, j = string.find(";$%  **#$hello13", "%a*")
print(i,j)   --> 1  0
```

在这个示例中，函数 string.find 在字符串的开始位置正确地找到一个空的字母序列。

在模式的结束处使用修饰符-是没有意义的，因为这样只会匹配到空字符串。该修饰符总是需要在其后跟上其他的东西来限制扩展的范围。同样，含有'.*'的模式也非常容易出错，这主要是因为这种模式可能会匹配到超出我们预期范围的内容。

有时，用 Lua 语言来构造一个模式也很有用。我们已经在将空格转换为制表符的程序中使用过这个技巧。接下来再看另外一个示例，考虑如何找出一个文本中较长的行（比如超过 70 个字符的行）。较长的行就是一个具有 70 个或更多字符的序列，其中每个字符都不为换行符，因而可以用字符分类'[^\n]'来匹配除换行符以外的其他单个字符。这样，就能够通

① “笔者的新机器”是内存为 8GB，CPU 主频为 3.6GHz 的 Intel Core i7-4790。本书中所有的性能测试数据都是从这台机器上得来的。

过把这个匹配单个字符的模式重复 70 次来匹配较长的行。除了手写以外，还可以使用函数 string.rep 来创建这个模式：

```
pattern = string.rep("[^\n]", 70) .. "+"
```

再举一个例子，假设要进行大小写无关的查找。一种方法就是将模式中的所有字母 *x* 用'[*xX*]' 替换，即同时包含原字母大小写形式的字符分类。我们可以使用如下函数来自动地完成这种转换：

```
function nocase (s)
  s = string.gsub(s, "%a", function (c)
        return "[" .. string.lower(c) .. string.upper(c) .. "]"
      end)
  return s
end

print(nocase("Hi there!"))   --> [hH][iI] [tT][hH][eE][rR][eE]!
```

有时，我们可能需要将所有出现的 s1 替换为 s2，而不管其中是否包含魔法字符。如果字符串 s1 和 s2 是常量，那么可以在编写字符串时对魔法字符进行合理的转义；但如果字符串是一个变量，那么就需要用另一个 gsub 函数来进行转义：

```
s1 = string.gsub(s1, "(%W)", "%%%1")
s2 = string.gsub(s2, "%%", "%%%%")
```

在进行字符串搜索时，我们对所有字母和数字外的字符进行了转义（即大写的 W）。而在替换字符串中，我们只对百分号进行了转义。

模式匹配的另一个有用的技巧就是，在进行实际工作前先对目标字符串进行预处理。假设想把一个字符串中所有被双引号（"）引起来的内容改为大写，但又允许内容中包含转义的引号（"\""）：

```
follows a typical string: "This is \"great\"!".
```

处理这种情况的方法之一就是先对文本进行预处理，将所有可能导致歧义的内容编码成别的内容。例如，可以将"\"" 编码为"\1"。不过，如果原文中本身就含有"\1"，那么就会遇到问题。另一种可以避免这个问题的简单做法是将所有"*x*" 编码为"*ddd*"，其中 *ddd* 为字符 *x* 的十六进制表示形式：

```
function code (s)
  return (string.gsub(s, "\\(.)", function (x)
             return string.format("\\%03d", string.byte(x))
           end))
end
```

这样，由于原字符串中所有的"*ddd*"都进行了编码，所以编码后字符串中的"*ddd*"序列一定都是编码造成的。这样，解码也就很简单了：

```
function decode (s)
  return (string.gsub(s, "\\(%d%d%d)", function (d)
             return "\\" .. string.char(tonumber(d))
           end))
end
```

现在我们就可以完成把一个字符串中被双引号（"）引起来的内容改为大写的需求。由于编码后的字符串中不包含任何转义的引号（"\""），所以就可以直接使用'".-"'来查找位于一对引号中的内容：

```
s = [[follows a typical string: "This is \"great\"!".]]
s = code(s)
s = string.gsub(s, '".-"', string.upper)
s = decode(s)
print(s)    --> follows a typical string: "THIS IS \"GREAT\"!".
```

或者写成：

```
print(decode(string.gsub(code(s), '".-"', string.upper)))
```

是否能够将模式匹配函数用于 UTF-8 字符串取决于模式本身。由于 UTF-8 的主要特性之一就是任意字符的编码不会出现在别的字符的编码中，因此文本类的模式一般可以正常工作。字符分类（character class）和字符集（character set）只对 ASCII 字符有效。例如，可以对 UTF-8 字符串使用模式'%s'，但它只能匹配 ASCII 空格，而不能匹配诸如 HTML 空格（即  ，NBSP，Non-Break Space，U+00A0）或蒙古文元音分隔符（mongolian vowel separator，U+180E）等其他的 Unicode 空格。

恰当的模式能够为处理 Unicode 带来额外的能力。一个优秀的例子是预定义模式 utf8.charpattern，该模式只精确地匹配一个 UTF-8 字符。utf8 标准库中就是按照下面的方法定义这个模式的：

```
utf8.charpattern = [\0-\x7F\xC2-\xF4][\x80-\xBF]*
```

该模式的第 1 部分匹配 ASCII 字符（范围 [0, 0x7F]）或多字节序列的起始字节（范围 [0xC2, 0xF4]），第 2 部分则匹配零个或多个后续的字节（范围 [0x80, 0xBF]）。

## 10.6 练习

练习 10.1：请编写一个函数 `split`，该函数接收两个参数，第 1 个参数是字符串，第 2 个参数是分隔符模式，函数的返回值是分隔符分割后的原始字符串中每一部分的序列：

```
t = split("a whole new world", " ")
-- t = {"a", "whole", "new", "world"}
```

你编写的函数是如何处理空字符串的呢？特别是，一个空字符串究竟是空序列（an empty sequence），还是一个具有空字符串的序列（a sequence with one empty string）呢？

练习 10.2：模式`'%D'`和`'[^%d]'`是等价的，那么模式`'[^%d%u]'`和`'[%D%U]'`呢？

练习 10.3：请编写一个函数 transliterate，该函数接收两个参数，第 1 个参数是字符串，第 2 个参数是一个表。函数 transliterate 根据第 2 个参数中的表使用一个字符替换字符串中的字符。如果表中将 `a` 映射为 `b`，那么该函数则将所有 `a` 替换为 `b`。如果表中将 `a` 映射为 **false**，那么该函数则把结果中的所有 `a` 移除。

练习 10.4：在10.3节的最后，我们定义了一个 `trim` 函数。由于该函数使用了回溯，所以对于某些字符串来说该函数的时间复杂度是 $O(n^2)$。例如，在笔者的新机器上，针对一个 100KB 大小字符串的匹配可能会耗费 52 秒。

- 构造一个可能会导致函数 `trim` 耗费 $O(n^2)$ 时间复杂度的字符串。
- 重写这个函数使得其时间复杂度为 $O(n)$。

练习 10.5：请使用转义序列`\x` 编写一个函数，将一个二进制字符串格式化为 Lua 语言中的字符串常量：

```
print(escape("\0\1hello\200"))
  --> \x00\x01\x68\x65\x6C\x6C\x6F\xC8
```

作为优化，请同时使用转义序列`\z` 打破较长的行。

练习 10.6：请为 UTF-8 字符重写函数 transliterate。

练习 10.7：请编写一个函数，该函数用于逆转一个 UTF-8 字符串。

# 11 小插曲：出现频率最高的单词

在本章中，我们要开发一个读取并输出一段文本中出现频率最高的单词的程序。像之前的小插曲一样，本章的程序也十分简单，但是也使用了诸如迭代器和匿名函数这样的高级特性。

该程序的主要数据结构是一个记录文本中出现的每一个单词及其出现次数之间关系的表。使用这个数据结构，该程序可以完成 3 个主要任务。

- 读取文本并计算每一个单词的出现次数。
- 按照出现次数的降序对单词列表进行排序。
- 输出有序列表中的前 *n* 个元素。

要读取文本，可以遍历每一行，然后遍历每一行的每一个单词。对于我们读取的每一个单词，增加对应计数器的值：

```
local counter = {}

for line in io.lines() do
  for word in string.gmatch(line, "%w+") do
    counter[word] = (counter[word] or 0) + 1
  end
end
```

这里，我们使用模式`'%w+'`来描述“单词”，也就是一个或多个字母或数字。

下一步就是对单词列表进行排序。不过，就像一些有心的读者可能已经注意到的那样，我们并没有可以用来排序的单词列表。尽管如此，使用表 counter 中作为键的单词来创建一个列表还是很简单的：

```
local words = {}     -- 文本中所有单词的列表

for w in pairs(counter) do
  words[#words + 1] = w
end
```

一旦有了单词列表，就可以使用函数 table.sort 对其进行排序：

```
table.sort(words, function (w1, w2)
  return counter[w1] > counter[w2] or
         counter[w1] == counter[w2] and w1 < w2
end)
```

请记住，排序函数必须在 w1 位于 w2 之前时返回真。计数值越大的单词排得越前，具有相同计数值的单词则按照字母顺序排序。

示例 11.1中展示了完整的代码。

示例 11.1　统计单词出现频率的程序

```
local counter = {}

for line in io.lines() do
  for word in string.gmatch(line, "%w+") do
    counter[word] = (counter[word] or 0) + 1
  end
end

local words = {}     -- 文本中所有单词的列表

for w in pairs(counter) do
  words[#words + 1] = w
end

table.sort(words, function (w1, w2)
```

```
  return counter[w1] > counter[w2] or
         counter[w1] == counter[w2] and w1 < w2
end)

-- 要输出的字数
local n = math.min(tonumber(arg[1]) or math.huge, #words)

for i = 1, n do
  io.write(words[i], "\t", counter[words[i]], "\n")
end
```

最后一个循环输出了结果，也就是前 n 个单词及它们对应的计数值。这个程序假定第 1 个参数是要输出单词的个数；默认情况下，如果没有参数，它会输出所有的单词。

作为示例，我们给出了上述程序针对本书内容[①]的运行结果：

```
$ lua wordcount.lua 10 < book.of
the	5996
a	3942
to	2560
is	1907
of	1898
in	1674
we	1496
function	1478
and	1424
x	1266
```

## 11.1 练习

练习 11.1：当我们对一段文本执行统计单词出现频率的程序时，结果常常是一些诸如冠词和介词之类的没有太多意义的短词汇。请改写该程序，使它忽略长度小于 4 个字母的单词。

[①] 译者注：英文原版书。

练习 11.2：重复上面的练习，除了按照长度标准忽略单词外，该程序还能从一个文本文件中读取要忽略的单词列表。

# 12 日期和时间

Lua 语言的标准库提供了两个用于操作日期和时间的函数，这两个函数在 C 语言标准库中也存在，提供的是同样的功能。虽然这两个函数看上去很简单，但依旧可以基于这些简单的功能完成很多复杂的工作。

Lua 语言针对日期和时间使用两种表示方式。第 1 种表示方式是一个数字，这个数字通常是一个整型数。尽管并非是 ISO C 所必需的，但在大多数系统中这个数字是自一个被称为纪元（*epoch*）的固定日期后至今的秒数。特别地，在 POSIX 和 Windows 系统中这个固定日期均是 Jan 01, 1970, 0:00 UTC。

Lua 语言针对日期和时间提供的第 2 种表示方式是一个表。日期表（*date table*）具有以下几个重要的字段：`year`、`month`、`day`、`hour`、`min`、`sec`、`wday`、`yday` 和 `isdst`，除 `isdst` 以外的所有字段均为整型数。前 6 个字段的含义非常明显，而 `wday` 字段表示本周中的第几天（第 1 天为星期天）；`yday` 字段表示当年中的第几天（第 1 天是 1 月 1 日）；`isdst` 字段表示布尔类型，如果使用夏时令则为真。例如，Sep 16, 1998, 23:48:10（星期三）对应的表是：

```
{year = 1998, month = 9, day = 16, yday = 259, wday = 4,
 hour = 23, min = 48, sec = 10, isdst = false}
```

日期表中不包括时区，程序需要负责结合相应的时区对其正确解析。

## 12.1 函数 os.time

不带任何参数调用函数 os.time，会以数字形式返回当前的日期和时间：

```
> os.time()            --> 1439653520
```

对应的时间是 Aug 15, 2015, 12:45:20。[①]在一个 POSIX 系统中，可以使用一些基本的数学运算分离这个数值：

```
local date = 1439653520
local day2year = 365.242                    -- 1年的天数
local sec2hour = 60 * 60                    -- 1小时的秒数
local sec2day = sec2hour * 24               -- 1天的秒数
local sec2year = sec2day * day2year         -- 1年的秒数

-- 年
print(date // sec2year + 1970)             --> 2015.0

-- 小时（UTC格式）
print(date % sec2day // sec2hour)          --> 15

-- 分钟
print(date % sec2hour // 60)               --> 45

-- 秒
print(date % 60)                           --> 20
```

如果以一个日期表作为参数调用函数 os.time，那么该函数会返回该表中所描述日期和时间对应的数字。year、month 和 day 字段是必需的，hour、min 和 sec 字段如果没有提供的话则默认为 12:00:00，其余字段（包括 wday 和 yday）则会被忽略。

```
> os.time({year=2015, month=8, day=15, hour=12, min=45, sec=20})
  --> 1439653520
> os.time({year=1970, month=1, day=1, hour=0})     --> 10800
> os.time({year=1970, month=1, day=1, hour=0, sec=1})
```

[①] 除非特别注明，本书中的日期来自一个运行在巴西里约热内卢的 POSIX 系统。

```
  --> 10801
> os.time({year=1970, month=1, day=1})          --> 54000
```

请注意，10800 是 3 个小时的秒数，54000 则是 10800 加上 12 个小时的秒数。

## 12.2 函数 os.date

函数 os.date 在一定程度上是函数 os.time 的反函数（尽管这个函数的名字写的是 date），它可以将一个表示日期和时间的数字转换为某些高级的表示形式，要么是日期表要么是字符串。该函数的第 1 个参数是描述期望表示形式的格式化字符串（*format string*），第 2 个参数是数字形式的日期和时间（如果不提供，则默认为当前日期和时间）。

要生成一个日期表，可以使用格式化字符串 "*t"。例如，调用函数 os.date("*t", 906000490) 会返回下列表：

```
{year = 1998, month = 9, day = 16, yday = 259, wday = 4,
 hour = 23, min = 48, sec = 10, isdst = false}
```

大致上，对于任何有效的时间 t，os.time(os.date("*t", t))==t 均成立。

除了 isdst，结果中的其余字段均为整型数且范围分别是：

| | |
|---|---|
| year | 一整年 |
| month | 1~12 |
| day | 1~31 |
| hour | 0~23 |
| min | 0~59 |
| sec | 0~60 |
| wday | 1~7 |
| yday | 1~366 |

（秒的最大范围是 60，允许闰秒（leap second）的存在。）

对于其他格式化字符串，函数 os.date 会将日期格式化为一个字符串，该字符串是根据指定的时间和日期信息对特定的指示符进行了替换的结果。所有的指示符都以百分号开头紧跟一个字母，例如：

```
print(os.date("a %A in %B"))           --> a Tuesday in May
print(os.date("%d/%m/%Y", 906000490))  --> 16/09/1998
```

所有的表现形式取决于当前的区域设置。例如，当前区域被设为巴西－葡萄牙语时，%A 会是"terça-feira"，而%B 则会是"maio"。

表 12.1列出了主要的指示符，这些指示符使用的时间为 1998 年 9 月 16 日（星期三）23:48:10。

表 12.1　函数 os.date 的指示符

| | |
|---|---|
| %a | 星期几的简写 (例如，Wed) |
| %A | 星期几的全名 (例如，Wednesday) |
| %b | 月份的简写 (例如，Sep) |
| %B | 月份的全名 (例如，September) |
| %c | 日期和时间 (例如，09/16/98 23:48:10) |
| %d | 一个月中的第几天 (16) [01-31] |
| %H | 24 小时制中的小时数 (23) [00-23] |
| %I | 12 小时制中的小时数 (11) [01-12] |
| %j | 一年中的第几天 (259) [001-365] |
| %m | 月份 (09) [01-12] |
| %M | 分钟 (48) [00-59] |
| %p | "am" 或"pm" (pm) |
| %S | 秒数 (10) [00-60] |
| %w | 星期 (3) [0-6 = Sunday-Saturday] |
| %W | 一年中的第几周 (37) [00-53] |
| %x | 日期 (例如，09/16/98) |
| %X | 时间 (例如，23:48:10) |
| %y | 两位数的年份 (98) [00-99] |
| %Y | 完整的年份 (1998) |
| %z | 时区 (例如，-0300) |
| %% | 百分号 |

对于数值，表 12.1中也给出了它们的有效范围。以下是一些演示如何创建 ISO 8601 格式日期和时间的示例：

```
t = 906000490
-- ISO 8601格式的日期
print(os.date("%Y-%m-%d", t))          --> 1998-09-16
-- ISO 8601格式的日期和时间
print(os.date("%Y-%m-%dT%H:%M:%S", t))  --> 1998-09-16T23:48:10
-- ISO 8601格式的序数日期[1]
print(os.date("%Y-%j", t))             --> 1998-259
```

如果格式化字符串以叹号开头，那么函数 os.date 会以 UTC 格式对其进行解析：

```
-- 纪元
print(os.date("!%c", 0))      --> Thu Jan  1 00:00:00 1970
```

如果不带任何参数调用函数 os.date，那么该函数会使用格式%c，即以一种合理的格式表示日期和时间信息。请注意，%x、%X 和%c 会根据不同的区域和系统而发生变化。如果需要诸如 dd/mm/yyyy 这样的固定表示形式，那么就必须显式地使用诸如"%d/%m/%Y" 这样的格式化字符串。

## 12.3 日期和时间处理

当函数 os.date 创建日期表时，该表的所有字段均在有效的范围内。当我们给函数 os.time 传入一个日期表时，其中的字段并不需要归一化。这个特性对于日期和时间处理非常重要。

举一个简单的例子，假设想知道从当前向后数 40 天的日期，那么可以使用如下的代码进行计算：

```
t = os.date("*t")          -- 获取当前时间
print(os.date("%Y/%m/%d", os.time(t)))     --> 2015/08/18
t.day = t.day + 40
print(os.date("%Y/%m/%d", os.time(t)))     --> 2015/09/27
```

如果我们把数字表示的时间转换成日期表，那么就能得到日期和时间的归一化形式：

[1] 译者注：序数日期 [Ordinal Date] 指年外加 1~365 范围内的天数。

```
t = os.date("*t")
print(t.day, t.month)              -->  26    2
t.day = t.day - 40
print(t.day, t.month)              --> -14    2
t = os.date("*t", os.time(t))
print(t.day, t.month)              -->  17    1
```

在这个例子中，Feb -14 被归一化为 Jan 17，也就是 Feb 26 的前 40 天。

在大多数系统中，也可以对数字形式的时间增加或减少 3456000（40 天对应的秒数）。不过，由于标准 C 并不要求数值表示的时间是从纪元开始的，因此标准 C 并不保证这种操作的正确性。此外，如果我们想增加的是月份而非天数，由于不同的月份具有不同的天数，那么直接操作秒数就会有问题。而以归一化的方式处理则没有这些问题：

```
t = os.date("*t")          -- 获取当前时间
print(os.date("%Y/%m/%d", os.time(t)))      --> 2015/08/18
t.month = t.month + 6      -- 从当天开始往后6个月
print(os.date("%Y/%m/%d", os.time(t)))      --> 2016/02/18
```

在操作日期时，我们必须要小心。虽然归一化是以显而易见的方式进行的，但是也可能会有一些不明显的后果。例如，如果计算 March 31 之后的一个月，将会得到 April 31，而实际上应该被归一化成 May 1（April 30 之后的一天）。尽管这听上去很自然，但实际上如果从结果（May 1）中减去一个月，得到的却是 April 1 而不是原来的 March 31。请注意，这种不一致是日历机制导致的结果，与 Lua 语言无关。

函数 os.difftime 用来计算两个时间之间的差值，该函数以秒为单位返回两个指定数字形式表示的时间的差值。对于大多数系统而言，这个差值就是一个时间相对于另一个时间的减法结果。但是，与减法不同，函数 os.difftime 的行为在任何系统中都是确定的。以下的示例计算了 Lua 5.2 和 Lua 5.3 发布时间之间间隔的天数：

```
local t5_3 = os.time({year=2015, month=1, day=12})
local t5_2 = os.time({year=2011, month=12, day=16})
local d = os.difftime(t5_3, t5_2)
print(d // (24 * 3600))          --> 1123.0
```

使用函数 difftime 可以获取指定日期相对任意时刻的秒数：

```
> myepoch = os.time{year = 2000, month = 1, day = 1, hour = 0}
> now = os.time{year = 2015, month = 11, day = 20}
> os.difftime(now, myepoch)      --> 501336000.0
```

通过归一化，可以很容易地将用秒表示的时间转换为合法的数字形式表示的时间，即我们可以创建一个带有开始时刻的日期表并将日期表中的秒数设置为想要转换的数字。例如：

```
> T = {year = 2000, month = 1, day = 1, hour = 0}
> T.sec = 501336000
> os.date("%d/%m/%Y", os.time(T))   --> 20/11/2015
```

我们还可以使用函数 os.difftime 来计算一段代码的执行时间。不过，对于这个需求，更好的方式是使用函数 os.clock，该函数会返回程序消耗的 CPU 时间（单位是秒）。函数 os.clock 在性能测试（benchmark）中的典型用法形如：

```
local x = os.clock()
local s = 0
for i = 1, 100000 do s = s + i end
print(string.format("elapsed time: %.2f\n", os.clock() - x))
```

与函数 os.time 不同，函数 os.clock 通常具有比秒更高的精度，因此其返回值为一个浮点数。具体的精度与平台相关，在 POSIX 系统中通常是 1 毫秒。

## 12.4 练习

练习 12.1：请编写一个函数，该函数返回指定日期和时间后恰好一个月的日期和时间（假设日期和时间使用数字形式表示）。

练习 12.2：请编写一个函数，该函数返回指定日期是星期几（用整数表示，1 表示星期天）。

练习 12.3：请编写一个函数，该函数的参数为一个日期和时间（使用数值表示），返回当天中已经经过的秒数。

练习 12.4：请编写一个函数，该函数的参数为年，返回该年中第一个星期五是第几天。

练习 12.5：请编写一个函数，该函数用于计算两个指定日期之间相差的天数。

练习 12.6：请编写一个函数，该函数用于计算两个指定日期之间相差的月份。

练习 12.7：向指定日期增加一个月再增加一天得到的结果，是否与先增加一天再增加一个月得到的结果相同？

练习 12.8：请编写一个函数，该函数用于输出操作系统的时区。

# 13 位和字节

Lua 语言处理二进制数据的方式与处理文本的方式类似。Lua 语言中的字符串可以包含任意字节，并且几乎所有能够处理字符串的库函数也能处理任意字节。我们甚至可以对二进制数据进行模式匹配。以此为基础，Lua 5.3 中引入了用于操作二进制数据的额外机制：除了整型数外，该版本还引入了位操作及用于打包/解包二进制数据的函数。在本章中，我们会学习上述内容，以及 Lua 语言用于处理二进制数据的其他工具。

## 13.1 位运算

Lua 语言从 5.3 版本开始提供了针对数值类型的一组标准位运算符（bitwise operator）。与算术运算符不同的是，位运算符只能用于整型数。位运算符包括 &（按位与）、|（按位或）、~（按位异或）、>>（逻辑右移）、<<（逻辑左移）和一元运算符 ~（按位取反）。（请注意，在其他一些语言中，异或运算符为 ^，而在 Lua 语言中 ^ 代表幂运算。）

```
> string.format("%x", 0xff & 0xabcd)     --> cd
> string.format("%x", 0xff | 0xabcd)     --> abff
> string.format("%x", 0xaaaa ~ -1)       --> ffffffffffff5555
> string.format("%x", ~0)                --> ffffffffffffffff
```

（本章中的几个例子会使用函数 string.format 来输出十六进制形式的结果。）

所有的位运算都针对构成一个整型数的所有位。在标准 Lua 中，也就是 64 位。这对于使用 32 位整型数的算法可能会成为问题（例如，SHA-2 密码散列算法）。不过，要操作 32 位整型数也不难。除了右移操作外，只要忽略高 32 位，那么所有针对 64 位整型数的操作与针对 32 位整型数的操作都一样。这对于加法、减法和乘法都有效。因此，在操作 32 位整型数时，只需要在进行右移前抹去高 32 位即可（对于这类计算很少会做除法）。

两个移位操作都会用 0 填充空出的位，这种行为通常被称为逻辑移位（logical shift）。Lua 语言没有提供算术右移（arithmetic right shift），即使用符号位填充空出的位。我们可以通过向下取整除法（floor 除法），除以合适的 2 的整数次幂来实现算术右移（例如，`x//16` 与算术右移 4 位等价）。

移位数是负数表示向相反的方向移位，即 `a>>n` 与 `a<<-n` 等价：

```
> string.format("%x", 0xff << 12)    --> ff000
> string.format("%x", 0xff >> -12)   --> ff000
```

如果移位数等于或大于整型表示的位数（标准 Lua 为 64 位，精简 Lua 为 32 位），由于所有的位都被从结果中移出了，所以结果是 0：

```
> string.format("%x", -1 << 80)    --> 0
```

## 13.2 无符号整型数

整型表示中使用一个比特来存储符号位。因此，64 位整型数最大可以表示 $2^{63}-1$ 而不是 $2^{64}-1$。通常，这点区别是无关紧要的，因为 $2^{63}-1$ 已经相当大了。不过，由于我们可能需要处理使用无符号整型表示的外部数据或实现一些需要 64 位整型数的算法，因而有时也不能浪费这个符号位。此外，在精简 Lua 中，这种区别可能会很重要。例如，如果用一个 32 位有符号整型数表示文件中的位置，那么能够操作的最大文件大小就是 2GB；而一个无符号整型数能操作的最大文件大小则是有符号整型数的 2 倍，即 4GB。

Lua 语言不显式支持无符号整型数。不过尽管如此，只要稍加注意，在 Lua 语言中处理无符号整型数并不难，我们后续就会看到。

虽然看上去不太友好，但可以直接写出比 $2^{63}-1$ 大的常量：

```
> x = 13835058055282163712           -- 3 << 62
> x                                  --> -4611686018427387904
```

这里的问题并不在于常量本身，而在于 Lua 语言输出常量的方式：默认情况下，打印数值时是将其作为有符号整型数进行处理的。我们可以使用选项%u 或%x 在函数 string.format 中指定以无符号整型数进行输出：

```
> string.format("%u", x)          --> 13835058055282163712
> string.format("0x%X", x)        --> 0xC000000000000000
```

根据有符号整型数的表示方式（2 的补码），加法、减法和乘法操作对于有符号整型数和无符号整型数是一样的：

```
> string.format("%u", x)             --> 13835058055282163712
> string.format("%u", x + 1)         --> 13835058055282163713
> string.format("%u", x - 1)         --> 13835058055282163711
```

（对于这么大的数，即便 x 乘以 2 也会溢出，所以示例中没有演示乘法。）

关系运算对于有符号整型数和无符号整型数是不一样的，当比较具有不同符号位的整型数时就会出现问题。对于有符号整型数而言，符号位被置位的整数更小，因为它代表的是负数：

```
> 0x7fffffffffffffff < 0x8000000000000000    --> false
```

如果把两个整型数都当作无符号的，那么结果显然是不正确的。因此，我们需要使用一种不同的操作来比较无符号整型数。Lua 5.3 提供了函数 math.ult（*unsigned less than*）来完成这个需求：

```
> math.ult(0x7fffffffffffffff, 0x8000000000000000)   --> true
```

另一种方法是在进行有符号比较前先用掩码掩去两个操作数的符号位：

```
> mask = 0x8000000000000000
> (0x7fffffffffffffff ~ mask) < (0x8000000000000000 ~ mask)
  --> true
```

无符号除法和有符号除法也不一样，示例 13.1给出了一种无符号除法的算法。

**示例 13.1　无符号除法**

```
function udiv (n, d)
  if d < 0 then
    if math.ult(n, d) then return 0
```

```
        else return 1
        end
      end
      local q = ((n >> 1) // d) << 1
      local r = n - q * d
      if not math.ult(r, d) then q = q + 1 end
      return q
    end
```

第一个比较（d<0）等价于比较 d 是否大于 $2^{63}$。如果大于，那么商只能是 1（如果 n 等于或大于 d）或 0。否则，我们使被除数除以 2，然后除以除数，再把结果乘以 2。右移 1 位等价于除以 2 的无符号除法，其结果是一个非负有符号整型数。后续的左移则纠正了商，还原了之前的除法。

总体上说，floor(floor(n/2)/d)*2（算法进行的计算）与 floor(((n/2)/d)*2)（正确的结果）并不等价。不过，要证明它们之间最多相差 1 并不困难。因此，算法计算了余数（变量 r），然后判断余数是否比除数大，如果余数比除数大则纠正商（加 1）即可。

无符号整型数和浮点型数之间的转换需要进行一些调整。要把一个无符号整型数转换为浮点型数，可以先将其转换成有符号整型数，然后通过取模运算纠正结果：

```
> u = 11529215046068469760          -- 一个示例
> f = (u + 0.0) % 2^64
> string.format("%.0f", f)          --> 11529215046068469760
```

由于标准转换把 u 当作有符号整型数，因此表达式 u+0.0 的值是-6917529027641081856，而之后的取模操作会把这个值限制在有符号整型数的表示范围内（在实际的代码中，由于涉及浮点型数的取模运算肯定会进行类型转换，所以并不需要进行这次加法运算）。

要把一个浮点型数转换为无符号整型数，可以使用如下的代码：

```
> f = 0xA000000000000000.0              -- 一个示例
> u = math.tointeger(((f + 2^63) % 2^64) - 2^63)
> string.format("%x", u)                --> a000000000000000
```

加法把一个大于 $2^{63}$ 的数转换为一个大于 $2^{64}$ 的数，取模运算把这个数限制到 $[0, 2^{63})$ 范围内，然后通过减法把结果变成一个“负”值（即最高位置位的值）。对于小于 $2^{63}$ 的值，加法结果小于 $2^{64}$，所以取模运算没有任何效果，之后的减法则把它恢复到了之前的值。

## 13.3 打包和解包二进制数据

Lua 5.3 还引入了一个在二进制数和基本类型值（数值和字符串类型）之间进行转换的函数。函数 string.pack 会把值“打包（pack）”为二进制字符串，而函数 string.unpack 则从字符串中提取这些值。

函数 string.pack 和函数 string.unpack 的第 1 个参数是格式化字符串，用于描述如何打包数据。格式化字符串中的每个字母都描述了如何打包/解包一个值，例如：

```
> s = string.pack("iii", 3, -27, 450)
> #s                              --> 12
> string.unpack("iii", s)         --> 3    -27    450    13
```

调用函数 string.pack 将创建一个字符串，其中为 3 个整型数的二进制代码（根据"iii"），每一个"i" 编码对与之对应的参数进行了编码，而字符串的长度则是一个整型数本身大小的 3 倍（在笔者的机器上是 3×4 字节）。调用函数 string.unpack 对给定字符串中的 3 个整型数进行了解码（还是根据"iii"）并返回解码后的结果。

为了便于迭代，函数 string.unpack 还会返回最后一个读取的元素在字符串中的位置（这解释了上例中的 13）。相应地，该函数还有一个可选的第 3 个参数，这个参数用于指定开始读取的位置。例如，下例输出了一个指定字符串中所有被打包的字符串：

```
s = "hello\0Lua\0world\0"
local i = 1
while i <= #s do
  local res
  res, i = string.unpack("z", s, i)
  print(res)
end
  --> hello
  --> Lua
  --> world
```

正如我们马上要看到的，选项 z 意味着一个以\0 结尾的字符串。因此，调用函数 unpack 会从 s 中提取位于 i 的字符串，并返回该字符串外加循环迭代的下一个位置。

对于编码一个整型数而言有几种选项，每一种对应了一种整型大小：b（char）、h（short）、i（int）、l（long）和 j（代表 Lua 语言中整型数的大小）。要是使用固定的、与机器无关的大小，可以在选项 i 后加上一个 1~16 的数。例如，i7 会产生 7 字节的整型数。所有的大小都会被检查是否存在溢出的情况：

```
> x = string.pack("i7", 1 << 54)
> string.unpack("i7", x)           --> 18014398509481984   8
> x = string.pack("i7", -(1 << 54))
> string.unpack("i7", x)           --> -18014398509481984  8
> x = string.pack("i7", 1 << 55)
stdin:1: bad argument #2 to 'pack' (integer overflow)
```

我们可以打包和解包比 Lua 语言原生整型数更大的整型数，但是在解包的时候它们的实际值必须能够被 Lua 语言的整型数容纳：

```
> x = string.pack("i12", 2^61)
> string.unpack("i12", x)      --> 2305843009213693952    13
> x = "aaaaaaaaaaaa"           -- 模拟一个大的12字节的数值
> string.unpack("i12", x)
stdin:1: 12-byte integer does not fit into Lua Integer
```

每一个针对整型数的选项都有一个对应的大写版本，对应相应大小的无符号整型数：

```
> s = "\xFF"
> string.unpack("b", s)      --> -1    2
> string.unpack("B", s)      --> 255   2
```

同时，无符号整型数对于 size_t 而言还有一个额外的选项 T（size_t 类型在 ISO C 中是一个足够容纳任意对象大小的无符号整型数）。

我们可以用 3 种表示形式打包字符串：\0 结尾的字符串、定长字符串和使用显式长度的字符串。\0 结尾的字符串使用选项 z；定长字符串使用选项 cn，其中 n 是被打包字符串的字节数。显式长度的字符串在存储时会在字符串前加上该字符串的长度。在这种情况下，选项的格式形如 sn，其中 n 是用于保存字符串长度的无符号整型数的大小。例如，选项 s1 表示把字符串长度保存在一个字节中：

```
s = string.pack("s1", "hello")
for i = 1, #s do print((string.unpack("B", s, i))) end
  --> 5                            (length)
  --> 104                          ('h')
  --> 101                          ('e')
```

```
  --> 108                      ('l')
  --> 108                      ('l')
  --> 111                      ('o')
```

如果用于保存长度的字节容纳不了字符串长度，那么 Lua 语言会抛出异常。我们也可以单纯使用选项 s，在这种情况下，字符串长度会被以足够容纳任何字符串长度的 size_t 类型保存（在 64 位机器中，size_t 通常是 8 字节的无符号整型数，对于较短的字符串来说可能会浪费空间）。

对于浮点型数，有 3 种选项：f 用于单精度浮点数、d 用于双精度浮点数、n 用于 Lua 语言浮点数。

格式字符串也有用来控制大小端模式和二进制数据对齐的选项。在默认情况下，格式使用的是机器原生的大小端模式。选项 > 把所有后续的编码转换改为大端模式或网络字节序（*network byte order*）：

```
s = string.pack(">i4", 1000000)
for i = 1, #s do print((string.unpack("B", s, i))) end
  --> 0
  --> 15
  --> 66
  --> 64
```

选项 < 则改为小端模式：

```
s = string.pack("<i2 i2", 500, 24)
for i = 1, #s do print((string.unpack("B", s, i))) end
  --> 244
  --> 1
  --> 24
  --> 0
```

最后，选项 =改回机器默认的原生大小端模式。

对于对齐而言，选项!*n* 强制数据对齐到以 n 为倍数的索引上。更准确地说，如果数据比 n 小，那么对齐到其自身大小上；否则，对齐到 n 上。例如，假设格式化字符串为!4，那么 1 字节整型数会被写入以 1 为倍数的索引位置上（也就是任意索引位置上），2 字节的整型数会被写入以 2 为倍数的索引位置上，而 4 字节或更大的整型数则会被写入以 4 为倍数的索引位置上，而选项!（不带数字）则把对齐设为机器默认的对齐方式。

函数 `string.pack` 通过在结果字符串到达合适索引值前增加 0 的方式实现对齐，函数 `string.unpack` 在读取字符串时会简单地跳过这些补位（padding）。对齐只对 2 的整数次幂有效，如果把对齐设为 4 但试图操作 3 字节的整型数，那么 Lua 语言会抛出异常。

所有的格式化字符串默认带有前缀`"=!1"`，即表示使用默认的大小端模式且不对齐（因为每个索引都是 1 的倍数）。我们可以在程序执行过程中的任意时点改变大小端模式和对齐方式。

如果需要，可以手工添加补位。选项 `x` 代表 1 字节的补位，函数 `string.pack` 会在结果字符串中增加一个 0 字节，而函数 `string.unpack` 则从目标字符串中跳过 1 字节。

## 13.4 二进制文件

函数 `io.input` 和 `io.output` 总是以*文本方式*（*text mode*）打开文件。在 POSIX 操作系统中，二进制文件和文本文件是没有差别的。然而，在其他一些像 Windows 之类的操作系统中，必须用特殊方式来打开二进制文件，即在 `io.open` 的模式字符串中使用字母 `b`。

通常，在读取二进制数据时，要么使用模式`"a"`来读取整个文件，要么使用模式 *n* 来读取 *n* 字节（在二进制文件中，“行”是没有意义的）。下面是一个简单的示例，它会把 Windows 格式的文本文件转换为 POSIX 格式，即把\r\n 转换为\n：

```
local inp = assert(io.open(arg[1], "rb"))
local out = assert(io.open(arg[2], "wb"))

local data = inp:read("a")
data = string.gsub(data, "\r\n", "\n")
out:write(data)

assert(out:close())
```

由于标准 I/O 流（`stdin/stdout`）是以文本模式打开的，所以上例不能使用标准 I/O 流。相反，该程序假设输入和输出文件的名称是由程序的参数指定的。可以使用如下的命令调用该程序：

```
> lua prog.lua file.dos file.unix
```

再举一个例子，以下的程序输出了一个二进制文件中的所有字符串：

```
local f = assert(io.open(arg[1], "rb"))
local data = f:read("a")
local validchars = "[%g%s]"
local pattern = "(" .. string.rep(validchars, 6) .. "+)\0"
for w in string.gmatch(data, pattern) do
  print(w)
end
```

这个程序假定字符串是一个以\0 结尾的、包含 6 个或 6 个以上有效字符的序列，其中有效字符是指能与模式 `validchars` 匹配的任意字符。在这个示例中，这个模式由可打印字符组成。我们使用函数 `string.rep` 和字符串连接创建用于捕获以\0 结尾的、包含 6 个或 6 个以上有效字符 `validchars` 的模式，这个模式中的括号用于捕获不带\0 的字符串。

最后一个示例用于以十六进制内容输出二进制文件的 Dump，示例 13.2展示了在 POSIX 操作系统下将这个程序用于其自身时的结果：

**示例 13.2　对 dump 程序执行 Dump 操作**

```
6C 6F 63 61 6C 20 66 20 3D 20 61 73 73 65 72 74  local f = assert
28 69 6F 2E 6F 70 65 6E 28 61 72 67 5B 31 5D 2C  (io.open(arg[1],
20 22 72 62 22 29 29 0A 6C 6F 63 61 6C 20 62 6C   "rb")).local bl
6F 63 6B 73 69 7A 65 20 3D 20 31 36 0A 66 6F 72  ocksize = 16.for
20 62 79 74 65 73 20 69 6E 20 66 3A 6C 69 6E 65   bytes in f:line
  ...
25 63 22 2C 20 22 2E 22 29 0A 20 20 69 6F 2E 77  %c", ".").  io.w
72 69 74 65 28 22 20 22 2C 20 62 79 74 65 73 2C  rite(" ", bytes,
20 22 5C 6E 22 29 0A 65 6E 64 0A 0A               "\n").end..
```

完整的程序如下：

```
local f = assert(io.open(arg[1], "rb"))
local blocksize = 16
for bytes in f:lines(blocksize) do
  for i = 1, #bytes do
    local b = string.unpack("B", bytes, i)
    io.write(string.format("%02X ", b))
  end
  io.write(string.rep("   ", blocksize - #bytes))
```

```
    bytes = string.gsub(bytes, "%c", ".")
    io.write(" ", bytes, "\n")
  end
```

同样，程序的第一个参数是输入文件名，结果则是被输出到标准输出中的普通文本。这个程序以 16 字节为一个块读取文件，对于每个块先输出每个字节的十六进制表示，然后将控制字符替换为点，最后把整个块作为文本输出。函数 `string.rep` 用于填充最后一行中的空白（因为最后一行往往不到 16 字节）以保持对齐。

## 13.5 练习

练习 13.1：请编写一个函数，该函数用于进行无符号整型数的取模运算。

练习 13.2：请实现计算 Lua 语言中整型数所占用位数的不同方法。

练习 13.3：如何判断一个指定整数是不是 2 的整数次幂？

练习 13.4：请编写一个函数，该函数用于计算指定整数的汉明权重（一个数的汉明权重（*Hamming weight*）是其二进制表示中 1 的个数）。

练习 13.5：请编写一个函数，该函数用于判断指定整数的二进制表示是否为回文数。

练习 13.6：请在 Lua 语言中实现一个比特数组（*bit array*），该数组应支持如下的操作。

- `newBitArray(n)`（创建一个具有 n 个比特的数组）。
- `setBit(a, n, v)`（将布尔值 v 赋值给数组 a 的第 n 位）。
- `testBit(a, n)`（将第 n 位的值作为布尔值返回）。

练习 13.7：假设有一个以一系列记录组成的二进制文件，其中的每一个记录的格式为：

```
struct Record {
  int x;
  char[3] code;
  float value;
};
```

请编写一个程序，该程序读取这个文件，然后输出 `value` 字段的总和。

# 14 数据结构

Lua 语言中的表并不是一种数据结构，它们是其他数据结构的基础。我们可以用 Lua 语言中的表来实现其他语言提供的数据结构，如数组、记录、列表[①]、队列、集合等。而且，用 Lua 语言中的表实现这些数据结构还很高效。

在像 C 和 Pascal 这样更加传统的语言中，通常使用数组和列表（列表 = 记录 + 指针）来实现大多数数据结构。虽然在 Lua 语言中也可以使用表来实现数组和列表（有时我们确实也这么做），但表实际上比数组和列表强大得多。使用表时，很多算法可以被简化。例如，由于表本身就支持任意数据类型的直接访问，因此我们很少在 Lua 语言中编写搜索算法。

学习如何高效地使用表需要花费一点时间。这里，我们先来学习如何通过表来实现一些典型的数据结构并给出一些使用这些数据结构的例子。首先，我们学习数组和列表，这并不是因为需要它们作为其他结构的基础，而是因为大多数程序员已经对数组和列表比较熟悉了。（我们已经在本书第5章学习过这方面的基础，但为了完整起见本章将更详细地进行讨论。）之后，我们再继续学习更加高级的例子，比如集合、包和图。

---

① 译者注：如果是从数据结构的维度出发此处译为线性表可能更贴切，但实际原文中的用词全都是 list，所以译文也都翻译成了列表，请读者自己体会。

## 14.1 数组

在 Lua 语言中，简单地使用整数来索引表即可实现数组。因此，数组的大小不用非得是固定的，而是可以按需增长的。通常，在初始化数组时就间接地定义了数组的大小。例如，在执行了以下的代码后，任何访问范围 1~1000 之外的元素都会返回 nil 而不是 0：

```
local a = {}    -- 新数组
for i = 1, 1000 do
  a[i] = 0
end
```

长度运算符（#）正是基于此来计算数组大小的：

```
print(#a)        --> 1000
```

可以使用 0、1 或其他任何值来作为数组的起始索引：

```
-- 创建一个索引范围为-5~5的数组
a = {}
for i = -5, 5 do
  a[i] = 0
end
```

不过，在 Lua 语言中一般以 1 作为数组的起始索引，Lua 语言的标准库和长度运算符都遵循这个惯例。如果数组的索引不从 1 开始，那就不能使用这些机制。

可以通过表构造器在一句表达式中同时创建和初始化数组：

```
squares = {1, 4, 9, 16, 25, 36, 49, 64, 81}
```

这种表构造器根据需求要多大就能多大。在 Lua 语言中，利用数据描述文件（data-description file）创建包含几百万个元素组成的构造器很常见。

## 14.2 矩阵及多维数组

在 Lua 语言中，有两种方式来表示矩阵。第一种方式是使用一个不规则数组（*jagged array*），即数组的数组，也就是一个所有元素均是另一个表的表。例如，可以使用如下的代码来创建一个全 0 元素的 N×M 维矩阵：

```
local mt = {}          -- 创建矩阵
for i = 1, N do
  local row = {}       -- 创建新的一行
  mt[i] = row
  for j = 1, M do
    row[j] = 0
  end
end
```

由于表在 Lua 语言中是一种对象，因此在创建矩阵时必须显式地创建每一行。一方面，这比在 C 语言中直接声明一个多维数组更加具体；另一方面，这也给我们提供了更多的灵活性。例如，只需将前例中的内层循环改为 `for j=1,i do ...end` 就可以创建一个三角形矩阵。使用这套代码，三角形矩阵较原来的矩阵可以节约一半的内存。

在 Lua 中表示矩阵的第二种方式是将两个索引合并为一个。典型情况下，我们通过将第一个索引乘以一个合适的常量再加上第二个索引来实现这种效果。在这种方式下，我们可以使用以下的代码来创建一个全 0 元素的 N×M 维矩阵：

```
local mt = {}          -- 创建矩阵
for i = 1, N do
  local aux = (i - 1) * M
  for j = 1, M do
    mt[aux + j] = 0
  end
end
```

应用程序中经常会用到稀疏矩阵（*sparse matrix*），这种矩阵中的大多数元素是 0 或 nil。例如，我们可以使用邻接矩阵（adjacency matrix）来表示图。当矩阵 $(m, n)$ 处元素的值为 $x$ 时，表示图中的节点 $m$ 和 $n$ 是相连的，连接的权重为 $x$；若上述的两个节点不相连，那么矩阵的 $(m, n)$ 处元素的值为 nil。如果要表示一个具有 1 万个节点的图（其中每个节点有 5 个邻居），那么需要一个能包含 1 亿个元素的矩阵（10000 列 ×10000 行的方阵），但是其中大约只有 5 万个元素不为 nil（每行有 5 列不为 nil，对应每个节点有 5 个邻居）。许多有关数据结构的书籍都会深入地讨论如何实现这种稀疏矩阵而不必浪费 800MB 内存空间，但在 Lua 语言中却很少需要用到那些技巧。这是因为，我们使用表实现数组而表本来就是稀疏的。在第一种实现中（表的表），需要 1 万个表，每个表包含 5 个元素，总共 5 万个元素。在第二种实现中，只需要一个表，其中包含 5 万个元素。无论哪种实现，都只有非 nil 的元素才占用空间。

由于在有效元素之间存在空洞（nil 值），因此不能对稀疏矩阵使用长度运算符。这没什么大不了的，即使我们能够使用长度运算符，最好也不要那么做。对于大多数针对稀疏矩阵的操作来说，遍历空元素是非常低效的。相反，可以使用 pairs 来只遍历非 nil 的元素。例如，考虑如何进行由不规则数组表示的稀疏矩阵的矩阵乘法。

假设矩阵 a[M,K] 乘以矩阵 b[K,N] 的结果为矩阵 c[M,N]，常见的矩阵相乘算法形如：

```
for i = 1, M do
  for j = 1, N do
    c[i][j] = 0
    for k = 1, K do
      c[i][j] = c[i][j] + a[i][k] * b[k][j]
    end
  end
end
```

外层的两个循环遍历了整个结果矩阵，然后使用内层循环计算每一个元素的值。

对于使用不规则矩阵实现的稀疏矩阵，内层循环会有问题。由于内层循环遍历的是一列 b 而不是一行，因此不能在此处使用 pairs：这个循环必须遍历每一行来检查对应的行是否在对应列中有元素。除了遍历了少量非 0 元素以外，这个循环还遍历了所有的 0 元素。（由于不知道元素的空间位置，所以在其他场景下遍历一列也可能会有问题。）

以下的算法与之前的示例非常类似，但是该算法调换了两个内层循环的顺序。通过这个简单的调整，该算法避免了遍历列：

```
-- 假设'c'的元素都是0
for i = 1, M do
  for k = 1, K do
    for j = 1, N do
      c[i][j] = c[i][j] + a[i][k] * b[k][j]
    end
  end
end
```

这样，中间的一层循环遍历行 a[i]，而内层循环遍历行 b[k]。这两个遍历都可以使用 pairs 来实现仅遍历非 0 元素。由于一个空的稀疏矩阵本身就是使用 0 填充的，所以对结果矩阵 c 的初始化没有任何问题。

示例 14.1展示了上述算法的完整实现，其中使用了 pairs 来处理稀疏的元素。这种实现只访问非 nil 元素，同时结果也是稀疏矩阵。此外，下面的代码还删去了结果中偶然为 0 的元素。

示例 14.1　稀疏矩阵相乘

```
function mult (a, b)
  local c = {}          -- 结果矩阵
  for i = 1, #a do
    local resultline = {}                -- 即'c[i]'
    for k, va in pairs(a[i]) do          -- 'va'即a[i][k]
      for j, vb in pairs(b[k]) do        -- 'vb'即b[k][j]
        local res = (resultline[j] or 0) + va * vb
        resultline[j] = (res ~= 0) and res or nil
      end
    end
    c[i] = resultline
  end
  return c
end
```

## 14.3　链表

由于表是动态对象，所以在 Lua 语言中可以很容易地实现链表（linked list）。我们可以把每个节点用一个表来表示（也只能用表表示），链接则为一个包含指向其他表的引用的简单表字段。例如，让我们实现一个单链表（singly-linked list），其中每个节点具有两个字段 value 和 next。最简单的变量就是根节点：

```
list = nil
```

要在表头插入一个值为 v 的元素，可以使用如下的代码：

```
list = {next = list, value = v}
```

可以通过如下的方式遍历链表：

```
local l = list
```

```
while l do
  visit l.value
  l = l.next
end
```

诸如双向链表（doubly-linked list）或环形表（circular list）等其他类型的链表也很容易实现。不过，由于通常无须链表即可用更简单的方式来表示数据，所以在Lua语言中很少需要用到这些数据结构。例如，我们可以通过一个无界数组（unbounded array）来表示栈。

## 14.4 队列及双端队列

在Lua语言中实现队列（queue）的一种简单方法是使用table标准库中的函数insert和remove。正如我们在5.6节中所看到的，这两个函数可以在一个数组的任意位置插入或删除元素，同时根据所做的操作移动其他元素。不过，这种移动对于较大的结构来说开销很大。一种更高效的实现是使用两个索引，一个指向第一个元素，另一个指向最后一个元素。使用这种实现方式，我们就可以像在示例14.2中所展示的那样以 $O(1)$ 时间复杂度同时在首尾两端插入或删除元素了。

示例 14.2 一个双端队列

```
function listNew ()
  return {first = 0, last = -1}
end

function pushFirst (list, value)
  local first = list.first - 1
  list.first = first
  list[first] = value
end

function pushLast (list, value)
  local last = list.last + 1
  list.last = last
  list[last] = value
end
```

```
function popFirst (list)
  local first = list.first
  if first > list.last then error("list is empty") end
  local value = list[first]
  list[first] = nil         -- 使得元素能够被垃圾回收
  list.first = first + 1
  return value
end

function popLast (list)
  local last = list.last
  if list.first > last then error("list is empty") end
  local value = list[last]
  list[last] = nil          -- 使得元素能够被垃圾回收
  list.last = last - 1
  return value
end
```

如果希望严格地遵循队列的规范使用这个结构，那么就只能调用 pushLast 和 popFirst 函数，first 和 last 都会不断地增长。不过，由于我们在 Lua 语言中使用表来表示数组，所以我们既可以在 1~20 的范围内对数组进行索引，也可以在 16777201~16777220 的范围内索引数组。对于一个 64 位整型数而言，以每秒 1000 万次的速度进行插入也需要运行 3 万年才会发生溢出的问题。

## 14.5 反向表

正如此前提到的，我们很少在 Lua 语言中进行搜索操作。相反，我们使用被称为索引表（index table）或反向表（reverse table）的数据结构。

假设有一个存放了一周每一天名称的表：

```
days = {"Sunday", "Monday", "Tuesday", "Wednesday",
        "Thursday", "Friday", "Saturday"}
```

如果想要将一周每一天的名称转换为其在一周里的位置，那么可以通过搜索这个表来寻找指定的名称。不过，一种更高效的方式是构造一个反向表，假定为 revDays，该表中的索引为一周每一天的名称而值为其在一周里的位置。这个表形如：

```
revDays = {["Sunday"] = 1,   ["Monday"] = 2,
           ["Tuesday"] = 3,  ["Wednesday"] = 4,
           ["Thursday"] = 5, ["Friday"] = 6,
           ["Saturday"] = 7}
```

然后，只需要直接在反向表中根据名称进行索引就可以了：

```
x = "Tuesday"
print(revDays[x])    --> 3
```

当然，这个反向表不用手工声明，可以从原始的表中自动地构造出反向表：

```
revDays = {}
for k,v in pairs(days) do
  revDays[v] = k
end
```

上例中的循环会对每个元素 days 进行赋值，变量 k 获取到的是键 (1, 2, ...) 而变量 v 获取到的是值 ("Sunday", "Monday", ...)。

## 14.6 集合与包

假设我们想列出一个程序源代码中的所有标识符，同时过滤掉其中的保留字。一些 C 程序员可能倾向于使用字符串数组来表示保留字集合，然后搜索这个数组来决定某个单词是否属于该集合。为了提高搜索的速度，他们还可能会使用二叉树来表示该集合。

在 Lua 语言中，还可以用一种高效且简单的方式来表示这类集合，即将集合元素作为索引放入表中。那么，对于指定的元素无须再搜索表，只需用该元素检索表并检查结果是否为 nil 即可。以上述需求为例，代码形如：

```
reserved = {
  ["while"] = true,     ["if"] = true,
  ["else"] = true,      ["do"] = true,
}
```

```
for w in string.gmatch(s, "[%a_][%w_]*") do
  if not reserved[w] then
    do something with 'w'   -- 'w'不是一个保留字
  end
end
```

（在定义 reserved 时，由于 while 是 Lua 语言的保留字，所以不能直接写成 while=true，而应该写为 ["while"]=true。）

我们可以借助一个辅助函数来构造集合，使得初始化过程更清晰：

```
function Set (list)
  local set = {}
  for _, l in ipairs(list) do set[l] = true end
  return set
end

reserved = Set{"while", "end", "function", "local", }
```

我们还可以使用另一个集合来保存标识符：

```
local ids = {}
for w in string.gmatch(s, "[%a_][%w_]*") do
  if not reserved[w] then
    ids[w] = true
  end
end

-- 输出每一个标识符
for w in pairs(ids) do print(w) end
```

包（bag），也被称为多重集合（*multiset*），与普通集合的不同之处在于其中的元素可以出现多次。在 Lua 语言中，包的简单表示类似于此前集合的表示，只不过其中的每一个键都有一个对应的计数器。[①]如果要插入一个元素，可以递增其计数器：

```
function insert (bag, element)
```

① 我们已经在第11章的计算出现频率最高的单词的程序中使用过这种表示方法。

```
    bag[element] = (bag[element] or 0) + 1
  end
```

如果要删除一个元素，可以递减其计数器：

```
  function remove (bag, element)
    local count = bag[element]
    bag[element] = (count and count > 1) and count - 1 or nil
  end
```

只有当计数器存在且大于 0 时我们才会保留计数器。

## 14.7 字符串缓冲区

假设我们正在开发一段处理字符串的程序，比如逐行地读取一个文件。典型的代码可能形如：

```
  local buff = ""
  for line in io.lines() do
    buff = buff .. line .. "\n"
  end
```

虽然这段 Lua 语言代码看似能够正常工作，但实际上在处理大文件时却可能导致巨大的性能开销。例如，在笔者的新机器上用这段代码读取一个 4.5MB 大小的文件需要超过 30 秒的时间。

这是为什么呢？为了搞清楚到底发生了什么，让我们想象一下读取循环中发生了什么。假设每行有 20 字节，当我们读取了大概 2500 行后，`buff` 就会变成一个 50KB 大小的字符串。在 Lua 语言中进行字符串连接 `buff..line.."\n"` 时，会创建一个 50020 字节的新字符串，然后从 `buff` 中复制 50000 字节中到这个新字符串中。这样，对于后续的每一行，Lua 语言都需要移动大概 50KB 且还在不断增长的内存。因此，该算法的时间复杂度是二次方的。在读取了 100 行（仅 2KB）以后，Lua 语言就已经移动了至少 5MB 内存。当 Lua 语言完成了 350KB 的读取后，它已经至少移动了 50GB 的数据。（这个问题不是 Lua 语言特有的：在其他语言中，只要字符串是不可变值（immutable value），就会出现类似的问题，其中最有名的例子就是 Java。）

在继续学习之前，我们必须说明，上述场景中的情况并不常见。对于较小的字符串，上述循环并没什么问题。当读取整个文件时，Lua 语言提供了带有参数的函数 io.read("a") 来一次性地读取整个文件。不过，有时候我们必须面对这个问题。Java 提供了 StringBuffer 类来解决这个问题；而在 Lua 语言中，我们可以把一个表当作字符串缓冲区，其关键是使用函数 table.concat，这个函数会将指定列表中的所有字符串连接起来并返回连接后的结果。使用函数 concat 可以这样重写上述循环：

```
local t = {}
for line in io.lines() do
  t[#t + 1] = line .. "\n"
end
local s = table.concat(t)
```

之前的代码读取同样的文件需要超过半分钟，而上述实现则只需要不到 0.05 秒。（不过尽管如此，读取整个文件最好还是使用带有参数"a" 的 io.read 函数。）

我们还可以做得更好。函数 concat 还有第 2 个可选参数，用于指定插在字符串间的分隔符。有了这个分隔符，我们就不必在每行后插入换行符了。

```
local t = {}
for line in io.lines() do
  t[#t + 1] = line
end
s = table.concat(t, "\n") .. "\n"
```

虽然函数 concat 能够在字符串之间插入分隔符，但我们还需要增加最后一个换行符。最后一次字符串连接创建了结果字符串的一个副本，这个副本可能已经相当长了。虽然没有直接的选项能够让函数 concat 插入这个额外的分隔符，但我们可以想办法绕过，只需在字符串 t 后面添加一个空字符串就行了：

```
t[#t + 1] = ""
s = table.concat(t, "\n")
```

现在，正如我们所期望的那样，函数 concat 会在结果字符串的最后添加一个换行符。

## 14.8 图形

像其他现代编程语言一样，Lua 语言也允许开发人员使用多种实现表示图，每种实现都有其所适用的特定算法。这里，我们接下来将介绍一种简单的面向对象的实现方式，在这种实现中使用对象来表示节点（实际上是表）、将边（arc）表示为节点之间的引用。

我们使用一个由两个字段组成的表来表示每个节点，即 name（节点的名称）和 adj（与此节点邻接的节点的集合）。由于我们会从一个文本文件中加载图对应的数据，所以需要能够根据节点的名称来寻找指定节点的方法。因此，我们使用了一个额外的表来建立节点和节点名称之间的映射。函数 name2node 可以根据指定节点的名称返回对应的节点：

```
local function name2node (graph, name)
  local node = graph[name]
  if not node then
    -- 节点不存在，创建一个新节点
    node = {name = name, adj = {}}
    graph[name] = node
  end
  return node
end
```

示例 14.3展示了构造图的函数。

示例 14.3　从文件中加载图

```
function readgraph ()
  local graph = {}
  for line in io.lines() do
    -- 把一行分割为两个名字
    local namefrom, nameto = string.match(line, "(%S+)%s+(%S+)")
    -- 找到对应的节点
    local from = name2node(graph, namefrom)
    local to = name2node(graph, nameto)
    -- 把'to'增加到邻接集合'from'中
    from.adj[to] = true
  end
  return graph
```

```
end
```

该函数逐行地读取一个文件，文件的每一行中有两个节点的名称，表示从第 1 个节点到第 2 个节点有一条边。对于每一行，调用函数 string.match 将一行中的两个节点的名称分开，然后根据名称找到对应的节点（如果需要的话则创建节点），最后将这些节点连接在一起。

示例 14.4展示了一个使用这种图的算法。

示例 14.4　寻找两个节点之间的路径

```
function findpath (curr, to, path, visited)
  path = path or {}
  visited = visited or {}
  if visited[curr] then          -- 是否节点已被访问?
    return nil                   -- 不存在路径
  end
  visited[curr] = true           -- 标记节点为已被访问
  path[#path + 1] = curr         -- 增加到路径中
  if curr == to then             -- 是否是最后一个节点?
    return path
  end
  -- 尝试所有的邻接节点
  for node in pairs(curr.adj) do
    local p = findpath(node, to, path, visited)
    if p then return p end
  end
  table.remove(path)             -- 从路径中删除节点
end
```

函数 findpath 使用深度优先遍历搜索两个节点之间的路径。该函数的第 1 个参数是当前节点，第 2 个参数是目标节点，第 3 个参数用于保存从起点到当前节点的路径，最后一个参数为所有已被访问节点的集合（用于避免回路）。请读者注意分析该算法是如何不通过节点名称而直接对节点进行操作的。例如，visited 是一个节点的集合，而不是节点名称的集合。类似地，path 也是一个节点的列表。

为了测试上述代码，我们编写一个打印一条路径的函数，再编写一些代码让上述所有代码跑起来：

```
function printpath (path)
  for i = 1, #path do
    print(path[i].name)
  end
end

g = readgraph()
a = name2node(g, "a")
b = name2node(g, "b")
p = findpath(a, b)
if p then printpath(p) end
```

## 14.9 练习

练习 14.1：请编写一个函数，该函数用于两个稀疏矩阵相加。

练习 14.2：改写示例 14.2中队列的实现，使得当队列为空时两个索引都返回 0。

练习 14.3：修改图所用的数据结构，使得图可以保存每条边的标签。该数据结构应该使用包括两个字段的对象来表示每一条边，即边的标签和边指向的节点。与邻接集合不同，每一个节点保存的是从当前节点出发的边的集合。

修改函数 readgraph，使得该函数从输入文件中按行读取，每行由两个节点的名称外加边的标签组成（假设标签是一个数字）。

练习 14.4：假设图使用上一个练习的表示方式，其中边的标签代表两个终端节点之间的距离。请编写一个函数，使用 Dijkstra 算法寻找两个指定节点之间的最短路径。

# 15 数据文件和序列化

在处理数据文件时，写数据通常比读数据简单得多。当向一个文件中写时，我们拥有绝对的控制权；但是，当从一个文件中读时，我们并不知道会读到什么东西。一个健壮的程序除了能够处理一个合法文件中所包含的所有类型的数据外，还应该能够优雅地处理错误的文件。因此，编写一个健壮的处理输入的程序总是比较困难的。在本章中，我们会学习如何使用 Lua 语言、通过简单地将数据以恰当的格式写入到文件中来从程序中剔除不必要的读取数据的代码。更确切地说，我们将学习如何像 Lua 程序在运行中写入数据那样，在运行时重建数据。

Lua 语言自 1993 年发布以来，其主要用途之一就是描述数据（data description）。在那个年代，主要的文本数据描述语言之一是 SGML。对于很多人来说（包括我们在内），SGML 既臃肿又复杂。在 1998 年，有些人将其简化成了 XML，但以我们的眼光看仍然臃肿又复杂。有些人跟我们的观点一致，进而在 2001 年开发了 JSON。JSON 基于 JavaScript，类似于一种精简过的 Lua 语言数据文件。一方面，JSON 的一大优势在于它是国际标准，包括 Lua 语言在内的多种语言都具有操作 JSON 文件的标准库。另一方面，Lua 语言数据文件的读取更加容易和灵活。

使用一门全功能的编程语言来描述数据确实非常灵活，但也会带来两个问题。问题之一在于安全性，这是因为“数据”文件能够肆意地在我们的程序中运行。我们可以通过在沙盒中运行程序来解决这个问题，详见25.4节。

另一个问题是性能问题。Lua 语言不仅运行得快，编译也很快。例如，在笔者的新机器上，Lua 5.3 可以在 4 秒以内，占用 240MB 内存，完成 1000 万条赋值语句的读取、编译和运行。作为对比，Perl 5.18 需要 21 秒、占用 6GB 内存，Python 2.7 和 Python 3.4 直接崩溃，Node.js 0.10.25 在运行 8 秒后抛出“内存溢出（out of memory）”异常，Rhino 1.7 在运行 6 分钟后也抛出了“内存溢出”异常。

## 15.1 数据文件

对于文件格式来说，表构造器提供了一种有趣的替代方式。只需在写入数据时做一点额外的工作，就能使得读取数据变得容易。这种技巧就是将数据文件写成 Lua 代码，当这些代码运行时，程序也就把数据重建了。使用表构造器时，这些代码段看上去会非常像是一个普通的数据文件。

下面通过一个示例来进一步展示处理数据文件的方式。如果数据文件使用的是诸如 CSV（comma-separated value，逗号分隔值）或 XML 等预先定义好的格式，那么我们能够选择的方法不多。不过，如果处理的是出于自身需求而创建的数据文件，那么就可以将 Lua 语言的构造器用于格式定义。此时，我们把每条数据记录表示为一个 Lua 构造器。这样，原来类似

```
Donald E. Knuth,Literate Programming,CSLI,1992
Jon Bentley,More Programming Pearls,Addison-Wesley,1990
```

的数据文件就可以改为：

```
Entry{"Donald E. Knuth",
      "Literate Programming",
      "CSLI",
      1992}

Entry{"Jon Bentley",
      "More Programming Pearls",
      "Addison-Wesley",
      1990}
```

请注意，`Entry{`*code*`}` 与 `Entry({`*code*`})` 是相同的，后者以表作为唯一的参数来调用函数 `Entry`。因此，上面这段数据也是一个 Lua 程序。当需要读取该文件时，我们只需要定义一

个合法的 Entry，然后运行这个程序即可。例如，以下的代码用于计算某个数据文件中数据条目的个数[①]：

```
local count = 0
function Entry () count = count + 1 end
dofile("data")
print("number of entries: " .. count)
```

下面的程序获取某个数据文件中所有作者的姓名，然后打印出这些姓名：

```
local authors = {}       -- 保存作者姓名的集合
function Entry (b) authors[b[1]] = true end
dofile("data")
for name in pairs(authors) do print(name) end
```

请注意，上述的代码段中使用了事件驱动（event-driven）的方式：函数 Entry 作为一个回调函数会在函数 dofile 处理数据文件中的每个条目时被调用。

当文件的大小并不是太大时，可以使用键值对的表示方法：[②]

```
Entry{
  author = "Donald E. Knuth",
  title = "Literate Programming",
  publisher = "CSLI",
  year = 1992
}

Entry{
  author = "Jon Bentley",
  title = "More Programming Pearls",
  year = 1990,
  publisher = "Addison-Wesley",
}
```

[①] 译者注：原文中并未对 dofile 函数进行解释，读者可以查阅 Lua 语言的手册或参考本书中后续章节的相关内容来了解 dofile 函数的使用方法。实际上，下例中 dofile("data") 的 data 是数据文件的相对路径，数据文件中存放的内容是上述的两个实体，这样，当 dofile 执行数据文件时会对每一个实体调用一次 Entry 函数。

[②] 如果这种格式让读者想起 BIBTEX，这并非巧合。BIBTEX 正是 Lua 语言构造器语法的灵感来源之一。

这种格式是所谓的自描述数据（*self-describing data*）格式，其中数据的每个字段都具有一个对应其含义的简略描述。自描述数据比 CSV 或其他压缩格式的可读性更好（至少看上去如此）；同时，当需要修改时，自描述数据也易于手工编辑；此外，自描述数据还允许我们在不改变数据文件的情况下对基本数据格式进行细微的修改。例如，当我们想要增加一个新字段时，只需对读取数据文件的程序稍加修改，使其在新字段不存在时使用默认值。

使用键值对格式时，获取作者姓名的程序将变为：

```
local authors = {}       -- 保存作者姓名的集合
function Entry (b) authors[b.author] = true end
dofile("data")
for name in pairs(authors) do print(name) end
```

此时，字段的次序就无关紧要了。即使有些记录没有作者字段，我们也只需要修改 Entry 函数：

```
function Entry (b)
  authors[b.author or "unknown"] = true
end
```

## 15.2 序列化

我们常常需要将某些数据序列化/串行化，即将数据转换为字节流或字符流，以便将其存储到文件中或者通过网络传输。我们也可以将序列化后的数据表示为 Lua 代码，当这些代码运行时，被序列化的数据就可以在读取程序中得到重建[①]。

通常，如果想要恢复一个全局变量的值，那么可能会使用形如 varname=*exp* 这样的代码。其中，*exp* 是用于创建这个值的 Lua 代码，而 varname 是一个简单的标识符。接下来，让我们学习如何编写创建值的代码。例如，对于一个数值类型而言，可以简单地使用如下代码：

```
function serialize (o)
  if type(o) == "number" then
    io.write(tostring(o))
  else other cases
```

[①] 译者注：原文混用了序列化/反序列化、写入 Write/读取 Read、保存 Save/恢复 Restore/重建等词汇，为了便于读者理解，译者尽可能统一使用序列化和反序列化这一对词，请读者注意体会。

```
  end
end
```

不过，用十进制格式保存浮点数可能损失精度。此时，可以利用十六进制格式来避免这个问题，使用格式"%a"可以保留被读取浮点型数的原始精度。此外，由于从 Lua 5.3 开始就对浮点类型和整数类型进行了区分，因此通过使用正确的子类型就能够恢复它们的值：

```
local fmt = {integer = "%d", float = "%a"}

function serialize (o)
  if type(o) == "number" then
    io.write(string.format(fmt[math.type(o)], o))
  else other cases
```

对于字符串类型的值，最简单的序列化方式形如：

```
if type(o) == "string" then
  io.write("'", o, "'")
```

不过，如果字符串包含特殊字符（比如引号或换行符），那么结果就会是错误的。

也许有人会告诉读者通过修改引号来解决这个问题：

```
if type(o) == "string" then
  io.write("[[", o, "]]")
```

这里，要当心代码注入（code injection）！如果某个恶意用户设法使读者的程序保存了形如"]]..os.execute('rm *')..[["这样的内容（例如，恶意用户可以将其住址保存为该字符串），那么最终被保存下来的代码将变成：

```
varname = [[ ]]..os.execute('rm *')..[[ ]]
```

一旦这样的“数据”被加载，就会导致意想不到的后果。

我们可以使用一种安全的方法来括住一个字符串，那就是使用函数 string.format 的"%q"选项，该选项被设计为以一种能够让 Lua 语言安全地反序列化字符串的方式来序列化字符串，它使用双引号括住字符串并正确地转义其中的双引号和换行符等其他字符。

```
a = 'a "problematic" \\string'
print(string.format("%q", a))     --> "a \"problematic\" \\string"
```

通过使用这个特性，函数 serialize 将变为：

```
function serialize (o)
  if type(o) == "number" then
    io.write(string.format(fmt[math.type(o)], o))
  elseif type(o) == "string" then
    io.write(string.format("%q", o))
  else other cases
  end
end
```

Lua 5.3.3 对格式选项"%q"进行了扩展，使其也可以用于数值、nil 和 Boolean 类型，进而使它们能够正确地被序列化和反序列化。（特别地，这个格式选项以十六进制格式处理浮点类型以保留完整的精度。）因此，从 Lua 5.3.3 开始，我们还能够再对函数 serialize 进行进一步的简化和扩展：

```
function serialize (o)
  local t = type(o)
  if t == "number" or t == "string" or t == "boolean" or
     t == "nil" then
    io.write(string.format("%q", o))
  else other cases
  end
end
```

另一种保存字符串的方式是使用主要用于长字符串的 [=[...]=]。不过，这种方式主要是为不用改变字符串常量的手写代码提供的。在自动生成的代码中，像函数 string.format 那样使用"%q"选项来转义有问题的字符更加简单。

尽管如此，如果要在自动生成的代码中使用 [=[...]=]，那么还必须注意几个细节。首先，我们必须选择恰当数量的等号，这个恰当的数量应比原字符串中出现的最长等号序列的长度大 1。由于在字符串中出现长等号序列很常见（例如代码中的注释），因此我们应该把注意力集中在以方括号开头的等号序列上。其次，Lua 语言总是会忽略长字符串开头的换行符，要解决这个问题可以通过一种简单方式，即总是在字符串开头多增加一个换行符（这个换行符会被忽略）。

示例 15.1中的函数 quote 考虑了上述的注意事项。

示例 15.1　引用任意字符串常量

```
function quote (s)
  -- 寻找最长等号序列的长度
  local n = -1
  for w in string.gmatch(s, "]=*") do
    n = math.max(n, #w - 1)    -- -1用于移除']'
  end

  -- 生成一个具有'n'+1个等号的字符串
  local eq = string.rep("=", n + 1)

  -- 创建被引起来的字符串
  return string.format(" [%s[\n%s]%s] ", eq, s, eq)
end
```

该函数可以接收任意一个字符串，并返回按长字符串对其进行格式化后的结果。函数 gmatch 创建一个遍历字符串 s 中所有匹配模式']=*'之处的迭代器（即右方括号后跟零个或多个等号）。在每个匹配的地方，循环会用当前所遇到的最大等号数量更新变量 n。循环结束后，使用函数 string.rep 重复等号 n+1 次，也就是生成一个比原字符串中出现的最长等号序列的长度大 1 的等号序列。最后，使用函数 string.format 将 s 放入一对具有正确数量等号的方括号中，并在字符串 s 的开头插入一个换行符。

### 15.2.1　保存不带循环的表

接下来，更难一点的需求是保存表。保存表有几种方法，选用哪种方法取决于对具体表结构的假设，但没有一种算法适用于所有的情况。对于简单的表来说，不仅可以使用更简单的算法，而且输出也会更简洁和清晰。

第一种尝试参见示例 15.2。

示例 15.2　不使用循环序列化表

```
function serialize (o)
  local t = type(o)
  if t == "number" or t == "string" or t == "boolean" or
```

```
      t == "nil" then
      io.write(string.format("%q", o))
    elseif t == "table" then
      io.write("{\n")
      for k,v in pairs(o) do
        io.write("  ", k, " = ")
        serialize(v)
        io.write(",\n")
      end
      io.write("}\n")
    else
      error("cannot serialize a " .. type(o))
    end
  end
```

尽管这个函数很简单，但它却可以合理地满足需求。只要表结构是一棵树（即没有共享的子表和环），那么该函数甚至能处理嵌套的表（即表中还有其他的表）。（在输出中以缩进形式输出嵌套表看上去会更具美感，请参见练习 15.1。）

上例中的函数假设了表中的所有键都是合法的标识符，如果一个表的键是数字或者不是合法的 Lua 标识符，那么就会有问题。解决该问题的一种简单方式是像下列代码一样处理每个键：

```
io.write(string.format(" [%s] = ", serialize(k)))
```

经过这样的修改后，我们提高了该函数的健壮性，但却牺牲了结果文件的美观性。考虑如下的调用：

```
serialize{a=12, b='Lua', key='another "one"'}
```

第 1 版的函数 serialize 会输出：

```
{
  a = 12,
  b = "Lua",
  key = "another \"one\"",
}
```

与之对比，第 2 版的函数 serialize 则会输出：

```
{
  ["a"] = 12,
  ["b"] = "Lua",
  ["key"] = "another \"one\"",
}
```

通过测试每个键是否需要方括号，可以在健壮性和美观性之间得到平衡。同样，我们将此实现留做练习。

### 15.2.2 保存带有循环的表

由于表构造器不能创建带循环的或共享子表的表，所以如果要处理表示通用拓扑结构（例如带循环或共享子表）的表，就需要采用不同的方法。我们需要引入名称来表示循环。因此，下面的函数把值外加其名称一起作为参数。另外，还必须使用一个额外的表来存储已保存表的名称，以便在发现循环时对其进行复用。这个额外的表使用此前已被保存的表作为键，以表的名称作为值。

示例 15.3中为相应的代码。

示例 15.3　保存带有循环的表

```
function basicSerialize (o)
  -- 假设'o'是一个数字或字符串
  return string.format("%q", o)
end

function save (name, value, saved)
  saved = saved or {}                    -- 初始值
  io.write(name, " = ")
  if type(value) == "number" or type(value) == "string" then
    io.write(basicSerialize(value), "\n")
  elseif type(value) == "table" then
    if saved[value] then                 -- 值是否已被保存?
      io.write(saved[value], "\n")       -- 使用之前的名称
    else
      saved[value] = name                -- 保存名称供后续使用
```

```
      io.write("{}\n")                  -- 创建新表
      for k,v in pairs(value) do        -- 保存表的字段
        k = basicSerialize(k)
        local fname = string.format("%s[%s]", name, k)
        save(fname, v, saved)
      end
    end
  else
    error("cannot save a " .. type(value))
  end
end
```

我们假设要序列化的表只使用字符串或数值作为键。函数 basicSerialize 用于对这些基本类型进行序列化并返回序列化后的结果，另一个函数 save 则完成具体的工作，其参数 saved 就是之前所说的用于存储已保存表的表。例如，假设要创建一个如下所示的表：

```
a = {x=1, y=2; {3,4,5}}
a[2] = a     -- 循环
a.z = a[1]  -- 共享子表
```

调用 save("a", a) 会将其保存为：

```
a = {}
a[1] = {}
a[1][1] = 3
a[1][2] = 4
a[1][3] = 5

a[2] = a
a["y"] = 2
a["x"] = 1
a["z"] = a[1]
```

取决于表的遍历情况，这些赋值语句的实际执行顺序可能会有所不同。不过尽管如此，上述算法能够保证任何新定义节点中所用到的节点都是已经被定义过的。

如果想保存具有共享部分的几个表，那么可以在调用函数 save 时使用相同的表 saved 函数。例如，假设有如下两个表：

```
a = {{"one", "two"}, 3}
b = {k = a[1]}
```

如果以独立的方式保存这些表，那么结果中不会有共同的部分。不过，如果调用 save 函数时使用同一个表 saved，那么结果就会共享共同的部分：

```
local t = {}
save("a", a, t)
save("b", b, t)

  --> a = {}
  --> a[1] = {}
  --> a[1][1] = "one"
  --> a[1][2] = "two"
  --> a[2] = 3
  --> b = {}
  --> b["k"] = a[1]
```

在 Lua 语言中，还有其他一些比较常见的方法。例如，我们可以在保存一个值时不指定全局名称而是通过一段代码来创建一个局部值并将其返回，也可以在可能的时候使用列表的语法（参见本章的练习），等等。Lua 语言给我们提供了构建这些机制的工具。

## 15.3 练习

练习 15.1：修改示例 15.2中的代码，使其带缩进地输出嵌套表（提示：给函数 serialize 增加一个额外的参数来处理缩进字符串）。

练习 15.2：修改前面练习中的代码，使其像15.2.1节中推荐的那样使用形如 ["*key*"]=*value* 的语法。

练习 15.3：修改前面练习中的代码，使其只在必要时（即当键为字符串而不是合法标识符时）才使用形如 ["*key*"]=*value* 的语法。

练习 15.4：修改前面练习中的代码，使其在可能时使用列表的构造器语法。例如，应将表 {14, 15, 19} 序列化为 {14, 15, 19} 而不是 {[1] = 14, [2] = 15, [3] = 19}（提示：只要键不是 nil 就从 1, 2, …开始保存对应键的值。请注意，在遍历其余表的时候不要再次保存它们）。

练习 15.5：在保存具有循环的表时，避免使用构造器的方法过于激进了。对于简单的情况，是能够使用表构造器以一种更加优雅的方式来保存表的，并且也能够在后续使用赋值语句来修复共享表和循环。请使用这种方式重新实现函数 save（示例 15.3），其中要运用前面练习中的所有优点（缩进、记录式语法及列表式语法）。

# 16 编译、执行和错误

虽然我们把 Lua 语言称为解释型语言（interpreted language），但 Lua 语言总是在运行代码前先预编译（precompile）源码为中间代码（这没什么大不了的，很多解释型语言也这样做）。编译（compilation）阶段的存在听上去超出了解释型语言的范畴，但解释型语言的区分并不在于源码是否被编译，而在于是否有能力（且轻易地）执行动态生成的代码。可以认为，正是由于诸如 dofile 这样函数的存在，才使得 Lua 语言能够被称为解释型语言。

在本章中，我们会详细学习 Lua 语言运行代码的过程、编译究竟是什么意思和做了什么、Lua 语言是如何运行编译后代码的以及在编译过程中如何处理错误。

## 16.1 编译

此前，我们已经介绍过函数 dofile，它是运行 Lua 代码段的主要方式之一。实际上，函数 dofile 是一个辅助函数，函数 loadfile 才完成了真正的核心工作。与函数 dofile 类似，函数 loadfile 也是从文件中加载 Lua 代码段，但它不会运行代码，而只是编译代码，然后将编译后的代码段作为一个函数返回。此外，与函数 dofile 不同，函数 loadfile 只返回错误码而不抛出异常。可以认为，函数 dofile 就是：

```
function dofile (filename)
  local f = assert(loadfile(filename))
  return f()
end
```

请注意，如果函数 loadfile 执行失败，那么函数 assert 会引发一个错误[①]。

对于简单的需求而言，由于函数 dofile 在一次调用中就做完了所有工作，所以该函数非常易用。不过，函数 loadfile 更灵活。在发生错误的情况中，函数 loadfile 会返回 nil 及错误信息，以允许我们按自定义的方式来处理错误。此外，如果需要多次运行同一个文件，那么只需调用一次 loadfile 函数后再多次调用它的返回结果即可。由于只编译一次文件，因此这种方式的开销要比多次调用函数 dofile 小得多（编译在某种程度上相比其他操作开销更大）。

函数 load 与函数 loadfile 类似，不同之处在于该函数从一个字符串或函数中读取代码段，而不是从文件中读取。[②]例如，考虑如下的代码：

```
f = load("i = i + 1")
```

在这句代码执行后，变量 f 就会变成一个被调用时执行 i=i+1 的函数：

```
i = 0
f(); print(i)   --> 1
f(); print(i)   --> 2
```

尽管函数 load 的功能很强大，但还是应该谨慎地使用。相对于其他可选的函数而言，该函数的开销较大并且可能会引起诡异的问题。请先确定当下已经找不到更简单的解决方式后再使用该函数。

如果要编写一个用后即弃的 dostring 函数（例如加载并运行一段代码），那么我们可以直接调用函数 load 的返回值：

```
load(s)()
```

不过，如果代码中有语法错误，函数 load 就会返回 nil 和形如“试图调用一个 *nil* 值（*attempt to call a nil value*）”的错误信息。为了更清楚地展示错误信息，最好使用函数 assert：

```
assert(load(s))()
```

通常，用函数 load 来加载字符串常量是没有意义的。例如，如下的两行代码基本等价：

---

① 译者注：在编程语言中，异常方面通常有“引发错误（raise a error）”和“抛出异常（throw a exception）”两种说法，经常混用。本书原作者倾向于使用前者，但译者认为抛出异常的表达方式更符合中国国情，故本章前的所有译文采用的均是“抛出异常”的译法。而由于本章内容就是针对 Lua 语言的错误处理机制，因此本章中使用“引发错误”的译法。

② 在 Lua 5.1 中，函数 loadstring 用于完成 load 所完成的从字符串中加载代码的功能。

```
f = load("i = i + 1")
```

```
f = function () i = i + 1 end
```

但是，由于第 2 行代码会与其外层的函数一起被编译，所以其执行速度要快得多。与之对比，第一段代码在调用函数 load 时会进行一次独立的编译。

由于函数 load 在编译时不涉及词法定界，所以上述示例的两段代码可能并不完全等价。为了清晰地展示它们之间的区别，让我们稍微修改一下上面的例子：

```
i = 32
local i = 0
f = load("i = i + 1; print(i)")
g = function () i = i + 1; print(i) end
f()             --> 33
g()             --> 1
```

函数 g 像我们所预期地那样操作局部变量 i，但函数 f 操作的却是全局变量 i，这是由于函数 load 总是在全局环境中编译代码段。

函数 load 最典型的用法是执行外部代码（即那些来自程序本身之外的代码段）或动态生成的代码。例如，我们可能想运行用户定义的函数，由用户输入函数的代码后调用函数 load 对其求值。请注意，函数 load 期望的输入是一段程序，也就是一系列的语句。如果需要对表达式求值，那么可以在表达式前添加 **return**，这样才能构成一条返回指定表达式值的语句。例如：

```
print "enter your expression:"
local line = io.read()
local func = assert(load("return " .. line))
print("the value of your expression is " .. func())
```

由于函数 load 所返回的函数就是一个普通函数，因此可以反复对其进行调用：

```
print "enter function to be plotted (with variable 'x'):"
local line = io.read()
local f = assert(load("return " .. line))
for i = 1, 20 do
  x = i   -- 全局的'x'（当前代码段内可见）
  print(string.rep("*", f()))
```

```
end
```

我们也可以使用读取函数（*reader function*）作为函数 load 的第 1 个参数。读取函数可以分几次返回一段程序，函数 load 会不断地调用读取函数直到读取函数返回 nil（表示程序段结束）。作为示例，以下的调用与函数 loadfile 等价：

```
f = load(io.lines(filename, "*L"))
```

正如我们在第7章中所看到的，调用 io.lines(filename, "*L") 返回一个函数，这个函数每次被调用时就从指定文件返回一行。因此，函数 load 会一行一行地从文件中读出一段程序。以下的版本与之相似但效率稍高：

```
f = load(io.lines(filename, 1024))
```

这里，函数 io.lines 返回的迭代器会以 1024 字节为块读取源文件。

Lua 语言将所有独立的代码段当作匿名可变长参数函数的函数体。例如，load("a =1") 的返回值与以下表达式等价：

```
function (...) a = 1 end
```

像其他任何函数一样，代码段中可以声明局部变量：

```
f = load("local a = 10; print(a + 20)")
f()          --> 30
```

使用这个特性，可以在不使用全局变量 x 的情况下重写之前运行用户定义函数的示例：

```
print "enter function to be plotted (with variable 'x'):"
local line = io.read()
local f = assert(load("local x = ...; return " .. line))
for i = 1, 20 do
  print(string.rep("*", f(i)))
end
```

在上述代码中，在代码段开头增加了"local x =..."来将 x 声明为局部变量。之后使用参数 i 调用函数 f，参数 i 就是可变长参数表达式的值（...）。

函数 load 和函数 loadfile 从来不引发错误。当有错误发生时，它们会返回 nil 及错误信息：

```
print(load("i i"))
  --> nil     [string "i i"]:1: '=' expected near 'i'
```

此外，这些函数没有任何副作用，它们既不改变或创建变量，也不向文件写入等。这些函数只是将程序段编译为一种中间形式，然后将结果作为匿名函数返回。一种常见的误解是认为加载一段程序也就是定义了函数，但实际上在Lua语言中函数定义是在运行时而不是在编译时发生的一种赋值操作。例如，假设有一个文件 foo.lua：

```
-- 文件'foo.lua'
function foo (x)
  print(x)
end
```

当执行

```
f = loadfile("foo.lua")
```

时，编译 foo 的命令并没有定义 foo，只有运行代码才会定义它：

```
f = loadfile("foo.lua")
print(foo)     --> nil
f()            -- 运行代码
foo("ok")      --> ok
```

这种行为可能看上去有些奇怪，但如果不使用语法糖对其进行重写则看上去会清晰很多：

```
-- 文件'foo.lua'
foo = function (x)
  print(x)
end
```

如果线上产品级别的程序需要执行外部代码，那么应该处理加载程序段时报告的所有错误。此外，为了避免不愉快的副作用发生，可能还应该在一个受保护的环境中执行这些代码。我们会在第22章中讨论相关的细节。

## 16.2 预编译的代码

正如笔者在本章开头所提到的，Lua 语言会在运行源代码之前先对其进行预编译。Lua 语言也允许我们以预编译的形式分发代码。

生成预编译文件（也被称为二进制文件，*binary chunk*）的最简单的方式是，使用标准发行版中附带的 luac 程序。例如，下列命令会创建文件 prog.lua 的预编译版本 prog.lc：

```
$ luac -o prog.lc prog.lua
```

Lua 解析器会像执行普通 Lua 代码一样执行这个新文件，完成与原来代码完全一致的动作：

```
$ lua prog.lc
```

几乎在 Lua 语言中所有能够使用源码的地方都可以使用预编译代码。特别地，函数 loadfile 和函数 load 都可以接受预编译代码。

我们可以直接在 Lua 语言中实现一个最简单的 luac：

```
p = loadfile(arg[1])
f = io.open(arg[2], "wb")
f:write(string.dump(p))
f:close()
```

这里的关键函数是 string.dump，该函数的入参是一个 Lua 函数，返回值是传入函数对应的字符串形式的预编译代码（已被正确地格式化，可由 Lua 语言直接加载）。

luac 程序提供了一些有意思的选项。特别地，选项-l 会列出编译器为指定代码段生成的操作码（opcode）。例如，示例 16.1展示了函数 luac 针对如下只有一行内容的文件在带有-l 选项时的输出：

```
a = x + y - z
```

示例 16.1　luac -l 的输出示例

```
main <stdin:0,0> (7 instructions, 28 bytes at 0x988cb30)
0+ params, 2 slots, 0 upvalues, 0 locals, 4 constants, 0 functions
    1  [1]  GETGLOBAL    0 -2    ; x
    2  [1]  GETGLOBAL    1 -3    ; y
    3  [1]  ADD          0 0 1
    4  [1]  GETGLOBAL    1 -4    ; z
    5  [1]  SUB          0 0 1
    6  [1]  SETGLOBAL    0 -1    ; a
    7  [1]  RETURN       0 1
```

（我们不会在本书中讨论 Lua 语言的内部细节；如果读者对这些操作码的更多细节感兴趣，可以在网上搜索"lua opcode" 来获得相关资料。）

预编译形式的代码不一定比源代码更小，但是却加载得更快。预编译形式的代码的另一个好处是，可以避免由于意外而修改源码。然而，与源代码不同，蓄意损坏或构造的二进制代码可能会让 Lua 解析器崩溃或甚至执行用户提供的机器码。当运行一般的代码时通常无须担心，但应该避免运行以预编译形式给出的非受信代码。这种需求，函数 load 正好有一个选项可以适用。

除了必需的第 1 个参数外，函数 load 还有 3 个可选参数。第 2 个参数是程序段的名称，只在错误信息中被用到。第 4 个参数是环境，我们会在第22章中对其进行讨论。第 3 个参数正是我们这里所关心的，它控制了允许加载的代码段的类型。如果该参数存在，则只能是如下的字符串：字符串"t" 允许加载文本（普通）类型的代码段，字符串"b" 只允许加载二进制（预编译）类型的代码段，字符串"bt" 允许同时加载上述两种类型的代码段（默认情况）。

## 16.3 错误

人人皆难免犯错误[①]。因此，我们必须尽可能地处理错误。由于 Lua 语言是一种经常被嵌入在应用程序中的扩展语言，所以当错误发生时并不能简单地崩溃或退出。相反，只要错误发生，Lua 语言就必须提供处理错误的方式。

Lua 语言会在遇到非预期的情况时引发错误。例如，当试图将两个非数值类型的值相加，对不是函数的值进行调用，对不是表类型的值进行索引等（我们会在后续学习中使用元表（*metatable*）来改变上述行为）。我们也可以显式地通过调用函数 error 并传入一个错误信息作为参数来引发一个错误。通常，这个函数就是在代码中提示出错的合理方式：

```
print "enter a number:"
n = io.read("n")
if not n then error("invalid input") end
```

由于“针对某些情况调用函数 error”这样的代码结构太常见了，所以 Lua 语言提供了一个内建的函数 assert 来完成这类工作：

```
print "enter a number:"
n = assert(io.read("*n"), "invalid input")
```

[①] 译者注：原文为 Errare humanum est，拉丁语。

函数 assert 检查其第 1 个参数是否为真，如果该参数为真则返回该参数；如果该参数为假则引发一个错误。该函数的第 2 个参数是一个可选的错误信息。不过，要注意函数 assert 只是一个普通函数，所以 Lua 语言会总是在调用该函数前先对参数进行求值。如果编写形如

```
n = io.read()
assert(tonumber(n), "invalid input: " .. n .. " is not a number")
```

的代码，那么即使 n 是一个数值类型，Lua 语言也总是会进行字符串连接。在这种情况下使用显式的测试可能更加明智。

当一个函数发现某种意外的情况发生时（即异常 *exception*），在进行异常处理（exception handling）时可以采取两种基本方式：一种是返回错误代码（通常是 nil 或者 **false**），另一种是通过调用函数 error 引发一个错误。如何在这两种方式之间进行选择并没有固定的规则，但笔者通常遵循如下的指导原则：容易避免的异常应该引发错误，否则应该返回错误码。

以函数 math.sin 为例，当调用时参数传入了一个表该如何反应呢？如果要检查错误，那么就不得不编写如下的代码：

```
local res = math.sin(x)
if not res then      -- 错误?
  error-handling code
```

当然，也可以在调用函数前轻松地检查出这种异常：

```
if not tonumber(x) then      -- x是否为数字?
  error-handling code
```

通常，我们既不会检查参数也不会检查函数 sin 的返回值；如果 sin 的参数不是一个数值，那么就意味着我们的程序可能出现了问题。此时，处理异常最简单也是最实用的做法就是停止运行，然后输出一条错误信息。

另一方面，让我们再考虑一下用于打开文件的函数 io.open。如果要打开的文件不存在，那么该函数应该有怎么样的行为呢？在这种情况下，没有什么简单的方法可以在调用函数前检测到这种异常。在很多系统中，判断一个文件是否存在的唯一方法就是试着去打开这个文件。因此，如果由于外部原因（比如“文件不存在（file does not exist”）或“权限不足（permission denied）”）导致函数 io.open 无法打开一个文件，那么它应返回 false 及一条错误信息。通过这种方式，我们就有机会采取恰当的方式来处理异常情况，例如要求用户提供另一个文件名：

```
local file, msg
repeat
  print "enter a file name:"
  local name = io.read()
  if not name then return end    -- 没有输入
  file, msg = io.open(name, "r")
  if not file then print(msg) end
until file
```

如果不想处理这些情况，但又想安全地运行程序，那么只需使用 assert：

```
file = assert(io.open(name, "r"))
  --> stdin:1: no-file: No such file or directory
```

这是 Lua 语言中一种典型的技巧：如果函数 io.open 执行失败，assert 就引发一个错误。请读者注意，错误信息（函数 io.open 的第 2 个返回值）是如何变成 assert 的第 2 个参数的。

## 16.4 错误处理和异常

对于大多数应用而言，我们无须在 Lua 代码中做任何错误处理，应用程序本身会负责处理这类问题。所有 Lua 语言的行为都是由应用程序的一次调用而触发的，这类调用通常是要求 Lua 语言执行一段代码。如果执行中发生了错误，那么调用会返回一个错误代码，以便应用程序采取适当的行为来处理错误。当独立解释器中发生错误时，主循环会打印错误信息，然后继续显示提示符，并等待执行指定的命令。

不过，如果要在 Lua 代码中处理错误，那么就应该使用函数 pcall（*protected call*）来封装代码。

假设要执行一段 Lua 代码并捕获（try-catch）执行中发生的所有错误，那么首先需要将这段代码封装到一个函数中，这个函数通常是一个匿名函数。之后，通过 pcall 来调用这个函数：

```
local ok, msg = pcall(function ()
     some code
     if unexpected_condition then error() end
     some code
     print(a[i])     -- 潜在错误：'a'可能不是一个表
```

```
      some code
    end)

if ok then     -- 执行被保护的代码时没有错误发生
  regular code
else   -- 执行被保护的代码时有错误发生：进行恰当的处理
  error-handling code
end
```

函数 pcall 会以一种保护模式（*protected mode*）来调用它的第 1 个参数，以便捕获该函数执行中的错误。无论是否有错误发生，函数 pcall 都不会引发错误。如果没有错误发生，那么 pcall 返回 **true** 及被调用函数（作为 pcall 的第 1 个参数传入）的所有返回值；否则，则返回 **false** 及错误信息。

使用"错误信息"的命名方式可能会让人误解错误信息必须是一个字符串，因此称之为错误对象（*error object*）可能更好，这主要是因为函数 pcall 能够返回传递给 error 的任意 Lua 语言类型的值。

```
local status, err = pcall(function () error({code=121}) end)
print(err.code)  --> 121
```

这些机制为我们提供了在 Lua 语言中进行异常处理的全部。我们可以通过 error 来抛出异常（throw an exception），然后用函数 pcall 来捕获（catch）异常，而错误信息则用来标识错误的类型。

## 16.5 错误信息和栈回溯

虽然能够使用任何类型的值作为错误对象，但错误对象通常是一个描述出错内容的字符串。当遇到内部错误（比如尝试对一个非表类型的值进行索引操作）出现时，Lua 语言负责产生错误对象（这种情况下的错误对象永远是字符串；而在其他情况下，错误对象就是传递给函数 error 的值。）如果错误对象是一个字符串，那么 Lua 语言还会尝试把一些有关错误发生位置的信息附上：

```
local status, err = pcall(function () error("my error") end)
print(err)           --> stdin:1: my error
```

位置信息中给出了出错代码段的名称（上例中的 stdin）和行号（上例中的 1)。

函数 error 还有第 2 个可选参数 *level*，用于指出向函数调用层次中的哪层函数报告错误，以说明谁应该为错误负责。例如，假设编写一个用来检查其自身是否被正确调用了的函数：

```
function foo (str)
  if type(str) ~= "string" then
    error("string expected")
  end
  regular code
end
```

如果调用时被传递了错误的参数：

```
foo({x=1})
```

由于是函数 foo 调用的 error，所以 Lua 语言会认为是函数 foo 发生了错误。然而，真正的肇事者其实是函数 foo 的调用者。为了纠正这个问题，我们需要告诉 error 函数错误实际发生在函数调用层次的第 2 层中（第 1 层是 foo 函数自己）：

```
function foo (str)
  if type(str) ~= "string" then
    error("string expected", 2)
  end
  regular code
end
```

通常，除了发生错误的位置以外，我们还希望在错误发生时得到更多的调试信息。至少，我们希望得到具有发生错误时完整函数调用栈的栈回溯（traceback）。当函数 pcall 返回错误信息时，部分的调用栈已经被破坏了（从 pcall 到出错之处的部分）。因此，如果希望得到一个有意义的栈回溯，那么就必须在函数 pcall 返回前先将调用栈构造好。为了完成这个需求，Lua 语言提供了函数 xpcall。该函数与函数 pcall 类似，但它的第 2 个参数是一个*消息处理函数*（*message handler function*）。当发生错误时，Lua 会在调用栈展开（stack unwind）前调用这个消息处理函数，以便消息处理函数能够使用调试库来获取有关错误的更多信息。两个常用的消息处理函数是 debug.debug 和 debug.traceback，前者为用户提供一个 Lua 提示符来让用户检查错误发生的原因；后者则使用调用栈来构造详细的错误信息，Lua 语言的独立解释器就是使用这个函数来构造错误信息的。

## 16.6 练习

练习 16.1：通常，在加载代码段时增加一些前缀很有用。（我们在本章前面部分已经见过相应的例子，在那个例子中，我们在待加载的表达式前增加了一个 **return** 语句。）请编写一个函数 `loadwithprefix`，该函数类似于函数 `load`，不过会将第 1 个参数（一个字符串）增加到待加载的代码段之前。

像原始的 `load` 函数一样，函数 `loadwithprefix` 应该既可以接收字符串形式的代码段，也可以通过函数进行读取。即使待加载的代码段是字符串形式的，函数 `loadwithprefix` 也不应该进行实际的字符串连接操作。相反，它应该调用函数 `load` 并传入一个恰当的读取函数来实现功能，这个读取函数首先返回要增加的代码，然后返回原始的代码段。

练习 16.2：请编写一个函数 `multiload`，该函数接收一组字符串或函数来生成函数 `loadwithprefix`，如下例所示：

```
f = multiload("local x = 10;",
              io.lines("temp", "*L"),
              " print(x)")
```

在上例中，函数 `multiload` 应该加载一段等价于字符串`"local..."`、`temp` 文件的内容和字符串`"print(x)"` 连接在一起后的代码。与上一练习中的函数 `loadwithprefix` 类似，函数 `multiload` 也不应该进行任何实际的字符串连接操作。

练习 16.3：示例 16.2中的函数 `stringrep` 使用二进制乘法算法（binary multiplication algorithm）来完成将指定字符串 `s` 的 `n` 个副本连接在一起的需求：

示例 16.2　字符串复制

```
function stringrep (s, n)
  local r = ""
  if n > 0 then
    while n > 1 do
      if n % 2 ~= 0 then  r = r .. s  end
      s = s .. s
      n = math.floor(n / 2)
    end
    r = r .. s
  end
```

```
    return r
  end
```

对于任意固定的 n，我们可以通过将循环展开为一系列的 r=r ..s 和 s=s ..s 语句来创建一个特殊版本的 stringrep。例如，在 n=5 时可以展开为如下的函数：

```
  function stringrep_5 (s)
    local r = ""
    r = r .. s
    s = s .. s
    s = s .. s
    r = r .. s
    return r
  end
```

请编写一个函数，该函数对于指定的 n 返回特定版本的函数 stringrep_*n*。在实现方面，不能使用闭包，而是应该构造出包含合理指令序列（r=r..s 和 s=s..s 的组合）的 Lua 代码，然后再使用函数 load 生成最终的函数。请比较通用版本的 stringrep 函数（或者使用该函数的闭包）与我们自己实现的版本之间的性能差异。

练习 16.4：你能否想到一个使 pcall(pcall, f) 的第 1 个返回值为 **false** 的 f？为什么这样的 f 会有存在的意义呢？

# 17

# 模块和包

通常，Lua 语言不会设置规则（policy）。相反，Lua 语言提供的是足够强大的机制供不同的开发者实现最适合自己的规则。然而，这种方法对于模块（module）而言并不是特别适用。模块系统（module system）的主要目标之一就是允许不同的人共享代码，缺乏公共规则就无法实现这样的共享。

Lua 语言从 5.1 版本开始为模块和包（package，模块的集合）定义了一系列的规则。这些规则不需要从语言中引入额外的功能，程序员可以使用目前为止我们学习到的机制实现这些规则。程序员也可以自由地使用不同的策略。当然，不同的实现可能会导致程序不能使用外部模块，或者模块不能被外部程序使用。

从用户观点来看，一个模块（*module*）就是一些代码（要么是 Lua 语言编写的，要么是 C 语言编写的），这些代码可以通过函数 `require` 加载，然后创建和返回一个表。这个表就像是某种命名空间，其中定义的内容是模块中导出的东西，比如函数和常量。

例如，所有的标准库都是模块。我们可以按照如下的方法使用数学库：

```
local m = require "math"
print(m.sin(3.14))          --> 0.0015926529164868
```

独立解释器会使用跟如下代码等价的方式提前加载所有标准库：

```
math = require "math"
string = require "string"
...
```

这种提前加载使得我们可以不用费劲地编写代码来加载模块 math 就可以直接使用函数 math.sin。

使用表来实现模块的显著优点之一是，让我们可以像操作普通表那样操作模块，并且能利用 Lua 语言的所有功能实现额外的功能。在大多数语言中，模块不是第一类值（即它们不能被保存在变量中，也不能被当作参数传递给函数等），所以那些语言需要为模块实现一套专门的机制。而在 Lua 语言中，我们则可以轻易地实现这些功能。

例如，用户调用模块中的函数就有几种方法。其中常见的方法是：

```
local mod = require "mod"
mod.foo()
```

用户可以为模块设置一个局部名称：

```
local m = require "mod"
m.foo()
```

也可以为个别函数提供不同的名称：

```
local m = require "mod"
local f = m.foo
f()
```

还可以只引入特定的函数：

```
local f = require "mod".foo        -- (require("mod")).foo
f()
```

上述这些方法的好处是无须语言的特别支持，它们使用的都是语言已经提供的功能。

## 17.1 函数 require

尽管函数 require 也只是一个没什么特殊之处的普通函数，但在 Lua 语言的模块实现中扮演着核心角色。要加载模块时，只需要简单地调用这个函数，然后传入模块名作为参数。请记住，当函数的参数只有一个字符串常量时括号是可以省略的，而且一般在使用 require 时按照惯例也会省略括号。不过尽管如此，下面的这些用法也都是正确的：

```
local m = require('math')
```

```
local modname = 'math'
local m = require(modname)
```

函数 require 尝试对模块的定义做最小的假设。对于该函数来说，一个模块可以是定义了一些变量（比如函数或者包含函数的表）的代码。典型地，这些代码返回一个由模块中函数组成的表。不过，由于这个动作是由模块的代码而不是由函数 require 完成的，所以某些模块可能会选择返回其他的值或者甚至引发副作用（例如，通过创建全局变量）。

首先，函数 require 在表 package.loaded 中检查模块是否已被加载。如果模块已经被加载，函数 require 就返回相应的值。因此，一旦一个模块被加载过，后续的对于同一模块的所有 require 调用都将返回同一个值，而不会再运行任何代码。

如果模块尚未加载，那么函数 require 则搜索具有指定模块名的 Lua 文件（搜索路径由变量 package.path 指定，我们会在后续对其进行讨论）。如果函数 require 找到了相应的文件，那么就用函数 loadfile 将其进行加载，结果是一个我们称之为加载器（*loader*）的函数（加载器就是一个被调用时加载模块的函数[①]）。

如果函数 require 找不到指定模块名的 Lua 文件，那么它就搜索相应名称的 C 标准库。[②]（在这种情况下，搜索路径由变量 package.cpath 指定。）如果找到了一个 C 标准库，则使用底层函数 package.loadlib 进行加载，这个底层函数会查找名为 luaopen_*modname* 的函数。在这种情况下，加载函数就是 loadlib 的执行结果，也就是一个被表示为 Lua 函数的 C 语言函数 luaopen_*modname*。

不管模块是在 Lua 文件还是 C 标准库中找到的，函数 require 此时都具有了用于加载它的加载函数。为了最终加载模块，函数 require 带着两个参数调用加载函数：模块名和加载函数所在文件的名称（大多数模块会忽略这两个参数）。如果加载函数有返回值，那么函数 require 会返回这个值，然后将其保存在表 package.loaded 中，以便于将来在加载同一模块时返回相同的值。如果加载函数没有返回值且表中的 package.loaded[@rep{modname}] 为空，函数 require 就假设模块的返回值是 **true**。如果没有这种补偿，那么后续调用函数 require 时将会重复加载模块。

要强制函数 require 加载同一模块两次，可以先将模块从 package.loaded 中删除：

```
package.loaded.modname = nil
```

[①] 译者注：在原书中，作者混用了 loader function、open function 及 initial function，因此后面加载器也与打开函数和初始化函数混用了，但译者倾向于将 loader function 翻译为加载函数。

[②] 在29.3节中，我们会学习如何编写 C 标准库。

下一次再加载这个模块时，函数 require 就会重新加载模块。

对于函数 require 来说，一个常见的抱怨是它不能给待加载的模块传递参数。例如，数学模块可以对角度和弧度的选择增加一个选项：

```
-- 错误的代码
local math = require("math", "degree")
```

这里的问题在于，函数 require 的主要目的之一就是避免重复加载模块。一旦一个模块被加载，该模块就会在后续所有调用 require 的程序部分被复用。这样，不同参数的同名模块之间就会产生冲突。如果读者真的需要具有参数的模块，那么最好使用一个显式的函数来设置参数，比如：

```
local mod = require "mod"
mod.init(0, 0)
```

如果加载函数返回的是模块本身，那么还可以写成：

```
local mod = require "mod".init(0, 0)
```

请记住，模块在任何情况下只加载一次；至于如何处理冲突的加载，取决于模块自己。

### 17.1.1 模块重命名

通常，我们通过模块本来的名称来使用它们，但有时，我们也需要将一个模块改名以避免命名冲突。一种典型的情况就是，出于测试的目的而需要加载同一模块的不同版本。对于一个 Lua 语言模块来说，其内部的名称并不要求是固定的，因此通常修改.lua 文件的文件名就够了。不过，我们却无法修改 C 标准库的二进制目标代码中 luaopen_* 函数的名称。为了进行这种重命名，函数 require 运用了一个连字符的技巧：如果一个模块名中包含连字符，那么函数 require 就会用连字符之前的内容来创建 luaopen_* 函数的名称。例如，如果一个模块的名称为 mod-v3.4，那么函数 require 会认为该模块的加载函数应该是 luaopen_mod 而不是 luaopen_mod-v3.4（这也不是有效的 C 语言函数名）。因此，如果需要使用两个名称均为 mod 的模块（或相同模块的两个不同版本），那么可以对其中的一个进行重命名，如 mod-v1。当调用 m1=require "mod-v1" 时，函数 require 会找到改名后的文件 mod-v1 并将其中原名为 luaopen_mod 的函数作为加载函数。

### 17.1.2 搜索路径

在搜索一个 Lua 文件时，函数 require 使用的路径与典型的路径略有不同。典型的路径是很多目录组成的列表，并在其中搜索指定的文件。不过，ISO C（Lua 语言依赖的抽象平台）并没有目录的概念。所以，函数 require 使用的路径是一组模板（*template*），其中的每项都指定了将模块名（函数 require 的参数）转换为文件名的方式。更准确地说，这种路径中的每一个模板都是一个包含可选问号的文件名。对于每个模板，函数 require 会用模块名来替换每一个问号，然后检查结果是否存在对应的文件；如果不存在，则尝试下一个模板。路径中的模板以在大多数操作系统中很少被用于文件名的分号隔开。例如，考虑如下路径：

```
?;?.lua;c:\windows\?;/usr/local/lua/?/?.lua
```

在使用这个路径时，调用 require "sql" 将尝试打开如下的 Lua 文件：

```
sql
sql.lua
c:\windows\sql
/usr/local/lua/sql/sql.lua
```

函数 require 只处理分号（作为分隔符）和问号，所有其他的部分（包括目录分隔符和文件扩展名）则由路径自己定义。

函数 require 用于搜索 Lua 文件的路径是变量 package.path 的当前值。当 package 模块被初始化后，它就把变量 package.path 设置成环境变量 LUA_PATH_5_3 的值。如果这个环境变量没有被定义，那么 Lua 语言则尝试另一个环境变量 LUA_PATH。如果这两个环境变量都没有被定义，那么 Lua 语言则使用一个编译时定义的默认路径。[①]在使用一个环境变量的值时，Lua 语言会将其中所有的";;" 替换成默认路径。例如，如果将 LUA_PATH_5_3 设为"mydir/?.lua;;"，那么最终路径就会是模板"mydir/?.lua" 后跟默认路径。

搜索 C 标准库的路径的逻辑与此相同，只不过 C 标准库的路径来自变量 package.cpath 而不是 package.path。类似地，这个变量的初始值也来自环境变量 LUA_CPATH_5_3 或 LUA_CPATH。在 POSIX 系统中这个路径的典型值形如：

```
./?.so;/usr/local/lib/lua/5.2/?.so
```

请注意定义文件扩展名的路径。在上例中，所有模板使用的都是.so，而在 Windows 操作系统中此典型路径通常形如：

[①] 从 Lua 5.2 开始，独立解释器可以通过命令行参数-E 来阻止使用这些环境变量而强制使用默认值。

```
.\?.dll;C:\Program Files\Lua502\dll\?.dll
```

函数 package.searchpath 中实现了搜索库的所有规则，该函数的参数包括模块名和路径，然后遵循上述规则来搜索文件。函数 package.searchpath 要么返回第一个存在的文件的文件名，要么返回 nil 外加描述所有文件都无法成功打开的错误信息，如下：

```
> path = ".\\?.dll;C:\\Program Files\\Lua502\\dll\\?.dll"
> print(package.searchpath("X", path))
nil
        no file '.\X.dll'
        no file 'C:\Program Files\Lua502\dll\X.dll'
```

作为一个有趣的练习，我们在示例 17.1中实现了一个与函数 package.searchpath 类似的函数。

示例 17.1　实验版的 package.searchpath

```
function search (modname, path)
  modname = string.gsub(modname, "%.", "/")
  local msg = {}
  for c in string.gmatch(path, "[^;]+") do
    local fname = string.gsub(c, "?", modname)
    local f = io.open(fname)
    if f then
      f:close()
      return fname
    else
      msg[#msg + 1] = string.format("\n\tno file '%s'", fname);
    end
  end
  return nil, table.concat(msg)       -- 没找到
end
```

上述函数首先替换目录分隔符，在本例中即把所有的点换成斜杠（我们会在后续看到模块名中的点具有特殊含义）。之后，该函数遍历路径中的所有组成部分，也就是每一个不含分号的最长匹配。对于每一个组成部分，该函数使用模块名来替换问号得到最终的文件名，然后检查相应的文件是否存在。如果存在，该函数关闭这个文件，然后返回文件的名称；否

则，该函数保存失败的文件名用于可能的错误提示（请注意字符串缓冲区在避免创建无用的长字符串时的作用）。如果一个文件都找不到，该函数则返回 nil 及最终的错误信息。

### 17.1.3 搜索器

在现实中，函数 require 比此前描述过的稍微复杂一点。搜索 Lua 文件和 C 标准库的方式只是更加通用的搜索器（*searcher*）的两个实例。一个搜索器是一个以模块名为参数，以对应模块的加载器或 nil（如果找不到加载器）为返回值的简单函数。

数组 package.searchers 列出了函数 require 使用的所有搜索器。在寻找模块时，函数 require 传入模块名并调用列表中的每一个搜索器直到它们其中的一个找到了指定模块的加载器。如果所有搜索器都被调用完后还找不到，那么函数 require 就抛出一个异常。

用一个列表来驱动对一个模块的搜索给函数 require 提供了极大的灵活性。例如，如果想保存被压缩在 zip 文件中的模块，只需要提供一个合适的搜索器（函数），然后把它增加到该列表中。在默认配置中，我们此前学习过的用于搜索 Lua 文件和 C 标准库的搜索器排在列表的第二、三位，在它们之前是预加载搜索器。

预加载（*preload*）搜索器使得我们能够为要加载的模块定义任意的加载函数。预加载搜索器使用一个名为 package.preload 的表来映射模块名称和加载函数。当搜索指定的模块名时，该搜索器只是简单地在表中搜索指定的名称。如果它找到了对应的函数，那么就将该函数作为相应模块的加载函数返回；否则，则返回 nil。预加载搜索器为处理非标场景提供了一种通用的方式。例如，一个静态链接到 Lua 中的 C 标准库可以将其 luaopen_ 函数注册到表 preload 中，这样 luaopen_ 函数只有当用户加载这个模块时才会被调用。用这种方式，程序不会为没有用到的模块浪费资源。

默认的 package.searchers 中的第 4 个函数只与子模块有关，我们会在17.3节对其进行介绍。

## 17.2 Lua 语言中编写模块的基本方法

在 Lua 语言中创建模块的最简单方法是，创建一个表并将所有需要导出的函数放入其中，最后返回这个表。示例 17.2演示了这种方法。

示例 17.2　一个用于复数的简单模块

```
local M = {}          -- 模块

-- 创建一个新的复数
local function new (r, i)
  return {r=r, i=i}
end

M.new = new          -- 把'new'加到模块中

-- constant 'i'
M.i = new(0, 1)

function M.add (c1, c2)
  return new(c1.r + c2.r, c1.i + c2.i)
end

function M.sub (c1, c2)
  return new(c1.r - c2.r, c1.i - c2.i)
end

function M.mul (c1, c2)
  return new(c1.r*c2.r - c1.i*c2.i, c1.r*c2.i + c1.i*c2.r)
end

local function inv (c)
  local n = c.r^2 + c.i^2
  return new(c.r/n, -c.i/n)
end

function M.div (c1, c2)
  return M.mul(c1, inv(c2))
end
```

```
function M.tostring (c)
  return string.format("(%g,%g)", c.r, c.i)
end

return M
```

请注意我们是如何通过简单地把 new 和 inv 声明为局部变量而使它们成为代码段的私有函数（private function）的。

有些人不喜欢最后的返回语句。一种将其省略的方式是直接把模块对应的表放到 package.loaded 中：

```
local M = {}
package.loaded[...] = M
  跟之前一样，但没有返回语句
```

请注意，函数 require 会把模块的名称作为第一个参数传给加载函数。因此，表索引中的可变长参数表达式...其实就是模块名。在这一赋值语句后，我们就不再需要在模块的最后返回 M 了：如果一个模块没有返回值，那么函数 require 会返回 package.loaded[modname] 的当前值（如果不是 nil 的话）。不过，笔者认为在模块的最后加上 return 语句更清晰。如果我们忘了 return 语句，那么在测试模块的时候很容易就会发现问题。

另一种编写模块的方法是把所有的函数定义为局部变量，然后在最后构造返回的表，参见示例 17.3。

**示例 17.3 使用导出表的模块**

```
local function new (r, i) return {r=r, i=i} end

-- 定义常量'i'
local i = complex.new(0, 1)

  跟之前一样的其他函数

return {
  new       = new,
  i         = i,
  add       = add,
```

```
    sub      = sub,
    mul      = mul,
    div      = div,
    tostring = tostring,
  }
```

这种方式的优点在于，无须在每一个标识符前增加前缀 M.或类似的东西。通过显式的导出表，我们能够以与在模块中相同的方式定义和使用导出和内部函数。这种方式的缺点在于，导出表位于模块最后而不是最前面（把前面的话当作简略文档的话更有用），而且由于必须把每个名字都写两遍，所以导出表有点冗余（这一缺点其实可能会变成优点，因为这允许函数在模块内和模块外具有不同的名称，不过程序很少会用到）。

不管怎样，无论怎样定义模块，用户都能用标准的方法使用模块：

```
local cpx = require "complex"
print(cpx.tostring(cpx.add(cpx.new(3,4), cpx.i)))
  --> (3,5)
```

后续，我们会看到如何使用诸如元表和环境之类的高级 Lua 语言功能来编写模块。不过，除了发现由于失误而定义的全局变量时有一个技巧外，笔者在编写模块时都是用基本功能。

## 17.3 子模块和包

Lua 支持具有层次结构的模块名，通过点来分隔名称中的层次。例如，一个名为 mod.sub 的模块是模块 mod 的一个子模块（*submodule*）。一个包（*package*）是一棵由模块组成的完整的树，它是 Lua 语言中用于发行程序的单位。

当加载一个名为 mod.sub 的模块时，函数 require 依次使用原始的模块名"mod.sub" 作为键来查询表 package.loaded 和表 package.preload。这里，模块名中的点像模块名中的其他字符一样，没有特殊含义。

然而，当搜索一个定义子模块的文件时，函数 require 会将点转换为另一个字符，通常就是操作系统的目录分隔符（例如，POSIX 操作系统的斜杠或 Windows 操作系统的反斜杠）。转换之后，函数 require 会像搜索其他名称一样搜索这个名称。例如，假设目录分隔符是斜杠并且有如下路径：

```
./?.lua;/usr/local/lua/?.lua;/usr/local/lua/?/init.lua
```

调用 require "a.b" 会尝试打开以下文件：

```
./a/b.lua
/usr/local/lua/a/b.lua
/usr/local/lua/a/b/init.lua
```

这种行为使得一个包中的所有模块能够放到一个目录中。例如，一个具有模块 p、p.a 和 p.b 的包对应的文件可以分别是 p/init.lua、p/a.lua 和 p/b.lua，目录 p 又位于其他合适的目录中。

Lua 语言使用的目录分隔符是编译时配置的，可以是任意的字符串（请记住，Lua 并不知道目录的存在）。例如，没有目录层次的系统可以使用下画线作为“目录分隔符”，因此调用 require "a.b" 会搜索文件 a_b.lua。

C 语言中的名称不能包含点，因此一个用 C 语言编写的子模块 a.b 无法导出函数 luaopen_a.b。这时，函数 require 会将点转换为其他字符，即下画线。因此，一个名为 a.b 的 C 标准库应将其加载函数命名为 luaopen_a_b。

作为一种额外的机制，函数 require 在加载 C 语言编写的子模块时还有另外一个搜索器。当该函数找不到子模块对应的 Lua 文件或 C 文件时，它会再次搜索 C 文件所在的路径，不过这次将搜索包的名称。例如，如果一个程序要加载子模块 a.b.c，搜索器会搜索文件 a。如果找到了 C 标准库 a，那么函数 require 就会在该库中搜索对应的加载函数 luaopen_a_b_c。这种机制允许一个发行包将几个子模块组织为一个 C 标准库，每个子模块有各自的加载函数。

从 Lua 语言的视角看，同一个包中的子模块没有显式的关联。加载一个模块并不会自动加载它的任何子模块。同样，加载子模块也不会自动地加载其父模块。当然，只要包的实现者愿意，也可以创造这种关联。例如，一个特定的模块可能一开始就显式地加载它的一个或全部子模块。

## 17.4 练习

练习 17.1：将双端队列的实现（示例 14.2）重写为恰当的模块。

练习 17.2：将几何区域系统的实现（9.4节）重写为恰当的模块。

练习 17.3：如果库搜索路径中包含固定的路径组成（即没有包含问号的组成部分）会发生什么？这一行为有什么用？

练习 17.4：编写一个同时搜索 Lua 文件和 C 标准库的搜索器。例如，搜索器使用的路径可能形如：

```
./?.lua;./?.so;/usr/lib/lua5.2/?.so;/usr/share/lua5.2/?.lua
```

（提示：使用函数 package.searchpath 寻找正确的文件，然后试着依次使用函数 loadfile 和函数 package.loadlib 加载该文件。）

# 第 3 部分

# 语言特性

# 18

# 迭代器和泛型 for

我们已经在本书中的几个需求中使用过泛型 **for**，比如读取一个文件的所有行或遍历一个对象所有匹配的模式。然而，我们仍然不知道如何创建迭代器。在本章中，我们将学习这一部分内容，先从简单的迭代器入手，再学习如何利用泛型 **for** 的所有功能来编写各种各样的迭代器。

## 18.1 迭代器和闭包

迭代器（*iterator*）是一种可以让我们遍历一个集合中所有元素的代码结构。在 Lua 语言中，通常使用函数表示迭代器：每一次调用函数时，函数会返回集合中的“下一个”元素。一个典型的例子是 `io.read`，每次调用该函数时它都会返回标准输入中的下一行，在没有可以读取的行时返回 nil。

所有的迭代器都需要在连续的调用之间保存一些状态，这样才能知道当前迭代所处的位置及如何从当前位置步进到下一位置。对于函数 `io.read` 而言，C 语言会将状态保存在流的结构体中。对于我们自己的迭代器而言，闭包则为保存状态提供了一种良好的机制。请注意，一个闭包就是一个可以访问其自身的环境中一个或多个局部变量的函数。这些变量将连续调用过程中的值并将其保存在闭包中，从而使得闭包能够记住迭代所处的位置。当然，要创建一个新的闭包，我们还必须创建非局部变量。因此，一个闭包结构通常涉及两个函数：闭包本身和一个用于创建该闭包及其封装变量的工厂（*factory*）。

作为示例，让我们来为列表编写一个简单的迭代器。与 ipairs 不同的是，该迭代器并不是返回每个元素的索引而是返回元素的值：

```
function values (t)
  local i = 0
  return function ()  i = i + 1; return t[i]  end
end
```

在这个例子中，values 就是工厂。每当调用这个工厂时，它就会创建一个新的闭包（即迭代器本身）。这个闭包将它的状态保存在其外部的变量 t 和 i 中，这两个变量也是由 values 创建的。每次调用这个迭代器时，它就从列表 t 中返回下一个值。在遍历完最后一个元素后，迭代器返回 nil，表示迭代结束。

我们可以在一个 **while** 循环中使用这个迭代器：

```
t = {10, 20, 30}
iter = values(t)           -- 创建迭代器
while true do
  local element = iter()   -- 调用迭代器
  if element == nil then break end
  print(element)
end
```

不过，使用泛型 **for** 更简单。毕竟，泛型 **for** 正是为了这种迭代而设计的：

```
t = {10, 20, 30}
for element in values(t) do
  print(element)
end
```

泛型 **for** 为一次迭代循环做了所有的记录工作：它在内部保存了迭代函数，因此不需要变量 iter；它在每次做新的迭代时都会再次调用迭代器，并在迭代器返回 nil 时结束循环（在下一节中，我们将会看到泛型 **for** 还完成了更多的工作）。

下面是一个更高级的示例，示例 18.1展示了一个迭代器，它可以遍历来自标准输入的所有单词。

示例 18.1　遍历来自标准输入的所有单词的迭代器

```
function allwords ()
```

```
    local line = io.read()  -- 当前行
    local pos = 1           -- 当前行的当前位置
    return function ()      -- 迭代函数
      while line do         -- 当还有行时循环
        local w, e = string.match(line, "(%w+)()", pos)
        if w then           -- 发现一个单词?
          pos = e           -- 下一个位置位于该单词后
          return w          -- 返回该单词
        else
          line = io.read()  -- 没找到单词；尝试下一行
          pos = 1           -- 从第一个位置重新开始
        end
      end
      return nil            -- 没有行了：迭代结束
    end
  end
```

为了完成这样的遍历，我们需要保存两个值：当前行的内容（变量 `line`）及当前行的当前位置（变量 `pos`）。有了这些数据，我们就可以不断产生下一个单词。这个迭代函数的主要部分是调用函数 `string.match`，以当前位置作为起始在当前行中搜索一个单词。函数 `string.match` 使用模式 `'%w+'` 来匹配一个“单词”，也就是匹配一个或多个字母/数字字符。如果函数 `string.match` 找到了一个单词，它就捕获并返回这个单词及该单词之后的第一个字符的位置（一个空匹配），迭代函数则更新当前位置并返回该单词；否则，迭代函数读取新的一行，然后重复上述搜索过程。在所有的行都被读取完后，迭代函数返回 nil 以表示迭代结束。

尽管迭代器本身有点复杂，但 `allwords` 的使用还是很简明易懂的：

```
for word in allwords() do
  print(word)
end
```

对于迭代器而言，一种常见的情况就是，编写迭代器可能不太容易，但使用迭代器却十分简单。这也不是一个大问题，因为使用 Lua 语言编程的最终用户一般不会去定义迭代器，而只会使用那些宿主应用已经提供的迭代器。

## 18.2 泛型 for 的语法

上述那些迭代器都有一个缺点，即需要为每个新的循环创建一个新的闭包。对于大多数情况而言，这或许不会有什么问题。例如，在之前的 `allwords` 迭代器中，创建一个闭包的开销相对于读取整个文件的开销而言几乎可以忽略不计。但是，在另外一些情况下，这样的开销可能会很可观。在这类情况中，我们可以通过使用泛型 **for** 自己保存迭代状态。在本节中，我们会详细说明泛型 **for** 提供的用来保存状态的机制。

泛型 **for** 在循环过程中在其内部保存了迭代函数。实际上，泛型 **for** 保存了三个值：一个迭代函数、一个不可变状态（*invariant state*）和一个控制变量（*control variable*）。下面让我们进行进一步学习。

泛型 **for** 的语法如下：

```
for var-list in exp-list do
  body
end
```

其中，*var-list* 是由一个或多个变量名组成的列表，以逗号分隔；*exp-list* 是一个或多个表达式组成的列表，同样以逗号分隔。通常，表达式列表只有一个元素，即一句对迭代器工厂的调用。例如，在如下代码中，变量列表是 `k,v`，表达式列表只有一个元素 `pairs(t)`：

```
for k, v in pairs(t) do print(k, v) end
```

我们把变量列表的第一个（或唯一的）变量称为控制变量（*control variable*），其值在循环过程中永远不会是 nil，因为当其值为 nil 时循环就结束了。

**for** 做的第一件事情是对 **in** 后面的表达式求值。这些表达式应该返回三个值供 **for** 保存：迭代函数、不可变状态和控制变量的初始值。类似于多重赋值，只有最后一个（或唯一的）表达式能够产生不止一个值；表达式列表的结果只会保留三个，多余的值会被丢弃，不足三个则以 nil 补齐。例如，在使用简单迭器时，工厂只会返回迭代函数，因此不可变状态和控制变量都是 nil。

在上述的初始化步骤完成后，**for** 使用不可变状态和控制变量为参数来调用迭代函数。从 **for** 代码结构的立足点来看，不可变状态根本没有意义。**for** 只是把从初始化步骤得到的状态值传递给所有迭代函数。然后，**for** 将迭代函数的返回值赋给变量列表中声明的变量。如果第一个返回值（赋给控制变量的值）为 nil，那么循环终止；否则，**for** 执行它的循环体并再次调用迭代函数，再不断地重复这个过程。

更确切地说，形如

```
for var_1, ..., var_n in explist do block end
```

这样的代码结构与下列代码等价：

```
do
  local _f, _s, _var = explist
  while true do
    local var_1, ... , var_n = _f(_s, _var)
    _var = var_1
    if _var == nil then break end
    block
  end
end
```

因此，假设迭代函数为 $f$，不可变状态为 $s$，控制变量的初始值为 $a_0$，那么在循环中控制变量的值依次为 $a_1 = f(s, a_0), a_2 = f(s, a_1)$，依此类推，直至 $a_i$ 为 nil。如果 **for** 还有其他变量，那么这些变量只是简单地在每次调用 $f$ 后得到额外的返回值。

## 18.3 无状态迭代器

顾名思义，无状态迭代器（stateless iterator）就是一种自身不保存任何状态的迭代器。因此，可以在多个循环中使用同一个无状态迭代器，从而避免创建新闭包的开销。

正如刚刚所看到的，**for** 循环会以不可变状态和控制变量为参数调用迭代函数。一个无状态迭代器只根据这两个值来为迭代生成下一个元素。这类迭代器的一个典型例子就是 `ipairs`，它可以迭代一个序列中的所有元素：

```
a = {"one", "two", "three"}
for i, v in ipairs(a) do
  print(i, v)
end
```

迭代的状态由正在被遍历的表（一个不可变状态，它不会在循环中改变）及当前的索引值（控制变量）组成。`ipairs`（工厂）和迭代器都非常简单，我们可以在 Lua 语言中将其编写出来：

```
local function iter (t, i)
  i = i + 1
  local v = t[i]
  if v then
    return i, v
  end
end

function ipairs (t)
  return iter, t, 0
end
```

当调用 **for** 循环中的 ipairs(t) 时，ipairs(t) 会返回三个值，即迭代函数 iter、不可变状态表 t 和控制变量的初始值 0。然后，Lua 语言调用 iter(t, 0)，得到 1,t[1]（除非 t[1] 已经变成了 nil）。在第二次迭代中，Lua 语言调用 iter(t, 1)，得到 2,t[2]，依此类推，直至得到第一个为 nil 的元素。

函数 pairs 与函数 ipairs 类似，也用于遍历一个表中的所有元素。不同的是，函数 pairs 的迭代函数是 Lua 语言中的一个基本函数 next：

```
function pairs (t)
  return next, t, nil
end
```

在调用 next(t, k) 时，k 是表 t 的一个键，该函数会以随机次序返回表中的下一个键及 k 对应的值（作为第二个返回值）。调用 next(t, nil) 时，返回表中的第一个键值对。当所有元素被遍历完时，函数 next 返回 nil。

我们可以不调用 pairs 而直接使用 next：

```
for k, v in next, t do
  loop body
end
```

请注意，**for** 循环会把表达式列表的结果调整为三个值，因此上例中得到的是 next、t 和 nil，这也正与 pairs(t) 的返回值完全一致。

关于无状态迭代器的另一个有趣的示例是遍历链表的迭代器（链表在 Lua 语言中并不常见，但有时也需要用到）。我们的第一反应可能是只把当前节点当作控制变量，以便于迭代函数能够返回下一个节点：

```
local function getnext (node)
    return node.next
end

function traverse (list)
  return getnext, nil, list
end
```

但是，这种实现会跳过第一个节点。所以，我们需要使用如下的代码：

```
local function getnext (list, node)
  if not node then
    return list
  else
    return node.next
  end
end

function traverse (list)
  return getnext, list, nil
end
```

这里的技巧是，除了将当前节点作为控制变量，还要将头节点作为不可变状态（traverse 返回的第二个值）。第一次调用迭代函数 getnext 时，node 为 nil，因此函数返回 list 作为第一个节点。在后续的调用中，node 不再是 nil，所以迭代函数会像我们所期望的那样返回 node.next。

## 18.4 按顺序遍历表

一个常见的困惑发生在开发人员想要对表中的元素进行排序时。由于一个表中的元素没有顺序，所以如果想对这些元素排序，就不得不先把键值对拷贝到一个数组中，然后再对数组进行排序。

我们在第11章“小插曲：出现频率最高的单词”项目中已经看到过这个技巧的例子。这里，让我们再举一个例子。假设我们要读取一个源文件，然后构造一个表来保存每个函数的名称及其声明所在的行数，形式如下：

```
lines = {
  ["luaH_set"] = 10,
  ["luaH_get"] = 24,
  ["luaH_present"] = 48,
}
```

现在，我们想按照字母顺序输出这些函数名。如果使用 pairs 遍历表，那么函数名会按照随机的顺序出现。由于这些函数名是表的键，所以我们无法直接对其进行排序。不过，如果我们把它们放到数组中，那么就可以对它们进行排序了。首先，我们必须创建一个包含函数名的数组，然后对其排序，再最终输出结果。

```
a = {}
for n in pairs(lines) do a[#a + 1] = n end
table.sort(a)
for _, n in ipairs(a) do print(n) end
```

有些人可能会困惑。毕竟，对于 Lua 语言来说，数组也没有顺序（毕竟它们是表）。但是我们知道如何数数！因此，当我们使用有序的索引访问数组时，就实现了有序。这正是应该总是使用 ipairs 而不是 pairs 来遍历数组的原因。第一个函数通过有序的键 1、2 等来实现有序，然而后者使用的则是天然的随机顺序（虽然大多数情况下顺序随机也无碍，但有时可能并非我们想要的）。

现在，我们已经准备好写一个按照键的顺序来遍历表的迭代器了：

```
function pairsByKeys (t, f)
  local a = {}
  for n in pairs(t) do    -- 创建一个包含所有键的表
    a[#a + 1] = n
  end
  table.sort(a, f)        -- 对列表排序
  local i = 0             -- 迭代变量
  return function ()      -- 迭代函数
    i = i + 1
    return a[i], t[a[i]]   -- 返回键和值
  end
```

```
    end
```

工厂函数 pairsByKeys 首先把键放到一个数组中，然后对数组进行排序，最后返回迭代函数。在每一步中，迭代器都会按照数组 a 中的顺序返回原始表中的下一个键值对。可选的参数 f 允许指定一种其他的排序方式。

使用这个函数，可以很容易地解决开始时提出的按顺序遍历表的问题：

```
for name, line in pairsByKeys(lines) do
  print(name, line)
end
```

像通常的情况一样，所有的复杂性都被隐藏到了迭代器中。

## 18.5 迭代器的真实含义

"迭代器"这个名称多少有点误导性，这是因为迭代器并没有进行实际的迭代：真正的迭代是 **for** 循环完成的，迭代器只不过为每次的迭代提供连续的值。或许，称其为"生成器（generator）"更好，表示为迭代生成（*generate*）元素；不过，"迭代器"这个名字已在诸如 Java 等其他语言中被广泛使用了。

然而，还有一种创建迭代器的方式可以让迭代器进行实际的迭代操作。当使用这种迭代器时，就不再需要编写循环了。相反，只需要调用这个迭代器，并传入一个描述了在每次迭代时迭代器需要做什么的参数即可。更确切地说，迭代器接收一个函数作为参数，这个函数在循环的内部被调用，这种迭代器就被称为真正的迭代器（true iterator）。

举一个更具体的例子，让我们使用这种风格再次重写 allwords 迭代器：

```
function allwords (f)
  for line in io.lines() do
    for word in string.gmatch(line, "%w+") do
      f(word)    -- 调用函数
    end
  end
end
```

使用这个迭代器时，我们必须传入一个函数作为循环体。如果我们只想输出每个单词，那么简单地使用函数 print 即可：

```
allwords(print)
```

通常，我们可以使用一个匿名函数作为循环体。例如，以下的代码用于计算单词“hello”在输入文件中出现的次数：

```
local count = 0
allwords(function (w)
  if w == "hello" then count = count + 1 end
end)
print(count)
```

同样的需求，如果采用之前的迭代器风格，差异也不是特别大：

```
local count = 0
for w in allwords() do
  if w == "hello" then count = count + 1 end
end
print(count)
```

真正的迭代器在老版本的Lua语言中曾非常流行，那时还没有**for**语句。真正的迭代器与生成器风格（generator-style）的迭代器相比怎么样呢？这两种风格都有大致相同的开销，即每次迭代都有一次函数调用。一方面，编写真正的迭代器比较容易（不过，我们可以使用24.3节中的方法使用协程来弥补）。另一方面，生成器风格的迭代器则更灵活。首先，生成器风格的迭代器允许两个或更多个并行的迭代（例如，考虑逐个单词比较两个文件的迭代器）。其次，生成器风格的迭代器允许在循环体中使用**break**和**return**语句。使用真正的迭代器，**return**语句从匿名函数中返回而并非从进行迭代的函数中返回。基于这些原因，笔者一般更喜欢生成器风格的迭代器。

## 18.6 练习

练习 18.1：请编写一个迭代器 `fromto`，使得如下循环与数值型**for**等价：

```
for i in fromto(n, m) do
  body
end
```

你能否以无状态迭代器实现？

练习 18.2：向上一个练习中的迭代器增加一个步进的参数。你能否也用无状态迭代器实现?

练习 18.3：请编写一个迭代器 `uniquewords`，该迭代器返回指定文件中没有重复的所有单词（提示：基于示例 18.1中 `allwords` 的代码，使用一个表来存储已经处理过的所有单词）。

练习 18.4：请编写一个迭代器，该迭代器可以返回指定字符串的所有非空子串。

练习 18.5：请编写一个真正的迭代器，该迭代器遍历指定集合的所有子集（该迭代器可以使用同一个表来保存所有的结果，只需要在每次迭代时改变表的内容即可，不需要为每个子集创建一个新表）。

# 19 小插曲：马尔可夫链算法

下一个完整的程序是一个马尔可夫链（Markov chain）算法的实现，该算法由 Kernighan 和 Pike 在他们的书 *The Practice of Programming*（Addison-Wesley 出版社 1999 年出版）中进行了描述。

马尔可夫链算法根据哪个单词能出现在基础文本中由 $n$ 个前序单词组成的序列之后，来生成伪随机（pseudo-random）文本。对于本例中的实现，我们假定 $n$ 为 2。

程序的第一部分读取原始文本并创建一个表，该表的键为每两个单词组成的前缀，值为紧跟这个前缀的单词所组成的列表。当这个表构建好后，程序就利用它来生成随机文本，随机文本中每个单词出现在它之前两个单词后的概率与其出现在基础文本中相同两个前序单词后的概率相同。最终，我们会得到一串相对比较随机的文本。例如，以本书的英文原版作为基础文本，那么该程序的输出形如 "*Constructors can also traverse a table constructor, then the parentheses in the following line does the whole file in a field n to store the contents of each function, but to show its only argument. If you want to find the maximum element in an array can return both the maximum value and continues showing the prompt and running the code. The following words are reserved and cannot be used to convert between degrees and radians.*"

要将由两个单词组成的前缀作为表的键，需要使用空格来连接两个单词：

```
function prefix (w1, w2)
  return w1 .. " " .. w2
end
```

我们使用字符串 NOWORD（换行符）初始化前缀单词及标记文本的结尾。例如，对于文本"the more we try the more we do"而言，构造出的表如下：

```
{ ["\n \n"] = {"the"},
  ["\n the"] = {"more"},
  ["the more"] = {"we", "we"},
  ["more we"] = {"try", "do"},
  ["we try"] = {"the"},
  ["try the"] = {"more"},
  ["we do"] = {"\n"},
}
```

程序将表保存在变量 statetab 中。如果要向表中的某个前缀所对应的列表中插入一个新单词，可以使用如下的函数：

```
function insert (prefix, value)
  local list = statetab[prefix]
  if list == nil then
    statetab[prefix] = {value}
  else
    list[#list + 1] = value
  end
end
```

该函数首先检查某前缀是否已经有了对应的列表，如果没有，则以新值来创建一个新列表；否则，就将新值添加到现有列表的末尾。

为了构造表 statetab，我们使用两个变量 w1 和 w2 来记录最后读取的两个单词。我们使用18.1节中的 allwords 迭代器读取单词，只不过修改了其中“单词”的定义以便将可选的诸如逗号和句号等标点符号包括在内（参见示例 19.1）。对于新读取的每一个单词，把它添加到与 w1-w2 相关联的列表中，然后更新 w1 和 w2。

在构造完表后，程序便开始生成具有 MAXGEN 个单词的文本。首先，程序重新初始化变量 w1 和 w2。然后，对于每个前缀，程序从其对应的单词列表中随机地选出一个单词，输出这个单词，并更新 w1 和 w2。示例 19.1和示例 19.2给出了完整的程序。

**示例 19.1　马尔可夫链程序的辅助定义**

```
function allwords ()
```

```
  local line = io.read()     -- 当前行
  local pos = 1              -- 当前行的当前位置
  return function ()         -- 迭代函数
    while line do            -- 当还有行时循环
      local w, e = string.match(line, "(%w+[,;.:]?)()", pos)
      if w then                            -- 发现一个单词?
        pos = e                            -- 更新位置
        return w                           -- 返回该单词
      else
        line = io.read()         -- 没找到单词；尝试下一行
        pos = 1                  -- 从第一个位置重新开始
      end
    end
    return nil               -- 没有行了：迭代结束
  end
end

function prefix (w1, w2)
  return w1 .. " " .. w2
end

local statetab = {}

function insert (prefix, value)
  local list = statetab[prefix]
  if list == nil then
    statetab[prefix] = {value}
  else
    list[#list + 1] = value
  end
end
```

示例 19.2　马尔可夫链程序

```
local MAXGEN = 200
```

```
local NOWORD = "\n"

-- 创建表
local w1, w2 = NOWORD, NOWORD
for nextword in allwords() do
  insert(prefix(w1, w2), nextword)
  w1 = w2; w2 = nextword;
end
insert(prefix(w1, w2), NOWORD)

-- 生成本文
w1 = NOWORD; w2 = NOWORD     -- 重新初始化
for i = 1, MAXGEN do
  local list = statetab[prefix(w1, w2)]
  -- 从列表中随机选出一个元素
  local r = math.random(#list)
  local nextword = list[r]
  if nextword == NOWORD then return end
  io.write(nextword, " ")
  w1 = w2; w2 = nextword
end
```

## 19.1 练习

练习 19.1：使马尔可夫链算法更加通用，以支持任意长度的前缀单词序列。

# 20 元表和元方法

通常，Lua 语言中的每种类型的值都有一套可预见的操作集合。例如，我们可以将数字相加，可以连接字符串，还可以在表中插入键值对等。但是，我们无法将两个表相加，无法对函数作比较，也无法调用一个字符串，除非使用元表。

元表可以修改一个值在面对一个未知操作时的行为。例如，假设 a 和 b 都是表，那么可以通过元表定义 Lua 语言如何计算表达式 a + b。当 Lua 语言试图将两个表相加时，它会先检查两者之一是否有*元表*（*metatable*）且该元表中是否有 __add 字段。如果 Lua 语言找到了该字段，就调用该字段对应的值，即所谓的*元方法*（*metamethod*）（是一个函数），在本例中就是用于计算表的和的函数。

可以认为，元表是面向对象领域中的受限制类。像类一样，元表定义的是实例的行为。不过，由于元表只能给出预先定义的操作集合的行为，所以元表比类更受限；同时，元表也不支持继承。不过尽管如此，我们还是会在第21章中看到如何基于元表构建一个相对完整的类系统。

Lua 语言中的每一个值都可以有元表。每一个表和用户数据类型都具有各自独立的元表，而其他类型的值则共享对应类型所属的同一个元表。Lua 语言在创建新表时不带元表：

```
t = {}
print(getmetatable(t))    --> nil
```

可以使用函数 setmetatable 来设置或修改任意表的元表：

```
t1 = {}
setmetatable(t, t1)
print(getmetatable(t) == t1)   --> true
```

在 Lua 语言中，我们只能为表设置元表；如果要为其他类型的值设置元表，则必须通过 C 代码或调试库完成（该限制存在的主要原因是为了防止过度使用对某种类型的所有值生效的元表。Lua 语言老版本中的经验表明，这样的全局设置经常导致不可重用的代码）。字符串标准库为所有的字符串都设置了同一个元表，而其他类型在默认情况中都没有元表：

```
print(getmetatable("hi"))                 --> table: 0x80772e0
print(getmetatable("xuxu"))               --> table: 0x80772e0
print(getmetatable(10))                   --> nil
print(getmetatable(print))                --> nil
```

一个表可以成为任意值的元表；一组相关的表也可以共享一个描述了它们共同行为的通用元表；一个表还可以成为它自己的元表，用于描述其自身特有的行为。总之，任何配置都是合法的。

## 20.1 算术运算相关的元方法

在本节中，我们将介绍一个解释元表基础的示例。假设有一个用表来表示集合的模块，该模块还有一些用来计算集合并集和交集等的函数，可以参见示例 20.1。

示例 20.1 一个用于集合的简单模块

```
local Set = {}

-- 使用指定的列表创建一个新的集合
function Set.new (l)
  local set = {}
  for _, v in ipairs(l) do set[v] = true end
  return set
end

function Set.union (a, b)
  local res = Set.new{}
```

```
  for k in pairs(a) do res[k] = true end
  for k in pairs(b) do res[k] = true end
  return res
end

function Set.intersection (a, b)
  local res = Set.new{}
  for k in pairs(a) do
    res[k] = b[k]
  end
  return res
end

-- 将集合表示为字符串
function Set.tostring (set)
  local l = {}     -- 保存集合中所有元素的列表
  for e in pairs(set) do
    l[#l + 1] = tostring(e)
  end
  return "{" .. table.concat(l, ", ") .. "}"
end

return Set
```

现在，假设想使用加法操作符来计算两个集合的并集，那么可以让所有表示集合的表共享一个元表。这个元表中定义了这些表应该如何执行加法操作。首先，我们创建一个普通的表，这个表被用作集合的元表：

```
local mt = {}    -- 集合的元表
```

然后，修改用于创建集合的函数 Set.new。在新版本中只多了一行，即将 mt 设置为函数 Set.new 所创建的表的元表：

```
function Set.new (l)   -- 第二个版本
  local set = {}
  setmetatable(set, mt)
  for _, v in ipairs(l) do set[v] = true end
```

```
    return set
end
```

在此之后，所有由 Set.new 创建的集合都具有了一个相同的元表：

```
s1 = Set.new{10, 20, 30, 50}
s2 = Set.new{30, 1}
print(getmetatable(s1))          --> table: 0x00672B60
print(getmetatable(s2))          --> table: 0x00672B60
```

最后，向元表中加入元方法（*metamethod*）__add，也就是用于描述如何完成加法的字段：

```
mt.__add = Set.union
```

此后，只要 Lua 语言试图将两个集合相加，它就会调用函数 Set.union，并将两个操作数作为参数传入。

通过元方法，我们就可以使用加法运算符来计算集合的并集了：

```
s3 = s1 + s2
print(Set.tostring(s3))     --> {1, 10, 20, 30, 50}
```

类似地，还可以使用乘法运算符来计算集合的交集：

```
mt.__mul = Set.intersection

print(Set.tostring((s1 + s2)*s1))     --> {10, 20, 30, 50}
```

每种算术运算符都有一个对应的元方法。除了加法和乘法外，还有减法（__sub）、除法（__div）、floor 除法（__idiv）、负数（__unm）、取模（__mod）和幂运算（__pow）。类似地，位操作也有元方法：按位与（__band）、按位或（__bor）、按位异或（__bxor）、按位取反（__bnot）、向左移位（__shl）和向右移位（__shr）。我们还可以使用字段 __concat 来定义连接运算符的行为。

当我们把两个集合相加时，使用哪个元表是确定的。然而，当一个表达式中混合了两种具有不同元表的值时，例如：

```
s = Set.new{1,2,3}
s = s + 8
```

Lua 语言会按照如下步骤来查找元方法：如果第一个值有元表且元表中存在所需的元方法，那么 Lua 语言就使用这个元方法，与第二个值无关；如果第二个值有元表且元表中存在所需的元方法，Lua 语言就使用这个元方法；否则，Lua 语言就抛出异常。因此，上例会调用 Set.union，而表达式 10+s 和"hello"+s 同理（由于数值和字符串都没有元方法 __add）。

Lua 语言不关心这些混合类型，但我们在实现中需要关心混合类型。如果我们执行了 s = s + 8，那么在 Set.union 内部就会发生错误：

```
bad argument #1 to 'pairs' (table expected, got number)
```

如果想要得到更明确的错误信息，则必须在试图进行操作前显式地检查操作数的类型，例如：

```
function Set.union (a, b)
  if getmetatable(a) ~= mt or getmetatable(b) ~= mt then
    error("attempt to 'add' a set with a non-set value", 2)
  end
  同前
```

请注意，函数 error 的第二个参数（上例中的 2）说明了出错的原因位于调用该函数的代码中[①]。

## 20.2 关系运算相关的元方法

元表还允许我们指定关系运算符的含义，其中的元方法包括等于（__eq）、小于（__lt）和小于等于（__le）。其他三个关系运算符没有单独的元方法，Lua 语言会将 a ~= b 转换为 not (a == b)，a > b 转换为 b < a，a >= b 转换为 b <= a。

在 Lua 语言的老版本中，Lua 语言会通过将 a <= b 转换为 not (b < a) 来把所有的关系运算符转化为一个关系运算符。不过，这种转化在遇到部分有序（*partial order*）时就会不正确。所谓部分有序是指，并非所有类型的元素都能够被正确地排序。例如，由于 *Not a Number*（*NaN*）的存在，大多数计算机中的浮点数就不是完全可以排序的。根据 IEEE 754 标准，NaN 代表未定义的值，例如 *0/0* 的结果就是 NaN。标准规定任何涉及 NaN 的比较都应返回假，这就意味着 NaN <= x 永远为假，x < NaN 也为假。因此，在这种情况下，a <= b 到 not (b < a) 的转化也就不合法了。

在集合的示例中，我们也面临类似的问题。<=显而易见且有用的含义是集合包含：a <= b 通常意味着 a 是 b 的一个子集。然而，根据部分有序的定义，a <= b 和 b < a 可能同时为假。因此，我们就必须实现 __le（小于等于，子集关系）和 __lt（小于，真子集关系）：

---

[①] 译者注：即错误的级别，参见第二部分最后一章的相关内容。

```
mt.__le = function (a, b)    -- 子集
  for k in pairs(a) do
    if not b[k] then return false end
  end
  return true
end

mt.__lt = function (a, b)    -- 真子集
  return a <= b and not (b <= a)
end
```

最后，我们还可以通过集合包含来定义集合相等：

```
mt.__eq = function (a, b)
  return a <= b and b <= a
end
```

有了这些定义后，我们就可以比较集合了：

```
s1 = Set.new{2, 4}
s2 = Set.new{4, 10, 2}
print(s1 <= s2)       --> true
print(s1 < s2)        --> true
print(s1 >= s1)       --> true
print(s1 > s1)        --> false
print(s1 == s2 * s1)  --> true
```

相等比较有一些限制。如果两个对象的类型不同，那么相等比较操作不会调用任何元方法而直接返回 **false**。因此，不管元方法如何，集合永远不等于数字。

## 20.3 库定义相关的元方法

到目前为止，我们见过的所有元方法针对的都是核心 Lua 语言。Lua 语言虚拟机（virtual machine）会检测一个操作中涉及的值是否有存在对应元方法的元表。不过，由于元表是一个普通的表，所以任何人都可以使用它们。因此，程序库在元表中定义和使用它们自己的字段也是一种常见的实践。

函数 tostring 就是一个典型的例子。正如我们此前所看到的，函数 tostring 能将表表示为一种简单的文本格式：

```
print({})       --> table: 0x8062ac0
```

函数 print 总是调用 tostring 来进行格式化输出。不过，当对值进行格式化时，函数 tostring 会首先检查值是否有一个元方法 __tostring。如果有，函数 tostring 就调用这个元方法来完成工作，将对象作为参数传给该函数，然后把元方法的返回值作为函数 tostring 的返回值。

在之前集合的示例中，我们已经定义了一个将集合表示为字符串的函数。因此，只需要在元表中设置 __tostring 字段：

```
mt.__tostring = Set.tostring
```

之后，当以一个集合作为参数调用函数 print 时，print 就会调用函数 tostring，tostring 又会调用 Set.tostring：

```
s1 = Set.new{10, 4, 5}
print(s1)    --> {4, 5, 10}
```

函数 setmetatable 和 getmetatable 也用到了元方法，用于保护元表。假设想要保护我们的集合，就要使用户既不能看到也不能修改集合的元表。如果在元表中设置 __metatable 字段，那么 getmetatable 会返回这个字段的值，而 setmetatable 则会引发一个错误：

```
mt.__metatable = "not your business"

s1 = Set.new{}
print(getmetatable(s1))     --> not your business
setmetatable(s1, {})
  stdin:1: cannot change protected metatable
```

从 Lua 5.2 开始，函数 pairs 也有了对应的元方法，因此我们可以修改表被遍历的方式和为非表的对象增加遍历行为。当一个对象拥有 __pairs 元方法时，pairs 会调用这个元方法来完成遍历。

## 20.4 表相关的元方法

算术运算符、位运算符和关系运算符的元方法都定义了各种错误情况的行为，但它们都没有改变语言的正常行为。Lua 语言还提供了一种改变表在两种正常情况下的行为的方式，即访问和修改表中不存在的字段。

### 20.4.1 __index 元方法

正如我们此前所看到的，当访问一个表中不存在的字段时会得到 nil。这是正确的，但不是完整的真相。实际上，这些访问会引发解释器查找一个名为 __index 的元方法。如果没有这个元方法，那么像一般情况下一样，结果就是 nil；否则，则由这个元方法来提供最终结果。

下面介绍一个关于继承的原型示例。假设我们要创建几个表来描述窗口，每个表中必须描述窗口的一些参数，例如位置、大小及主题颜色等。所有的这些参数都有默认值，因此我们希望在创建窗口对象时只需要给出那些不同于默认值的参数即可。第一种方法是使用一个构造器来填充不存在的字段，第二种方法是让新窗口从一个原型窗口继承所有不存在的字段。首先，我们声明一个原型：

```
-- 创建具有默认值的原型
prototype = {x = 0, y = 0, width = 100, height = 100}
```

然后，声明一个构造函数，让构造函数创建共享同一个元表的新窗口：

```
local mt = {}    -- 创建一个元表
-- 声明构造函数
function new (o)
  setmetatable(o, mt)
  return o
end
```

现在，我们来定义元方法 __index：

```
mt.__index = function (_, key)
  return prototype[key]
end
```

在这段代码后，创建一个新窗口，并查询一个创建时没有指定的字段：

```
w = new{x=10, y=20}
print(w.width)    --> 100
```

Lua 语言会发现 w 中没有对应的字段"width"，但却有一个带有 __index 元方法的元表。因此，Lua 语言会以 w（表）和"width"（不存在的键）为参数来调用这个元方法。元方法随后会用这个键来检索原型并返回结果。

在 Lua 语言中，使用元方法 __index 来实现继承是很普遍的方法。虽然被叫作*方法*，但元方法 __index 不一定必须是一个函数，它还可以是一个表。当元方法是一个函数时，Lua 语言会以表和不存在的键为参数调用该函数，正如我们刚刚所看到的。当元方法是一个表时，Lua 语言就访问这个表。因此，在我们此前的示例中，可以把 __index 简单地声明为如下样式：

```
mt.__index = prototype
```

这样，当 Lua 语言查找元表的 __index 字段时，会发现字段的值是表 prototype。因此，Lua 语言就会在这个表中继续查找，即等价地执行 prototype["width"]，并得到预期的结果。

将一个表用作 __index 元方法为实现单继承提供了一种简单快捷的方法。虽然将函数用作元方法开销更昂贵，但函数却更加灵活：我们可以通过函数来实现多继承、缓存及其他一些变体。我们将会在第21章中学习面向对象编程时讨论这些形式的继承。

如果我们希望在访问一个表时不调用 __index 元方法，那么可以使用函数 rawget。调用 rawget(t,i) 会对表 t 进行*原始*（*raw*）的访问，即在不考虑元表的情况下对表进行简单的访问。进行一次原始访问并不会加快代码的执行（一次函数调用的开销就会抹杀用户所做的这些努力），但是，我们后续会看到，有时确实会用到原始访问。

### 20.4.2 __newindex 元方法

元方法 __newindex 与 __index 类似，不同之处在于前者用于表的更新而后者用于表的查询。当对一个表中不存在的索引赋值时，解释器就会查找 __newindex 元方法：如果这个元方法存在，那么解释器就调用它而不执行赋值。像元方法 __index 一样，如果这个元方法是一个表，解释器就在此表中执行赋值，而不是在原始的表中进行赋值。此外，还有一个原始函数允许我们绕过元方法：调用 rawset(t, k, v) 来等价于 t[k]=v，但不涉及任何元方法。

组合使用元方法 __index 和 __newindex 可以实现 Lua 语言中的一些强大的结构，例如只读的表、具有默认值的表和面向对象编程中的继承。在本章中，我们会介绍其中的一些应用，面向对象编程会在后续单独的章节中进行介绍。

### 20.4.3 具有默认值的表

一个普通表中所有字段的默认值都是 nil。通过元表，可以很容易地修改这个默认值：

```
function setDefault (t, d)
  local mt = {__index = function () return d end}
  setmetatable(t, mt)
end

tab = {x=10, y=20}
print(tab.x, tab.z)     --> 10   nil
setDefault(tab, 0)
print(tab.x, tab.z)     --> 10   0
```

在调用 setDefault 后，任何对表 tab 中不存在字段的访问都将调用它的 __index 元方法，而这个元方法会返回零（这个元方法中的值是 d）。

函数 setDefault 为所有需要默认值的表创建了一个新的闭包和一个新的元表。如果我们有很多需要默认值的表，那么开销会比较大。然而，由于具有默认值 d 的元表是与元方法关联在一起的，所以我们不能把同一个元表用于具有不同默认值的表。为了能够使所有的表都使用同一个元表，可以使用一个额外的字段将每个表的默认值存放到表自身中。如果不担心命名冲突的话，我们可以使用形如"___" 这样的键作为额外的字段：

```
local mt = {__index = function (t) return t.___ end}
function setDefault (t, d)
  t.___ = d
  setmetatable(t, mt)
end
```

请注意，这里我们只在 setDefault 外创建了一次元表 mt 及对应的元方法。

如果担心命名冲突，要确保这个特殊键的唯一性也很容易，只需要创建一个新的排除表，然后将它作为键即可：

```
local key = {}    -- 唯一的键
local mt = {__index = function (t) return t[key] end}
function setDefault (t, d)
  t[key] = d
  setmetatable(t, mt)
end
```

还有一种方法可以将每个表与其默认值关联起来，称为对偶表示（*dual representation*），即使用一个独立的表，该表的键为各种表，值为这些表的默认值。不过，为了正确地实现这种做法，我们还需要一种特殊的表，称为弱引用表（*weak table*）。在这里，我们暂时不会使用弱引用表，而在第23章中再讨论这个话题。

另一种为具有相同默认值的表复用同一个元表的方式是记忆（*memorize*）元表。不过，这也需要用到弱引用表，我们会在第23章中继续学习。

### 20.4.4 跟踪对表的访问

假设我们要跟踪对某个表的所有访问。由于 __index 和 __newindex 元方法都是在表中的索引不存在时才有用，因此，捕获对一个表所有访问的唯一方式是保持表是空的。如果要监控对一个表的所有访问，那么需要为真正的表创建一个代理（*proxy*）。这个代理是一个空的表，具有用于跟踪所有访问并将访问重定向到原来的表的合理元方法。示例 20.2使用这种思想进行了实现。

示例 20.2 跟踪对表的访问

```
function track (t)
  local proxy = {}        -- 't'的代理表

  -- 为代理创建元表
  local mt = {
    __index = function (_, k)
      print("*access to element " .. tostring(k))
      return t[k]   -- 访问原来的表
    end,

    __newindex = function (_, k, v)
```

```
      print("*update of element " .. tostring(k) ..
            " to " .. tostring(v))
      t[k] = v    -- 更新原来的表
    end,

    __pairs = function ()
      return function (_, k)   -- 迭代函数
        local nextkey, nextvalue = next(t, k)
        if nextkey ~= nil then   -- 避免最后一个值
          print("*traversing element " .. tostring(nextkey))
        end
        return nextkey, nextvalue
      end
    end,

    __len = function () return #t end
  }

  setmetatable(proxy, mt)

  return proxy
end
```

以下展示了上述代码的用法：

```
> t = {}                   -- 任意一个表
> t = track(t)
> t[2] = "hello"
  --> *update of element 2 to hello
> print(t[2])
  --> *access to element 2
  --> hello
```

元方法 __index 和 __newindex 按照我们设计的规则跟踪每一个访问并将其重定向到原来的表中。元方法 __pairs 使得我们能够像遍历原来的表一样遍历代理，从而跟踪所有的访问。最后，元方法 __len 通过代理实现了长度操作符：

```
t = track({10, 20})
print(#t)              --> 2
for k, v in pairs(t) do print(k, v) end
  --> *traversing element 1
  --> 1   10
  --> *traversing element 2
  --> 2   20
```

如果想要同时监控几个表，并不需要为每个表创建不同的元表。相反，只要以某种形式将每个代理与其原始表映射起来，并且让所有的代理共享一个公共的元表即可。这个问题与上节所讨论的把表与其默认值关联起来的问题类似，因此可以采用相同的解决方式。例如，可以把原来的表保存在代理表的一个特殊的字段中，或者使用一个对偶表示建立代理与相应表的映射。

### 20.4.5 只读的表

使用代理的概念可以很容易地实现只读的表，需要做的只是跟踪对表的更新操作并抛出异常即可。对于元方法 __index，由于我们不需要跟踪查询，所以可以直接使用原来的表来代替函数。这样做比把所有的查询重定向到原来的表上更简单也更有效率。不过，这种做法要求为每个只读代理创建一个新的元表，其中 __index 元方法指向原来的表：

```
function readOnly (t)
  local proxy = {}
  local mt = {        -- 创建元表
    __index = t,
    __newindex = function (t, k, v)
      error("attempt to update a read-only table", 2)
    end
  }
  setmetatable(proxy, mt)
  return proxy
end
```

作为示例，我们可以创建一个表示星期的只读表：

```
days = readOnly{"Sunday", "Monday", "Tuesday", "Wednesday",
```

```
            "Thursday", "Friday", "Saturday"}

print(days[1])     --> Sunday
days[2] = "Noday"
  --> stdin:1: attempt to update a read-only table
```

## 20.5 练习

练习 20.1：请定义一个元方法 `__sub`，该元方法用于计算两个集合的差集（集合 $a-b$ 是位于集合 $a$ 但不位于集合 $b$ 中的元素）。

练习 20.2：请定义一个元方法 `__len`，该元方法用于实现使用 `#s` 计算集合 `s` 中的元素个数。

练习 20.3：实现只读表的另一种方式是将一个函数用作 `__index` 元方法。这种方式使得访问的开销更大，但是创建只读表的开销更小（因为所有的只读表能够共享同一个元表）。请使用这种方式重写函数 `readOnly`。

练习 20.4：代理表可以表示除表外的其他类型的对象。请编写一个函数 `fileAsArray`，该函数以一个文件名为参数，返回值为对应文件的代理，当执行 `t =fileAsArray("myFile")` 后，访问 `t[i]` 返回指定文件的第 `i` 个字节，而对 `t[i]` 的赋值更新第 `i` 个字节。

练习 20.5：扩展之前的示例，使得我们能够使用 `pairs(t)` 遍历一个文件中的所有字节，并使用 `#t` 来获得文件的大小。

# 21 面向对象（Object-Oriented）编程

从很多意义上讲，Lua 语言中的一张表就是一个对象。首先，表与对象一样，可以拥有状态。其次，表与对象一样，拥有一个与其值无关的的标识（*self*[①]）；特别地，两个具有相同值的对象（表）是两个不同的对象，而一个对象可以具有多个不同的值；最后，表与对象一样，具有与创建者和被创建位置无关的生命周期。

对象有其自己的操作。表也可以有自己的操作，例如：

```
Account = {balance = 0}
function Account.withdraw (v)
  Account.balance = Account.balance - v
end
```

上面的代码创建了一个新函数，并将该函数存入 `Account` 对象的 `withdraw` 字段。然后，我们就可以进行如下的调用：

```
Account.withdraw(100.00)
```

这种函数差不多就是所谓的*方法*（*method*）了。不过，在函数中使用全局名称 `Account` 是一个非常糟糕的编程习惯。首先，这个函数只能针对特定对象工作。其次，即使针对特定

[①] 译者注：类似于 this 指针。

的对象，这个函数也只有在对象保存在特定的全局变量中时才能工作。如果我们改变了对象的名称，withdraw 就不能工作了：

```
a, Account = Account, nil
a.withdraw(100.00)      -- ERROR!
```

这种行为违反对象拥有独立生命周期的原则。

另一种更加有原则的方法是对操作的接受者（*receiver*）进行操作。因此，我们的方法需要一个额外的参数来表示该接受者，这个参数通常被称为 *self* 或 *this*：

```
function Account.withdraw (self, v)
  self.balance = self.balance - v
end
```

此时，当我们调用该方法时，必须指定要操作的对象：

```
a1 = Account; Account = nil
...
a1.withdraw(a1, 100.00)   -- OK
```

通过使用参数 *self*，可以对多个对象调用相同的方法：

```
a2 = {balance=0, withdraw = Account.withdraw}
...
a2.withdraw(a2, 260.00)
```

使用参数 *self* 是所有面向对象语言的核心点。大多数面向对象语言都向程序员隐藏了这个机制，从而使得程序员不必显式地声明这个参数（虽然程序员仍然可以在方法内使用 *self* 或者 *this*）。Lua 语言同样可以使用冒号操作符（*colon operator*）隐藏该参数。使用冒号操作符，我们可以将上例重写为 a2:withdraw(260.00)：

```
function Account:withdraw (v)
  self.balance = self.balance - v
end
```

冒号的作用是在一个方法调用中增加一个额外的实参，或在方法的定义中增加一个额外的隐藏形参。冒号只是一种语法机制，虽然很便利，但没有引入任何新的东西。我们可以使用点分语法来定义一个函数，然后用冒号语法调用它，反之亦然，只要能够正确地处理好额外的参数即可：

```
Account = { balance=0,
            withdraw = function (self, v)
                         self.balance = self.balance - v
                       end
          }

function Account:deposit (v)
  self.balance = self.balance + v
end

Account.deposit(Account, 200.00)
Account:withdraw(100.00)
```

## 21.1 类（Class）

截至目前，我们的对象具有了标识、状态和对状态进行的操作，但还缺乏类体系、继承和私有性。让我们先来解决第一个问题，即应该如何创建多个具有类似行为的对象。更具体地说，我们应该如何创建多个银行账户呢？

大多数面向对象语言提供了类的概念，类在对象的创建中扮演了模子（mold）的作用。在这些语言中，每个对象都是某个特定类的实例（instance）。Lua 语言中没有类的概念；虽然元表的概念在某种程度上与类的概念相似，但是把元表当作类使用在后续会比较麻烦。相反，我们可以参考基于原型的语言（prototype-based language）中的一些做法来在 Lua 语言中模拟类，例如 Self 语言（JavaScript 采用的也是这种方式）。在这些语言中，对象不属于类。相反，每个对象可以有一个原型（prototype）。原型也是一种普通的对象，当对象（类的实例）遇到一个未知操作时会首先在原型中查找。要在这种语言中表示一个类，我们只需要创建一个专门被用作其他对象（类的实例）的原型对象即可。类和原型都是一种组织多个对象间共享行为的方式。

在 Lua 语言中，我们可以使用20.4.1节中所述的继承的思想来实现原型。更准确地说，如果有两个对象 A 和 B，要让 B 成为 A 的一个原型，只需要：

```
setmetatable(A, {__index = B})
```

在此之后，A 就会在 B 中查找所有它没有的操作。如果把 B 看作对象 A 的类，则只不过是术语上的一个变化。

让我们回到之前银行账号的示例。为了创建其他与 Account 行为类似的账号，我们可以使用 __index 元方法让这些新对象从 Account 中继承这些操作。

```
local mt = {__index = Account}

function Account.new (o)
  o = o or {}      -- 如果用户没有提供则创建一个新的表
  setmetatable(o, mt)
  return o
end
```

在这段代码执行后，当我们创建一个新账户并调用新账户的一个方法时会发生什么呢？

```
a = Account.new{balance = 0}
a:deposit(100.00)
```

当我们创建一个新账户 a 时，a 会将 mt 作为其元表。当调用 a:deposit(100.00) 时，实际上调用的是 a.deposit(a, 100.00)，冒号只不过是一个语法糖。不过，Lua 语言无法在表 a 中找到字段"deposit"，所以它会在元表的 __index 中搜索。此时的情况大致如下：

```
getmetatable(a).__index.deposit(a, 100.00)
```

a 的元表是 mt，而 mt.__index 是 Account。因此，上述表达式等价于：

```
Account.deposit(a, 100.00)
```

即，Lua 语言调用了原来的 deposit 函数，传入了 a 作为 *self* 参数。因此，新账户 a 从 Account 继承了函数 deposit。同样，它还从 Account 继承了所有的字段。

对于这种模式，我们可以进行两个小改进。第一种改进是，不创建扮演元表角色的新表而是把表 Account 直接用作元表。第二种改进是，对 new 方法也使用冒号语法。加入了这两个改动后，方法 new 会变成：

```
function Account:new (o)
  o = o or {}
  self.__index = self
  setmetatable(o, self)
  return o
end
```

现在，当我们调用 Account:new() 时，隐藏的参数 self 得到的实参是 Account，Account.__index 等于 Account，并且 Account 被用作新对象的元表。可能看上去第二种修改（冒号语法）并没有得到大大的好处，但实际上当我们在下一节中引入类继承的时候，使用 self 的优点就会很明显了。

继承不仅可以作用于方法，还可以作用于其他在新账户中没有的字段。因此，一个类不仅可以提供方法，还可以为实例中的字段提供常量和默认值。请注意，在第一版 Account 的定义中，有一个 balance 字段的值是 0。因此，如果在创建新账户时没有提供初始的余额，那么余额就会继承这个默认值：

```
b = Account:new()
print(b.balance)    --> 0
```

当在 b 上调用 deposit 方法时，由于 self 就是 b，所以等价于：

```
b.balance = b.balance + v
```

表达式 b.balance 求值后等于零，且该方法给 b.balance 赋了初始的金额。由于此时 b 有了它自己的 balance 字段，因此后续对 b.balance 的访问就不会再涉及元方法了。

## 21.2 继承（Inheritance）

由于类也是对象，因此它们也可以从其他类获得方法。这种行为使得继承（即常见的面向对象的定义）可以很容易地在 Lua 语言中实现。

假设有一个类似于 Account 的基类，参见示例 21.1。

示例 21.1 Account 类

```
Account = {balance = 0}

function Account:new (o)
  o = o or {}
  self.__index = self
  setmetatable(o, self)
  return o
end
```

```
function Account:deposit (v)
  self.balance = self.balance + v
end

function Account:withdraw (v)
  if v > self.balance then error"insufficient funds" end
  self.balance = self.balance - v
end
```

若想从这个类派生一个子类 SpecialAccount 以允许客户透支，那么可以先创建一个从基类继承了所有操作的空类：

```
SpecialAccount = Account:new()
```

直到现在，SpecialAccount 还只是 Account 的一个实例。下面让我们来见证奇迹：

```
s = SpecialAccount:new{limit=1000.00}
```

SpecialAccount 就像继承其他方法一样从 Account 继承了 new。不过，现在执行 new 时，它的 self 参数指向的是 SpecialAccount。因此，s 的元表会是 SpecialAccount，其中字段 __index 的值也是 SpecialAccount。因此，s 继承自 SpecialAccount，而 SpecialAccount 又继承自 Account。之后，当执行 s:deposit(100.00) 时，Lua 语言在 s 中找不到 deposit 字段，就会查找 SpecialAccount，仍找不到 deposit 字段，就查找 Account 并最终会在 Account 中找到 deposit 的最初实现。

SpecialAccount 之所以特殊是因为我们可以重新定义从基类继承的任意方法，只需要编写一个新方法即可：

```
function SpecialAccount:withdraw (v)
  if v - self.balance >= self:getLimit() then
    error"insufficient funds"
  end
  self.balance = self.balance - v
end

function SpecialAccount:getLimit ()
  return self.limit or 0
end
```

现在，当调用 s:withdraw(200.00) 时，因为 Lua 语言会在 SpecialAccount 中先找到新的 withdraw 方法，所以不会再从 Account 中查找。由于 s.limit 为 1000.00（我们创建 s 时设置了这个值），所以程序会执行取款并使 s 变成负的余额。

Lua 语言中的对象有一个有趣的特性，就是无须为了指定一种新行为而创建一个新类。如果只有单个对象需要某种特殊的行为，那么我们可以直接在该对象中实现这个行为。例如，假设账户 s 表示一个特殊的客户，这个客户的透支额度总是其余额的 10%，那么可以只修改这个账户：

```
function s:getLimit ()
  return self.balance * 0.10
end
```

在这段代码后，调用 s:withdraw(200.00) 还是会执行 SpecialAccount 的 withdraw 方法，但当 withdraw 调用 self:getLimit 时，调用的是上述的定义。

## 21.3 多重继承（Multiple Inheritance）

由于 Lua 语言中的对象不是基本类型，因此在 Lua 语言中进行面向对象编程时有几种方式。上面所见到的是一种使用 __index 元方法的做法，也可能是在简易、性能和灵活性方面最均衡的做法。不过尽管如此，还有一些其他的实现对某些特殊的情况可能更加合适。在此，我们会看到允许在 Lua 语言中实现多重继承的另一种实现。

这种实现的关键在于把一个函数用作 __index 元方法。请注意，当一个表的元表中的 __index 字段为一个函数时，当 Lua 不能在原来的表中找到一个键时就会调用这个函数。基于这一点，就可以让 __index 元方法在其他期望的任意数量的父类中查找缺失的键。

多重继承意味着一个类可以具有多个超类。因此，我们不应该使用一个（超）类中的方法来创建子类，而是应该定义一个独立的函数 createClass 来创建子类。函数 createClass 的参数为新类的所有超类，参见示例 21.2。该函数创建一个表来表示新类，然后设置新类元表中的元方法 __index，由元方法实现多重继承。虽然是多重继承，但每个实例仍属于单个类，并在其中查找所有的方法。因此，类和超类之间的关系不同于类和实例之间的关系。尤其是，一个类不能同时成为其实例和子类的元表。在示例 21.2中，我们将类保存为其实例的元表，并创建了另一个表作为类的元表。

**示例 21.2　一种多重继承的实现**

```
-- 在表'plist'的列表中查找'k'
local function search (k, plist)
  for i = 1, #plist do
    local v = plist[i][k]     -- 尝试第'i'个超类
    if v then return v end
  end
end

function createClass (...)
  local c = {}              -- 新类
  local parents = {...}     -- 父类列表

  -- 在父类列表中查找类缺失的方法
  setmetatable(c, {__index = function (t, k)
    return search(k, parents)
  end})

  -- 将'c'作为其实例的元表
  c.__index = c

  -- 为新类定义一个新的构造函数
  function c:new (o)
    o = o or {}
    setmetatable(o, c)
    return o
  end

  return c              -- 返回新类
end
```

让我们用一个简单的示例来演示 createClass 的用法。假设前面提到的类 Account 和另一个只有两个方法 setname 和 getname 的类 Named：

```
Named = {}
```

```
function Named:getname ()
  return self.name
end

function Named:setname (n)
  self.name = n
end
```

要创建一个同时继承 Account 和 Named 的新类 NamedAccount，只需要调用 createClass：

```
NamedAccount = createClass(Account, Named)
```

可以像平时一样创建和使用实例：

```
account = NamedAccount:new{name = "Paul"}
print(account:getname())      --> Paul
```

现在，让我们来学习 Lua 语言是如何对表达式 account:getname() 求值的；更确切地说，让我们来学习 account["getname"] 的求值过程。首先，Lua 语言在 account 中找不到字段"getname"；因此，它就查找 account 的元表中的 __index 字段，在我们的示例中该字段为 NamedAccount。由于在 NamedAccount 中也不存在字段"getname"，所以再从 NamedAccount 的元表中查找 __index 字段。由于这个字段是一个函数，因此 Lua 语言就调用了这个函数（即 search）。该函数先在 Account 中查找"getname"；未找到后，继而在 Named 中查找并最终在 Named 中找到了一个非 nil 的值，也就是最终的搜索结果。

当然，由于这种搜索具有一定的复杂性，因此多重继承的性能不如单继承。一种改进性能的简单做法是将被继承的方法复制到子类中，通过这种技术，类的 __index 元方法会变成：

```
setmetatable(c, {__index = function (t, k)
  local v = search(k, parents)
  t[k] = v        -- 保存下来用于下次访问
  return v
end})
```

使用了这种技巧后，在第一次访问过被继承的方法后，再访问被继承的方法就会像访问局部方法一样快了。这种技巧的缺点在于当系统开始运行后修改方法的定义就比较困难了，这是因为这些修改不会沿着继承层次向下传播。

## 21.4 私有性（Privacy）

许多人认为，私有性（也被称为信息隐藏，*information hiding*）是一门面向对象语言不可或缺的一部分：每个对象的状态都应该由它自己控制。在一些诸如 C++ 和 Java 的面向对象语言中，我们可以控制一个字段（也被称为实例变量，*instance variable*）或一个方法是否在对象之外可见。另一种非常流行的面向对象语言 Smalltalk，则规定所有的变量都是私有的，而所有的方法都是公有的。第一种面向对象语言 Simula，则不提供任何形式的私有性保护。

此前，我们所学习的 Lua 语言中标准的对象实现方式没有提供私有性机制。一方面，这是使用普通结构（表）来表示对象所带来的后果；另一方面，这也是 Lua 语言为了避免冗余和人为限制所采取的方法。如果读者不想访问一个对象内的内容，那就不要去访问就是了。一种常见的做法是把所有私有名称的最后加上一个下画线，这样就能立刻区分出全局名称了。

不过，尽管如此，Lua 语言的另外一项设计目标是灵活性，它为程序员提供能够模拟许多不同机制的元机制（meta-mechanism）。虽然在 Lua 语言中，对象的基本设计没有提供私有性机制，但可以用其他方式来实现具有访问控制能力的对象。尽管程序员一般不会用到这种实现，但是了解这种实现还是有好处的，因为这种实现既探索了 Lua 语言中某些有趣的方面，又可以成为其他更具体问题的良好解决方案。

这种做法的基本思想是通过两个表来表示一个对象：一个表用来保存对象的状态，另一个表用于保存对象的操作（或接口）。我们通过第二个表来访问对象本身，即通过组成其接口的操作来访问。为了避免未授权的访问，表示对象状态的表不保存在其他表的字段中，而只保存在方法的闭包中。例如，如果要用这种设计来表示银行账户，那么可以通过下面的工厂函数创建新的对象：

```
function newAccount (initialBalance)
  local self = {balance = initialBalance}

  local withdraw = function (v)
                     self.balance = self.balance - v
                   end

  local deposit = function (v)
                    self.balance = self.balance + v
                  end
```

```
  local getBalance = function () return self.balance end

  return {
    withdraw = withdraw,
    deposit = deposit,
    getBalance = getBalance
  }
end
```

首先，这个函数创建了一个用于保存对象内部状态的表，并将其存储在局部变量 self 中。然后，这个函数创建了对象的方法。最后，这个函数会创建并返回一个外部对象，该对象将方法名与真正的方法实现映射起来。这里的关键在于，这些方法不需要额外的 self 参数，而是直接访问 self 变量。由于没有了额外的参数，我们也就无须使用冒号语法来操作这些对象，而是可以像普通函数那样来调用这些方法：

```
acc1 = newAccount(100.00)
acc1.withdraw(40.00)
print(acc1.getBalance())     --> 60
```

这种设计给予了存储在表 self 中所有内容完全的私有性。当 newAccount 返回后，就无法直接访问这个表了，我们只能通过在 newAccount 中创建的函数来访问它。虽然我们的示例只把一个实例变量放到了私有表中，但还可以将一个对象中的所有私有部分都存入这个表。我们也可以定义私有方法，它们类似于公有方法但不放入接口中。例如，我们的账户可以给余额大于某个值的用户额外 10% 的信用额度，但是又不想让用户访问到这些计算细节，就可以将这个功能按以下方法实现：

```
function newAccount (initialBalance)
  local self = {
    balance = initialBalance,
    LIM = 10000.00,
  }

  local extra = function ()
    if self.balance > self.LIM then
      return self.balance*0.10
```

```
    else
      return 0
    end
  end

  local getBalance = function ()
    return self.balance + extra()
  end

  同前
```

与前一个示例一样，任何用户都无法直接访问 extra 函数。

## 21.5 单方法对象（Single-method Object）

上述面向对象编程实现的一个特例是对象只有一个方法的情况。在这种情况下，可以不用创建接口表，只要将这个单独的方法以对象的表示形式返回即可。如果读者觉得这听上去有点奇怪，那么应该回忆一下诸如 io.lines 或 string.gmatch 这样的迭代器。一个在内部保存了状态的迭代器就是一个单方法对象。

单方法对象的另一种有趣情况是，这个方法其实是一个根据不同的参数完成不同任务的分发方法（dispatch method）。这种对象的一种原型实现如下：

```
function newObject (value)
  return function (action, v)
    if action == "get" then return value
    elseif action == "set" then value = v
    else error("invalid action")
    end
  end
end
```

其使用方法很简单：

```
d = newObject(0)
print(d("get"))    --> 0
d("set", 10)
```

```
print(d("get"))    --> 10
```

这种非传统的对象实现方式是很高效的。虽然 d("set", 10) 这样的语法有些奇怪，但也不过只是比传统的 d:set(10) 多出了两个字符而已。每个对象使用一个闭包，要比使用一个表的开销更低。虽然使用这种方式不能实现继承，但我们却可以拥有完全的私有性：访问单方法对象中某个成员只能通过该对象所具有的唯一方法进行。

Tcl/Tk 对它的窗口部件使用了类似的做法。在 Tk 中，一个窗口部件的名称就是一个函数（一个窗口命令，*widget command*），这个函数可以根据它的第一个参数完成所有针对该部件的操作。

## 21.6 对偶表示（Dual Representation）

实现私有性的另一种有趣方式是使用对偶表示（*dual representation*）。让我们先看一下什么是对偶表示。

通常，我们使用键来把属性关联到表，例如：

```
table[key] = value
```

不过，我们也可以使用对偶表示：把表当作键，同时又把对象本身当作这个表的键：

```
key = {}
...
key[table] = value
```

这里的关键在于：我们不仅可以通过数值和字符串来索引一个表，还可以通过任何值来索引一个表，尤其是可以使用其他的表来索引一个表。

例如，在我们银行账户的实现中，可以把所有账户的余额放在表 balance 中，而不是把余额放在每个账户里。我们的 withdraw 方法会变成：

```
function Account.withdraw (self, v)
  balance[self] = balance[self] - v
end
```

这样做的好处在于私有性。即使一个函数可以访问一个账户，但是除非它能够同时访问表 balance，否则也不能访问余额。如果表 balance 是一个在模块 Account 内部保存的局部变量，那么只有模块内部的函数才能访问它。因此，只有这些函数才能操作账户余额。

在我们继续学习前，必须讨论一下这种实现的一个大的缺陷。一旦我们把账户作为表 balance 中的键，那么这个账户对于垃圾收集器而言就永远也不会变成垃圾，这个账户会留在表中直到某些代码将其从表中显式地移除。这对于银行账户而言可能不是问题（除非销户，否则一个账户通常需要一直有效），但对于其他场景来说则可能是一个较大的缺陷。我们会在23.3节中学习如何解决这个问题，但现在我们先忽略它。

示例 21.3展示了如何使用对偶表示来实现账户。

**示例 21.3　使用对偶表示实现账户**

```
local balance = {}

Account = {}

function Account:withdraw (v)
  balance[self] = balance[self] - v
end

function Account:deposit (v)
  balance[self] = balance[self] + v
end

function Account:balance ()
  return balance[self]
end

function Account:new (o)
  o = o or {}      -- 如果用户没有提供则创建表
  setmetatable(o, self)
  self.__index = self
  balance[o] = 0      -- 初始余额
  return o
end
```

我们可以像使用其他类一样使用这个类：

```
a = Account:new{}
```

```
a:deposit(100.00)
print(a:balance())
```

不过，我们不能恶意修改账户余额。这种实现通过让表 balance 为模块所私有，保证了它的安全性。

对偶表示无须修改即可实现继承。这种实现方式与标准实现方式在内存和时间开销方面基本相同。新对象需要一个新表，而且在每一个被使用的私有表中需要一个新的元素。访问 balance[self] 会比访问 self.balance 稍慢，这是因为后者使用了局部变量而前者使用了外部变量。通常，这种区别是可以忽略的。正如我们后面会看到的，这种实现对于垃圾收集器来说也需要一些额外的工作。

## 21.7 练习

练习 21.1：实现一个类 Stack，该类具有方法 push、pop、top 和 isempty。

练习 21.2：实现类 Stack 的子类 StackQueue。除了继承的方法外，还给这个子类增加一个方法 insertbottom，该方法在栈的底部插入一个元素（这个方法使得我们可以把这个类的实例用作队列）。

练习 21.3：使用对偶表示重新实现类 Stack。

练习 21.4：对偶表示的一种变形是使用代理表示对象（20.4.4节）。每一个对象由一个空的代理表表示，一个内部的表把代理映射到保存对象状态的表。这个内部表不能从外部访问，但是方法可以使用内部表来把 self 变量转换为要操作的真正的表。请使用这种方式实现银行账户的示例，然后讨论这种方式的优点和缺点。

# 22 环境（Environment）

全局变量在大多数编程语言中是让人爱恨交织又不可或缺的。一方面，使用全局变量会明显地使无关的代码部分纠缠在一起，容易导致代码复杂。另一方面，谨慎地使用全局变量又能更好地表达程序中真正的全局概念；此外，虽然全局常量看似无害，但像Lua语言这样的动态语言是无法区分常量和变量的。像Lua这样的嵌入式语言更复杂：虽然全局变量是在整个程序中均可见的变量，但由于Lua语言是由宿主应用调用代码段（chunk）的，因此"程序"的概念不明确。

Lua语言通过不使用全局变量的方法来解决这个难题，但又不遗余力地在Lua语言中对全局变量进行模拟。在第一种近似的模拟中，我们可以认为Lua语言把所有的全局变量保存在一个称为*全局环境*（*global environment*）的普通表中。在本章的后续内容中，我们可以看到Lua语言可以用几种环境来保存"全局"变量，但现在还是来关注第一种近似的模拟。

由于不需要再为全局变量创造一种新的数据结构，因此使用一个表来保存全局变量的一个优点是简化了Lua语言的内部实现。另一个优点是，可以像操作其他表一样操作这个表。为了便于实现这种操作方式，Lua语言将全局环境自身[①]保存在全局变量 _G 中（因此，_G._G 与 _G 等价）。例如，如下代码输出了全局环境中所有全局变量的名称：

```
for n in pairs(_G) do print(n) end
```

---

[①] 译者注：因为全局环境就是一个表。

## 22.1 具有动态名称的全局变量

通常，赋值操作对于访问和设置全局变量已经足够了。然而，有时我们也需要某些形式的元编程（meta-programming）。例如，我们需要操作一个全局变量，而这个全局变量的名称却存储在另一个变量中或者经由运行时计算得到。为了获取这个变量的值，许多程序员会写出下面的代码：

```
value = load("return " .. varname)()
```

例如，如果 varname 是 x，那么字符串连接的结果就是"return x"，当执行时就能得到期望的结果。然而，在这段代码中涉及一个新代码段的创建和编译，在一定程度上开销昂贵。我们可以使用下面的代码来实现相同的效果，但效率却比之前的高出一个数量级：

```
value = _G[varname]
```

由于全局环境是一个普通的表，因此可以简单地使用对应的键（变量名）直接进行索引。

类似地，我们可以通过编写 _G[varname]=value 给一个名称为动态计算出的全局变量赋值。不过，请注意，有些程序员对于这种机制的使用可能有些过度而写出诸如 _G["a"]= _G["b"] 这样的代码，而这仅仅是 a=b 的一种复杂写法。

上述问题的一般化形式是，允许字段使用诸如"io.read" 或"a.b.c.d" 这样的动态名称。如果直接使用 _G["io.read"]，显然是不能从表 io 中得到字段 read 的。但我们可以编写一个函数 getfield 让 getfield("io.read") 返回想要的结果。这个函数主要是一个循环，从 _G 开始逐个字段地进行求值：

```
function getfield (f)
  local v = _G    -- 从全局表开始
  for w in string.gmatch(f, "[%a_][%w_]*") do
    v = v[w]
  end
  return v
end
```

我们使用函数 gmatch 来遍历 f 中的所有标识符。

与之对应的设置字段的函数稍显复杂。像 a.b.c.d=v 这样的赋值等价于以下的代码：

```
local temp = a.b.c
temp.d = v
```

也就是说，我们必须一直取到最后一个名称，然后再单独处理最后的这个名称。示例 22.1中的函数 setfield 完成了这个需求，并且同时创建了路径中不存在路径对应的中间表。

示例 22.1　函数 setfield

```
function setfield (f, v)
  local t = _G              -- 从全局表开始
  for w, d in string.gmatch(f, "([%a_][%w_]*)(%.?)") do
    if d == "." then        -- 不是最后一个名字?
      t[w] = t[w] or {}     -- 如果不存在则创建表
      t = t[w]              -- 获取表
    else                    -- 最后一个名字
      t[w] = v              -- 进行赋值
    end
  end
end
```

上例中使用的模式将捕获字段名称保存在变量 w 中，并将其后可选的点保存在变量 d 中。如果字段名后没有点，那么该字段就是最后一个名称。

下面的代码通过上例中的函数创建了全局表 t 和 t.x，并将 10 赋给了 t.x.y：

```
setfield("t.x.y", 10)

print(t.x.y)                --> 10
print(getfield("t.x.y"))   --> 10
```

## 22.2　全局变量的声明

Lua 语言中的全局变量不需要声明就可以使用。虽然这种行为对于小型程序来说较为方便，但在大型程序中一个简单的手误[①]就有可能造成难以发现的 Bug。不过，如果我们乐意的话，也可以改变这种行为。由于 Lua 语言将全局变量存放在一个普通的表中，所以可以通过元表来发现访问不存在全局变量的情况。

一种方法是简单地检测所有对全局表中不存在键的访问：

[①] 译者注：指打字打错。

```
setmetatable(_G, {
  __newindex = function (_, n)
    error("attempt to write to undeclared variable " .. n, 2)
  end,
  __index = function (_, n)
    error("attempt to read undeclared variable " .. n, 2)
  end,
})
```

这段代码执行后，所有试图对不存在全局变量的访问都将引发一个错误：

```
> print(a)
stdin:1: attempt to read undeclared variable a
```

但是，我们应该如何声明一个新的变量呢？方法之一是使用函数 rawset，它可以绕过元方法：

```
function declare (name, initval)
  rawset(_G, name, initval or false)
end
```

其中，**or** 和 **false** 保证新变量一定会得到一个不为 nil 的值。

另外一种更简单的方法是把对新全局变量的赋值限制在仅能在函数内进行，而代码段外层的代码则被允许自由赋值。

要检查赋值是否在主代码段中必须用到调试库。调用函数 debug.getinfo(2, "S") 将返回一个表，其中的字段 what 表示调用元方法的函数是主代码段还是普通的 Lua 函数还是 C 函数（我们会在25.1节中学习函数 debug.getinfo 的细节）。使用该函数，可以将 __newindex 元方法重写：

```
__newindex = function (t, n, v)
  local w = debug.getinfo(2, "S").what
  if w ~= "main" and w ~= "C" then
    error("attempt to write to undeclared variable " .. n, 2)
  end
  rawset(t, n, v)
end
```

这个新版本还可以接受来自 C 代码的赋值，因为一般 C 代码都知道自己究竟在做什么。

如果要测试一个变量是否存在，并不能简单地将它与 nil 比较。因为如果它为 nil，那么访问就会引发一个错误。这时，应该使用 `rawget` 来绕过元方法：

```
if rawget(_G, var) == nil then
  -- 'var'未被声明
  ...
end
```

正如前面所提到的，我们不允许值为 nil 的全局变量，因为值为 nil 的全局变量都会被自动地认为是未声明的。但是，要允许值为 nil 的全局变量也不难，只需要引入一个辅助表来保存已声明变量的名称即可。一旦调用了元方法，元方法就会检查该表，看变量是否是未声明过的。最终的代码可能与示例 22.2中的代码类似。

**示例 22.2　检查全局变量的声明**

```
local declaredNames = {}

setmetatable(_G, {
  __newindex = function (t, n, v)
    if not declaredNames[n] then
      local w = debug.getinfo(2, "S").what
      if w ~= "main" and w ~= "C" then
        error("attempt to write to undeclared variable "..n, 2)
      end
      declaredNames[n] = true
    end
    rawset(t, n, v)   -- 进行真正的赋值
  end,

  __index = function (_, n)
    if not declaredNames[n] then
      error("attempt to read undeclared variable "..n, 2)
    else
      return nil
    end
```

```
  end,
})
```

现在，即使像 x = nil 这样的赋值也能够声明全局变量了。

上述两种方法所导致的开销都基本可以忽略不计。在第一种方法中，在普通操作期间元方法不会被调用。在第二种方法中，元方法只有当程序访问一个值为 nil 的变量时才会被调用。

Lua 语言发行版本中包含一个 strict.lua 模块，它使用示例 22.2中的基础代码实现了对全局变量的检查。在编写 Lua 语言代码时使用它是一个良好的习惯。

## 22.3 非全局环境

在 Lua 语言中，全局变量并不一定非得是真正全局的。正如笔者此前所提到的，Lua 语言甚至根本没有全局变量。由于我们在本书中不断地使用全局变量，所以一开始听上去这可能很诡异。正如笔者所说，Lua 语言竭尽全力地让程序员有全局变量存在的幻觉。现在，让我们看看 Lua 语言是如何构建这种幻觉的。[①]

首先，让我们忘掉全局变量而从自由名称的概念开始讨论。一个自由名称（*free name*）是指没有关联到显式声明上的名称，即它不出现在对应局部变量的范围内。例如，在下面的代码段中，x 和 y 是自由名称，而 z 则不是：

```
local z = 10
x = y + z
```

接下来就到了关键的部分：Lua 语言编译器将代码段中的所有自由名称 x 转换为 _ENV.x。因此，此前的代码段完全等价于：

```
local z = 10
_ENV.x = _ENV.y + z
```

但是这里新出现的 _ENV 变量又究竟是什么呢？

我们刚才说过，Lua 语言中没有全局变量。因此，_ENV 不可能是全局变量。在这里，编译器实际上又进行了一次巧妙的工作。笔者已经提到过，Lua 语言把所有的代码段都当作匿名函数。所以，Lua 语言编译器实际上将原来的代码段编译为如下形式：

[①] 这种机制是 Lua 5.1 和 Lua 5.2 之间改变最大的部分。接下来的讨论基本都不适用于 Lua 5.1。

```
local _ENV = some value（某些值）
return function (...)
  local z = 10
  _ENV.x = _ENV.y + z
end
```

也就是说，Lua 语言是在一个名为 _ENV 的预定义上值（一个外部的局部变量，upvalue）存在的情况下编译所有的代码段的。因此，所有的变量要么是绑定到了一个名称的局部变量，要么是 _ENV 中的一个字段，而 _ENV 本身是一个局部变量（一个上值）。

_ENV 的初始值可以是任意的表（实际上也不用一定是表，我们会在后续讨论）。任何一个这样的表都被称为一个环境。为了维持全局变量存在的幻觉，Lua 语言在内部维护了一个表来用作*全局环境*（*global environment*）。通常，当加载一个代码段时，函数 load 会使用预定义的上值来初始化全局环境。因此，原始的代码段等价于：

```
local _ENV = the global environment（全局环境）
return function (...)
  local z = 10
  _ENV.x = _ENV.y + z
end
```

上述赋值的结果是，全局环境中的字段 x 得到全局环境中字段 y 加 10 的结果。

乍一看，这可能像是操作全局变量的一种相当拐弯抹角的方式。笔者也不会去争辩说这是最简单的方式，但是，这种方式比那些更简单的实现方法具有更多的灵活性。

在继续学习前，让我们总结一下 Lua 语言中处理全局变量的方式：

- 编译器在编译所有代码段前，在外层创建局部变量 _ENV；
- 编译器将所有自由名称 var 变换为 _ENV.var；
- 函数 load（或函数 loadfile）使用全局环境初始化代码段的第一个上值，即 Lua 语言内部维护的一个普通的表。

实际上，这也不是太复杂。

有些人由于试图从这些规则中引申出额外的“魔法”而感到困惑；其实，这些规则并没有额外的含义。尤其是，前两条规则完全是由编译器进行的。除了是由编译器预先定义的，_ENV 只是一个单纯的普通变量。抛开编译器，名称 _ENV 对于 Lua 语言来说根本没有特殊含义。[①]类似地，从 x 到 _ENV.x 的转换是纯粹的语法转换，没有隐藏的含义。尤其是，在转换后，按照标准的可见性规则，_ENV 引用的是其所在位置所有可见的 _ENV 变量。

## 22.4 使用 _ENV

在本节中，我们会看到一些探索由 _ENV 带来的灵活性的手段。请记住，本节中的大部分示例必须以单段代码的方式运行。如果在交互模式下一行一行地输入代码，那么每一行代码都会变成一段独立的代码，因此每一行都会有一个不同的 _ENV 变量。为了把代码当作一个代码段运行，要么把代码保存在一个文件中运行，要么使用 **do--end** 将代码段包围起来。

由于 _ENV 只是一个普通的变量，因此可以对其赋值或像访问其他变量一样访问它。赋值语句 _ENV = nil 会使得后续代码不能直接访问全局变量。这可以用来控制代码使用哪种变量：

```
local print, sin = print, math.sin
_ENV = nil
print(13)                  --> 13
print(sin(13))             --> 0.42016703682664
print(math.cos(13))        -- error!
```

任何对自由名称（“全局变量”）的赋值都会引发类似的错误。

我们可以显式地使用 _ENV 来绕过局部声明：

```
a = 13           -- 全局的
local a = 12
print(a)         --> 12   （局部的）
print(_ENV.a)    --> 13   （全局的）
```

用 _G 也可以：

```
a = 13           -- 全局的
local a = 12
print(a)       --> 12   （局部的）
print(_G.a)    --> 13   （局部的）
```

[①] 说实话，Lua 语言将 _ENV 用于错误信息，以便于能够像报告涉及 global x 的一个错误一样报告涉及变量 _ENV.x 的错误。

通常，_G 和 _ENV 指向的是同一个表。但是，尽管如此，它们是很不一样的实体。_ENV 是一个局部变量，所有对“全局变量”的访问实际上访问的都是 _ENV。_G 则是一个在任何情况下都没有任何特殊状态的全局变量。按照定义，_ENV 永远指向的是当前的环境；而假设在可见且无人改变过其值的前提下，_G 通常指向的是全局环境。

_ENV 的主要用途是用来改变代码段使用的环境。一旦改变了环境，所有的全局访问就都将使用新表：

```
-- 将当前的环境改为一个新的空表
_ENV = {}
a = 1        -- 在_ENV中创建字段
print(a)
  --> stdin:4: attempt to call global 'print' (a nil value)
```

如果新环境是空的，就会丢失所有的全局变量，包括函数 print。因此，应该首先把一些有用的值放入新环境，比如全局环境：

```
a = 15                        -- 创建一个全局变量
_ENV = {g = _G}               -- 改变当前环境
a = 1                         -- 在_ENV中创建一个字段
g.print(_ENV.a, g.a)          --> 1    15
```

这时，当访问“全局”的 g（位于 _ENV 而不是全局环境中）时，我们使用的是全局环境，在其中能够找到函数 print。

我们可以使用 _G 代替 g，从而重写前面的例子：

```
a = 15                        -- 创建一个全局变量
_ENV = {_G = _G}              -- 改变当前环境
a = 1                         -- 在_ENV中创建一个字段
_G.print(_ENV.a, _G.a)      --> 1    15
```

_G 只有在 Lua 语言创建初始化的全局表并让字段 _G 指向它自己的时候，才会出现特殊状态。Lua 语言并不关心该变量的当前值。不过尽管如此，就像我们在上面重写的示例中所看到的那样，将指向全局环境的变量命名为同一个名字（_G）是一个惯例。

另一种把旧环境装入新环境的方式是使用继承：

```
a = 1
local newgt = {}          -- 创建新环境
```

```
setmetatable(newgt, {__index = _G})
_ENV = newgt             -- 设置新环境
print(a)                 --> 1
```

在这段代码中，新环境从全局环境中继承了函数 print 和 a。不过，任何赋值都会发生在新表中。虽然我们仍然能通过 _G 来修改全局环境中的变量，但如果误改了全局环境中的变量也不会有什么影响。

```
-- 接此前的代码
a = 10
print(a, _G.a)           --> 10    1
_G.a = 20
print(_G.a)              --> 20
```

作为一个普通的变量，_ENV 遵循通常的定界规则。特别地，在一段代码中定义的函数可以按照访问其他外部变量一样的规则访问 _ENV：

```
_ENV = {_G = _G}
local function foo ()
  _G.print(a)      -- 编译为'_ENV._G.print(_ENV.a)'
end
a = 10
foo()              --> 10
_ENV = {_G = _G, a = 20}
foo()              --> 20
```

如果定义一个名为 _ENV 的局部变量，那么对自由名称的引用将会绑定到这个新变量上：

```
a = 2
do
  local _ENV = {print = print, a = 14}
  print(a)      --> 14
end
print(a)        --> 2   （回到原始的_ENV中）
```

因此，可以很容易地使用私有环境定义一个函数：

```
function factory (_ENV)
  return function () return a end
```

```
end

f1 = factory{a = 6}
f2 = factory{a = 7}
print(f1())        --> 6
print(f2())        --> 7
```

factory 函数创建了一个简单的闭包，这个闭包返回了其中“全局”的 a。每当闭包被创建时，闭包可见的变量 _ENV 就成了外部 factory 函数的参数 _ENV。因此，每个闭包都会使用自己的外部变量（作为上值）来访问其自由名称。

使用普遍的定界规则，我们可以有几种方式操作环境。例如，可以让多个函数共享一个公共环境，或者让一个函数改变它与其他函数共享的环境。

## 22.5 环境和模块

在17.2节中，当我们讨论如何编写模块时，笔者提到过模块的缺点之一在于很容易污染全局空间，例如在私有声明中忘记 **local** 关键字。环境为解决这个问题提供了一种有趣的方式。一旦模块的主程序块有一个独占的环境，则不仅该模块所有的函数共享了这个环境，该模块的全局变量也进入到了这个环境中。我们可以将所有的公有函数声明为全局变量，这样它们就会自动地进入分开的环境中。模块所要做的就是将这个环境赋值给变量 _ENV。之后，当我们声明函数 add 时，它会变成 M.add：

```
local M = {}
_ENV = M
function add (c1, c2)
  return new(c1.r + c2.r, c1.i + c2.i)
end
```

此外，我们在调用同一模块中的其他函数时不需要任何前缀。在此前的代码中，add 会从其环境中得到 new，也就是 M.new。

这种方法为模块提供了一种良好的支持，只需要程序员多做一点额外的工作。使用这种方法，完全不需要前缀，并且调用一个导出的函数与调用一个私有函数没有什么区别。即使程序员忘记了 **local** 关键字，也不会污染全局命名空间。相反，他只是让一个私有函数变成了公有函数而已。

不过尽管如此，笔者目前还是倾向于使用原始的基本方法。也许原始的基本方法需要更多的工作，但代码会更加清晰。为了避免错误地创建全局变量，笔者使用把 nil 赋给 _ENV 的方式。在把 _ENV 设为 nil 后，任何对全局变量的赋值都会抛出异常。这种方式的另一个好处是无须修改代码也可以在老版本的 Lua 语言中运行（在 Lua 5.1 中，给 _ENV 赋值虽然不能阻止出错，但也不会造成问题）。

为了访问其他模块，我们可以使用在之前章节中讨论过的方法。例如，可以声明一个保存全局环境的局部变量：

```
local M = {}
local _G = _G
_ENV = nil
```

然后在全局名称前加上 _G 和模块名 M 即可。

另一种更规范的访问其他模块的做法是只把需要的函数或模块声明为局部变量：

```
-- 模块初始化
local M = {}

-- 导入部分：
-- 声明该模块需要的外部函数或模块等
local sqrt = math.sqrt
local io = io

-- 从此以后不能再进行外部访问
_ENV = nil
```

这种方式需要做更多工作，但是它能清晰地列出模块的依赖。

## 22.6 _ENV 和 load

正如笔者此前提到的，函数 load 通常把被加载代码段的上值 _ENV 初始化为全局环境。不过，函数 load 还有一个可选的第四个参数来让我们为 _ENV 指定一个不同的初始值。（函数 loadfile 也有一个类似的参数。）

例如，假设我们有一个典型的配置文件，该配置文件定义了程序要使用的几个常量和函数，如下：

```
-- 文件'config.lua'
width = 200
height = 300
...
```

可以使用如下的代码加载该文件：

```
env = {}
loadfile("config.lua", "t", env)()
```

配置文件中的所有代码会运行在空的环境 env 中，类似于某种沙盒。特别地，所有的定义都会进入这个环境中。即使出错，配置文件也无法影响任何别的东西，甚至是恶意的代码也不能对其他东西造成任何破坏。除了通过消耗 CPU 时间和内存来制造拒绝服务（Denial of Service，DoS）攻击，恶意代码也做不了什么其他的事。

有时，我们可能想重复运行一段代码数次，每一次使用一个不同的环境。在这种情况下，函数 load 可选的参数就没用了。此时，我们有另外两种选择。

第一种选择是使用调试库中的函数 debug.setupvalue。顾名思义，函数 setupvalue 允许改变任何指定函数的上值，例如：

```
f = load("b = 10; return a")
env = {a = 20}
debug.setupvalue(f, 1, env)
print(f())              --> 20
print(env.b)            --> 10
```

setupvalue 的第一个参数是指定的函数，第二个参数是上值的索引，第三个参数是新的上值。对于这种用法，第二个参数永远是 1：当函数表示的是一段代码时，Lua 语言可以保证它只有一个上值且上值就是 _ENV。

这种方式的一个小缺点在于依赖调试库。调试库打破了有关程序的一些常见假设。例如，debug.setupvalue 打破了 Lua 语言的可见性规则，而可见性规则可以保证我们不能从词法定界的范围外访问局部变量。

另一种在几个不同环境中运行代码段的方式是每次加载代码段时稍微对其进行一下修改。假设我们在要加载的代码段前加入一行：

```
_ENV = ...;
```

请注意，由于 Lua 语言把所有的代码段都当作可变长参数函数进行编译，因此，多出的这一行代码会把传给代码段的第一个参数赋给 _ENV，从而把参数设为环境。以下的代码使用练习 16.1中实现的函数 loadwithprefix 演示了这种做法：

```
prefix = "_ENV = ...;"
f = loadwithprefix(prefix, io.lines(filename, "*L"))
...
env1 = {}
f(env1)
env2 = {}
f(env2)
```

## 22.7 练习

练习 22.1：本章开始时定义的函数 getfield，由于可以接收像 math?sin 或 string!!!gsub 这样的“字段”而不够严谨。请将其进行重写，使得该函数只能支持点作为名称分隔符。

练习 22.2：请详细解释下列程序做了什么，以及输出的结果是什么。

```
local foo
do
  local _ENV = _ENV
  function foo ()  print(X) end
end
X = 13
_ENV = nil
foo()
X = 0
```

练习 22.3：请详细解释下列程序做了什么，以及输出的结果是什么。

```
local print = print
function foo (_ENV, a)
  print(a + b)
end

foo({b = 14}, 12)
foo({b = 10}, 1)
```

# 23 垃圾收集

Lua 语言使用自动内存管理。程序可以创建对象（表、闭包等），但却没有函数来删除对象。Lua 语言通过垃圾收集（*garbage collection*）自动地删除成为垃圾的对象，从而将程序员从内存管理的绝大部分负担中解放出来。更重要的是，将程序员从与内存管理相关的大多数 Bug 中解放出来，例如无效指针（dangling pointer）和内存泄漏（memory leak）等问题。

在一个理想的环境中，垃圾收集器对程序员来说是不可见的，就像一个好的清洁工不会和其他工人打交道一样。不过，有时即使是最智能的垃圾收集器也会需要我们的辅助。在某些关键的性能阶段，我们可能需要将其停止，或者让其只在特定的时间运行。另外，一个垃圾收集器只能收集它确定是垃圾的内容，而不能猜测我们把什么当作垃圾。没有垃圾收集器能够做到让我们完全不用操心资源管理的问题，比如驻留内存（hoarding memory）和外部资源。

弱引用表（weak table）、析构器（finalizer）和函数 `collectgarbage` 是在 Lua 语言中用来辅助垃圾收集器的主要机制。弱引用表允许收集 Lua 语言中还可以被程序访问的对象；析构器允许收集不在垃圾收集器直接控制下的外部对象；函数 `collectgarbage` 则允许我们控制垃圾收集器的步长。在本章中，我们会学习这几种机制。

## 23.1 弱引用表

正如此前所说的，垃圾收集器不能猜测我们认为哪些是垃圾。一个典型的例子就是栈，栈通常由一个数组和一个指向栈顶的索引实现。我们知道，数组的有效部分总是向顶部扩展的，但 Lua 语言却不知道。如果弹出一个元素时只是简单地递减顶部索引，那么这个仍然留在数组中的对象对于 Lua 语言来说并不是垃圾。同理，即使是程序不会再用到的、存储在全局变量中的对象，对于 Lua 语言来说也不是垃圾。在这两种情况下，都需要我们（的代码）将这些对象所在的位置赋为 nil，以便这些位置不会锁定可释放的对象。

不过，简单地清除引用可能还不够。在有些情况下，还需要程序和垃圾收集器之间的协作。一个典型的例子是，当我们要保存某些类型（例如，文件）的活跃对象的列表时。这个需求看上去很简单，我们只需要把每个新对象插入数组即可；但是，一旦一个对象成为了数组的一部分，它就再也无法被回收了！虽然已经没有其他任何地方在引用它，但数组依然在引用它。除非我们告诉 Lua 语言数组对该对象的引用不应该阻碍对此对象的回收，否则 Lua 语言本身是无从知晓的。

弱引用表就是这样一种用来告知 Lua 语言一个引用不应阻止对一个对象回收的机制。所谓*弱引用*（*weak reference*）是一种不在垃圾收集器考虑范围内的对象引用。如果对一个对象的所有引用都是弱引用，那么垃圾收集器将会回收这个对象并删除这些弱引用。Lua 用语言通过*弱引用表*实现弱引用，弱引用表就是元素均为弱引用的表，这意味着如果一个对象只被一个弱引用表持有，那么 Lua 语言最终会回收这个对象。

表由键值对组成，其两者都可以容纳任意类型的对象。在正常情况下，垃圾收集器不会回收一个在可访问的表中作为键或值的对象。也就是说，键和值都是*强*（*strong*）引用，它们会阻止对其所指向对象的回收。在一个弱引用表中，键和值都可以是弱引用的。这就意味着有三种类型的弱引用表，即具有弱引用键的表、具有弱引用值的表及同时具有弱引用键和值的表。不论是哪种类型的弱引用表，只要有一个键或值被回收了，那么对应的整个键值对都会被从表中删除。

一个表是否为弱引用表是由其元表中的 `__mode` 字段所决定的。当这个字段存在时，其值应为一个字符串：如果这个字符串是`"k"`，那么这个表的键是弱引用的；如果这个字符串是`"v"`，那么这个表的值是弱引用的；如果这个字符串是`"kv"`，那么这个表的键和值都是弱引用的。下面的示例虽然有些刻意，但演示了弱引用表的基本行为：

```
a = {}
mt = {__mode = "k"}
setmetatable(a, mt)    -- 现在'a'的键是弱引用的了
key = {}               -- 创建第一个键
a[key] = 1
key = {}               -- 创建第二个键
a[key] = 2
```

```
collectgarbage()        -- 强制进行垃圾回收
for k, v in pairs(a) do print(v) end
  --> 2
```

在本例中，第二句赋值 key={} 覆盖了指向第一个键的索引。调用 collectgarbage 强制垃圾收集器进行一次完整的垃圾收集。由于已经没有指向第一个键的其他引用，因此 Lua 语言会回收这个键并从表中删除对应的元素。然而，由于第二个键仍然被变量 key 所引用，因此 Lua 不会回收它。

请注意，只有对象可以从弱引用表中被移除，而像数字和布尔这样的"值"是不可回收的。例如，如果我们在表 a（之前的示例）中插入一个数值类型的键，那么垃圾收集器永远不会回收它。当然，如果在一个值为弱引用的弱引用表中，一个数值类型键相关联的值被回收了，那么整个元素都会从这个弱引用表中被删除。

字符串在这里表现了一些细微的差别，虽然从实现的角度看字符串是可回收的，但字符串又与其他的可回收对象不同。其他的对象，例如表和闭包，都是被显式创建的。例如，当 Lua 语言对表达式 {} 求值时会创建一个新表。然而，当对表达式"a".."b" 求值时，Lua 语言会创建一个新字符串么？如果当前系统中已有了一个字符串"ab" 会怎么样？Lua 语言会创建一个新的字符串么？编译器会在运行程序前先创建这个字符串吗？其实，这些都无关紧要，因为它们都是实现上的细节。从程序员的角度看，字符串是值而不是对象。所以，字符串就像数值和布尔值一样，对于一个字符串类型的键来说，除非它对应的值被回收，否则是不会从弱引用表中被移除的。

## 23.2 记忆函数（Memorize Function）

空间换时间是一种常见的编程技巧。我们可以通过记忆（*memorize*）函数的执行结果，在后续使用相同参数再次调用该函数时直接返回之前记忆[①]的结果，来加快函数的运行速度。[②]

假设有一个通用的服务器，该服务器接收的请求是以字符串形式表示的 Lua 语言代码。每当服务器接收到一个请求时，它就对字符串运行 load 函数，然后再调用编译后的函数。不过，函数 load 的开销很昂贵，而且发送给服务器的某些命令的出现频率可能很高。这样，与其每次收到一条诸如"closeconnection()" 这样的常见命令就重复地调用函数 load，还不如

[①] 译者注：这里的记忆实际就是保存下来。

[②] 虽然单词"memorize"精确地表达了我们的想法，但是程序员社区还创造了一个新词，*memoize*，来描述这种技术。但是笔者坚持使用前者。

让服务器用一个辅助表记忆所有函数 load 的执行结果。在调用函数 load 前，服务器先在表中检查指定的字符串是否已经被处理过。如果没有，就（且只在这种情况下）调用函数 load 并将返回值保存到表中。我们可以将这种行为封装为一个新的函数：

```
local results = {}
function mem_loadstring (s)
  local res = results[s]
  if res == nil then                    -- 已有结果么?
    res = assert(load(s))               -- 计算新结果
    results[s] = res                    -- 保存结果以便后续重用
  end
  return res
end
```

这种模式节省的开销非常可观。但是，它也可能导致不易察觉的资源浪费。虽然有些命令会重复出现，但也有很多命令可能就出现一次。渐渐地，表 results 会堆积上服务器收到的所有命令及编译结果；在运行了一段足够长的时间后，这种行为会耗尽服务器的内存。

弱引用表为解决这个问题提供了一种简单的方案，如果表 results 具有弱引用的值，那么每个垃圾收集周期都会删除所有那个时刻未使用的编译结果（基本上就是全部）：

```
local results = {}
setmetatable(results, {__mode = "v"})  -- 让值成为弱引用的
function mem_loadstring (s)
   同前
```

实际上，因为索引永远是字符串，所以如果愿意的话，我们可以让这个表变成完全弱引用的：

```
setmetatable(results, {__mode = "kv"})
```

最终达到的效果是完全一样的。

记忆技术（memorization technique）还可以用来确保某类对象的唯一性。例如，假设一个系统用具有三个相同取值范围的字段 red、green 和 blue 的表来表示颜色，一个简单的颜色工厂函数每被调用一次就生成一个新颜色：

```
function createRGB (r, g, b)
  return {red = r, green = g, blue = b}
end
```

使用记忆技术，我们就可以为相同的颜色复用相同的表。要为每一种颜色创建一个唯一的键，只需要使用分隔符把颜色的索引连接起来即可：

```
local results = {}
setmetatable(results, {__mode = "v"})  -- 让值成为弱引用的
function createRGB (r, g, b)
  local key = string.format("%d-%d-%d", r, g, b)
  local color = results[key]
  if color == nil then
    color = {red = r, green = g, blue = b}
    results[key] = color
  end
  return color
end
```

这种实现的一个有趣结果是，由于两种同时存在的颜色必定是由同一个表来表示，所以用户可以使用基本的相等运算符比较两种颜色。因为随着时间的迁移垃圾收集器会清理表 results，所以一种指定的颜色在不同的时间内可能由不同的表来表示。不过，只要一种颜色正在被使用，它就不会从 results 中被移除。因此，一种颜色与一种新颜色相比已经存在了多长时间，这种颜色对应的表也存在了对应长度的时间，也可以被新颜色复用。

## 23.3 对象属性（Object Attribute）

弱引用表的另外一种重要应用是将属性与对象关联起来。在各种各样的情况下，我们都需要把某些属性绑定到某个对象，例如函数名、表的默认值及数组的大小等。

当对象是一个表时，可以通过适当的唯一键把属性存储在这个表自身中（正如之前所看到的，创建唯一键的一种简单和防止出错的方法是创建一个新表并把它当作键使用）。不过，如果对象不是一个表，那么它就不能保存它自己的属性。另外，即使是表，有时我们也不想把属性保存在原始的对象中。例如，当想保持属性的私有性时，或不想让属性干扰表的遍历时，就需要用其他办法来关联对象与属性。

当然，外部表为对象和属性的映射提供了一种理想的方法，也就是我们在21.6节中看到的对偶表示，其中将对象用作键、将对象的属性用作值。由于 Lua 语言允许使用任意类型的对象作为键，因此一个外部表可以保存任意类型对象的属性。此外，存储在外部表中的属性不会干扰其他对象，并且可以像表本身一样是私有的。

不过，这个看似完美的方案有一个重大缺陷：一旦我们把一个对象当作表中的一个键，那么就是引用了它。Lua 语言无法回收一个正在被用作键的对象。例如，如果使用一个普通的表来映射函数和函数名，那么这些函数就永远无法被回收。正如读者可能猜到的一样，可以使用弱引用表来解决这个缺陷。不过，这次我们需要的是弱引用的键。使用弱引用键时，如果没有其他的引用，则不会阻止键被回收。另一方面，这个表不能有弱引用的值，否则，活跃对象的属性也可能被回收。

## 23.4 回顾具有默认值的表

20.4.3节中讨论了如何实现具有非 nil 默认值的表。我们已经见到过一种特殊的技术，也注明了还有两种技术需要弱引用表的支持待后续讨论。现在，到了回顾这个主题的时候。正如我们马上要看到的，这两种用于默认值的技术其实是刚刚学习过的对偶表示和记忆这两种通用技术的特例。

在第一种解决方案中，我们使用了一个弱引用表来映射每一个表和它的默认值：

```
local defaults = {}
setmetatable(defaults, {__mode = "k"})
local mt = {__index = function (t) return defaults[t] end}
function setDefault (t, d)
  defaults[t] = d
  setmetatable(t, mt)
end
```

这是对偶表示的一种典型应用，其中使用了 `defaults[t]` 来表示 `t.default`。如果表 `defaults` 没有弱引用的键，那么所有具有默认值的表就会永远存在下去。

在第二种解决方案中，我们对不同的默认值使用了不同的元表，在遇到重复的默认值时会复用相同的元表。这是记忆技术的一种典型应用：

```
local metas = {}
setmetatable(metas, {__mode = "v"})
function setDefault (t, d)
  local mt = metas[d]
  if mt == nil then
    mt = {__index = function () return d end}
```

```
    metas[d] = mt      -- 记忆
  end
  setmetatable(t, mt)
end
```

在这种情况下，我们使用弱引用的值使得不再被使用的元表能够被回收。

这两种实现哪种更好取决于具体的情况。这两种实现具有类似的复杂度和性能表现，第一种实现需要为每个具有默认值的表（表 defaults 中的一个元素）分配几个字节的内存，而第二种实现则需要为每个不同的默认值分配若干内存（一个新表、一个新闭包和表 metas 中的一个元素）。因此，如果应用中有上千个具有少量不同默认值的表，那么第二种实现明显更好。不过，如果只有少量共享默认值的表，那么就应该选择第一种实现。

## 23.5 瞬表（Ephemeron Table）

一种棘手的情况是，一个具有弱引用键的表中的值又引用了对应的键。

这种情况比看上去的更加常见。一个典型的示例是常量函数工厂（constant-function factory）。这种工厂的参数是一个对象，返回值是一个被调用时返回传入对象的函数：

```
function factory (o)
  return (function () return o end)
end
```

这种工厂是实现记忆的一种很好的手段，可以避免在闭包已经存在时又创建新的闭包。示例 23.1展示了这种改进。

示例 23.1 使用记忆技术的常量函数工厂

```
do
  local mem = {}      -- 记忆表
  setmetatable(mem, {__mode = "k"})
  function factory (o)
    local res = mem[o]
    if not res then
      res = (function () return o end)
      mem[o] = res
```

```
        end
        return res
      end
    end
```

不过，这里另有玄机。请注意，表 mem 中与一个对象关联的值（常量函数）回指了它自己的键（对象本身）。虽然表中的键是弱引用的，但是表中的值却不是弱引用的。从一个弱引用表的标准理解看，记忆表中没有任何东西会被移除。由于值不是弱引用的，所以对于每一个函数来说都存在一个强引用。每一个函数都指向其对应的对象，因而对于每一个键来说都存在一个强引用。因此，即使有弱引用的键，这些对象也不会被回收。

不过，这种严格的理解不是特别有用。大多数人希望一个表中的值只能通过对应的键来访问。我们可以认为之前的情况是某种环，其中闭包引用了指回闭包（通过记忆表）的对象。

Lua 语言通过瞬表[①]的概念来解决上述问题。[②]在 Lua 语言中，一个具有弱引用键和强引用值的表是一个*瞬表*。在一个瞬表中，一个键的可访问性控制着对应值的可访问性。更确切地说，考虑瞬表中的一个元素 *(k,v)*，指向的 *v* 的引用只有当存在某些指向 *k* 的其他外部引用存在时才是强引用，否则，即使 *v*（直接或间接地）引用了 *k*，垃圾收集器最终会收集 *k* 并把元素从表中移除。

## 23.6 析构器（Finalizer）

虽然垃圾收集器的目标是回收对象，但是它也可以帮助程序员来释放外部资源。出于这种目的，几种编程语言提供了析构器。*析构器*是一个与对象关联的函数，当该对象即将被回收时该函数会被调用。

Lua 语言通过元方法 __gc 实现析构器，如下例所示：

```
o = {x = "hi"}
setmetatable(o, {__gc = function (o) print(o.x) end})
o = nil
```

[①] 译者注：ephemeron 是蜉蝣的意思，表示生命极短暂之物，译者查阅了很多中文资料但并未找到任何有关 ephemeron 的已有中文翻译，故按照理自己的理解翻译为了瞬表。在 http://www.inf.puc-rio.br/~roberto/docs/ry08-06.pdf 中，有一篇名为《Eliminating Cycles in Weak Tables》中有对于该问题的更详细说明，读者可以参阅和意会。总之，瞬表主要就是为了解决“Cyclic references between keys and values in weak tables prevent the elements inside a cycle from being collected, even if they are no longer reachable from outside”的问题。

[②] 瞬表是在 Lua 5.2 中引入的，Lua 5.1 依然存在我们描述的问题。

```
collectgarbage()    --> hi
```

在本例中，我们首先创建一个带有 __gc 元方法元表的表。然后，抹去与这个表的唯一联系（全局变量），再强制进行一次完整的垃圾回收。在垃圾回收期间，Lua 语言发现表已经不再是可访问的了，因此调用表的析构器，也就是元方法 __gc。

Lua 语言中，析构器的一个微妙之处在于"将一个对象标记为需要析构"的概念。通过给对象设置一个具有非空 __gc 元方法的元表，就可以把一个对象标记为需要进行析构处理。如果不标记对象，那么对象就不会被析构。我们编写的大多数代码会正常运行，但会发生某些奇怪的行为，比如：

```
o = {x = "hi"}
mt = {}
setmetatable(o, mt)
mt.__gc = function (o) print(o.x) end
o = nil
collectgarbage()    --> (prints nothing)
```

这里，我们确实给对象 o 设置了元表，但是这个元表没有 __gc 元方法，因此对象没有被标记为需要进行析构处理。即使我们后续给元表增加了元方法 __gc，Lua 语言也发现不了这种赋值的特殊之处，因此不会把对象标记为需要进行析构处理。

正如我们所提到的，这很少会有问题。在设置元表后，很少会改变元方法。如果真的需要在后续设置元方法，那么可以给字段 __gc 先赋一个任意值作为占位符：

```
o = {x = "hi"}
mt = {__gc = true}
setmetatable(o, mt)
mt.__gc = function (o) print(o.x) end
o = nil
collectgarbage()    --> hi
```

现在，由于元表有了 __gc 字段，因此对象会被正确地标记为需要析构处理。如果后续再设置元方法也不会有问题，只要元方法是一个正确的函数，Lua 语言就能够调用它。

当垃圾收集器在同一个周期中析构多个对象时，它会按照对象被标记为需要析构处理的顺序逆序调用这些对象的析构器。请考虑如下的示例，该示例创建了一个由带有析构器的对象所组成的链表：

```
mt = {__gc = function (o) print(o[1]) end}
list = nil
for i = 1, 3 do
  list = setmetatable({i, link = list}, mt)
end
list = nil
collectgarbage()
  --> 3
  --> 2
  --> 1
```

第一个被析构的对象是 3，也就是最后一个被标记的对象。

一种常见的误解是认为正在被回收的对象之间的关联会影响对象析构的顺序。例如，有些人可能认为上例中的对象 2 必须在对象 1 之前被析构，因为存在从 2 到 1 的关联。但是，关联会形成环。所以，关联并不会影响析构器执行的顺序。

有关析构器的另一个微妙之处是复苏（*resurrection*）。当一个析构器被调用时，它的参数是正在被析构的对象。因此，这个对象会至少在析构期间重新变成活跃的。笔者把这称为临时复苏（*transient resurrection*）。在析构器执行期间，我们无法阻止析构器把该对象存储在全局变量中，使得该对象在析构器返回后仍然可访问，笔者把这称为永久复苏（*permanent resurrection*）。

复苏必须是可传递的。考虑如下的代码：

```
A = {x = "this is A"}
B = {f = A}
setmetatable(B, {__gc = function (o) print(o.f.x) end})
A, B = nil
collectgarbage()   --> this is A
```

B 的析构器访问了 A，因此 A 在 B 析构前不能被回收，Lua 语言在运行析构器之前必须同时复苏 B 和 A。

由于复苏的存在，Lua 语言会在两个阶段中回收具有析构器的对象。当垃圾收集器首次发现某个具有析构器的对象不可达时，垃圾收集器就把这个对象复苏并将其放入等待被析构的队列中。一旦析构器开始执行，Lua 语言就将该对象标记为已被析构。当下一次垃圾收集器又发现这个对象不可达时，它就将这个对象删除。如果想保证我们程序中的所有垃圾都被真正地释放了的话，那么必须调用 collectgarbage 两次，第二次调用才会删除第一次调用中被析构的对象。

由于 Lua 语言在被析构对象上设置的标记，每一个对象的析构器都会精确地运行一次。如果一个对象直到程序运行结束还没有被回收，那么 Lua 语言就会在整个 Lua 虚拟机关闭后调用它的析构器。这种特性在 Lua 语言中实现了某种形式的 atexit 函数，即在程序终结前立即运行的函数。我们所要做的就是创建一个带有析构器的表，然后把它锚定在某处，例如锚定到全局表中：

```
local t = {__gc = function ()
  -- 'atexit'的代码位于此处
  print("finishing Lua program")
end}
setmetatable(t, t)
_G["*AA*"] = t
```

另外一个有趣的技巧会允许程序在每次完成垃圾回收后调用指定的函数。由于析构器只运行一次，所以这种技巧是让每个析构器创建一个用来运行下一个析构器的新对象，参见示例 23.2。

示例 23.2　在每次 GC 后运行一个函数

```
do
  local mt = {__gc = function (o)
    -- 要做的工作
    print("new cycle")
    -- 为下一次垃圾收集创建新对象
    setmetatable({}, getmetatable(o))
  end}
  -- 创建第一个对象
  setmetatable({}, mt)
end

collectgarbage()   --> 一次垃圾收集
collectgarbage()   --> 一次垃圾收集
collectgarbage()   --> 一次垃圾收集
```

具有析构器的对象和弱引用表之间的交互也有些微妙。在每个垃圾收集周期内，垃圾收集器会在调用析构器前清理弱引用表中的值，在调用析构器之后再清理键。这种行为的原理在于我们经常使用带有弱引用键的表来保存对象的属性（参见23.3节），因此，析构器可能需要访问那些属性。不过，我们也会使用具有弱引用值的表来重用活跃的对象，在这种情况下，正在被析构的对象就不再有用了。

## 23.7 垃圾收集器

一直到 Lua 5.0，Lua 语言使用的都是一个简单的标记-清除（mark-and-sweep）式垃圾收集器（Garbage Collector，GC）。这种收集器又被称为“stop-the-world（全局暂停）”式的收集器，意味着 Lua 语言会时不时地停止主程序的运行来执行一次完整的垃圾收集周期（garbage-collection cycle）。每一个垃圾收集周期由四个阶段组成：标记（*mark*）、清理（*cleaning*）、清除（*sweep*）和析构（*finalization*）。

标记阶段把根结点集合（*root set*）标记为活跃，根结点集合由 Lua 语言可以直接访问的对象组成。在 Lua 语言中，这个集合只包括 C 注册表（在30.3.1节中我们会看到，主线程和全局环境都是在这个注册表中预定义的元素）。

保存在一个活跃对象中的对象是程序可达的，因此也会被标记为活跃（当然，在弱引用表中的元素不遵循这个规则）。当所有可达对象都被标记为活跃后，标记阶段完成。

在开始清除阶段前，Lua 语言先执行清理阶段，在这个阶段中处理析构器和弱引用表。首先，Lua 语言遍历所有被标记为需要进行析构、但又没有被标记为活跃状态的对象。这些没有被标记为活跃状态的对象会被标记为活跃（复苏，resurrected），并被放在一个单独的列表中，这个列表会在析构阶段用到。然后，Lua 语言遍历弱引用表并从中移除键或值未被标记的元素。

清除阶段遍历所有对象（为了实现这种遍历，Lua 语言把所有创建的对象放在一个链表中）。如果一个对象没有被标记为活跃，Lua 语言就将其回收。否则，Lua 语言清理标记，然后准备进行下一个清理周期。

最后，在析构阶段，Lua 语言调用清理阶段被分离出的对象的析构器。

使用真正的垃圾收集器意味着 Lua 语言能够处理对象引用之间的环。在使用环形数据结构时，我们不需要花费额外的精力，它们会像其他数据一样被回收。

Lua 5.1 使用了增量式垃圾收集器（*incremental collector*）。这种垃圾收集器像老版的垃圾收集器一样执行相同的步骤，但是不需要在垃圾收集期间停止主程序的运行。相反，它与解释器一起交替运行。每当解释器分配了一定数量的内存时，垃圾收集器也执行一小步（这意味着，在垃圾收集器工作期间，解释器可能会改变一个对象的可达性。为了保证垃圾收集器的正确性，垃圾收集器中的有些操作具有发现危险改动和纠正所涉及对象标记的内存屏障[barrier]）。

Lua 5.2 引入了紧急垃圾收集（*emergency collection*）。当内存分配失败时，Lua 语言会强制进行一次完整的垃圾收集，然后再次尝试分配。这些紧急情况可以发生在 Lua 语言进行内存分配的任意时刻，包括 Lua 语言处于不一致的代码执行状态时，因此，这些收集动作不能运行析构器。

## 23.8 控制垃圾收集的步长（Pace）

通过函数 `collectgarbage` 可以对垃圾收集器进行一些额外的控制，该函数实际上是几个函数的集合体：第一个参数是一个可选的字符串，用来说明进行何种操作；有些选项使用一个整型作为第二个参数，称为 `data`。

第一个参数的选项包括如下七个。

`"stop"`：停止垃圾收集器，直到使用选项`"restart"` 再次调用 `collectgarbage`。

`"restart"`：重启垃圾收集器。

`"collect"`：执行一次完整的垃圾收集，回收和析构所有不可达的对象。这是默认的选项。

`"step"`：执行某些垃圾收集工作，第二个参数 `data` 指明工作量，即在分配了 `data` 个字节后垃圾收集器应该做什么。

`"count"`：以 KB 为单位返回当前已用内存数，该结果是一个浮点数，乘以 1024 得到的就是精确的字节数。该值包括了尚未被回收的死对象。

`"setpause"`：设置收集器的 `pause` 参数（间歇率）。参数 `data` 以百分比为单位给出要设定的新值：当 `data` 为 100 时，参数被设为 1（100%）。

`"setstepmul"`：设置收集器的 `stepmul` 参数（步进倍率，step multiplier）。参数 `data` 给出新值，也是以百分比为单位。

两个参数 `pause` 和 `stepmul` 控制着垃圾收集器的角色。任何垃圾收集器都是使用 CPU 时间换内存空间。在极端情况下，垃圾收集器可能根本不会运行。但是，不耗费 CPU 时间是以巨大的内存消耗为代价的。在另外一种极端的情况下，收集器可能每进行一次赋值就得运行一次完整的垃圾收集。程序能够使用尽可能少的内存，但是是以巨大的 CPU 消耗为代价的。pause 和 stepmul 的默认值正是试图在这两个极端之间找到的对大多数应用来说足够好的平衡点。不过，在某些情况下，还是值得试着对它们进行优化。

参数 pause 用于控制垃圾收集器在一次收集完成后等待多久再开始新的一次收集。当值为零时表示 Lua 语言在上一次垃圾回收结束后立即开始一次新的收集。当值为 200% 时表示在重启垃圾收集器前等待内存使用翻番。如果想使消耗更多的 CPU 时间换取更低的内存消耗，那么可以把这个值设得小一点。通常，我们应该把这个值设在 0 到 200% 之间。

参数 stepmul 控制对于每分配 1KB 内存，垃圾收集器应该进行多少工作。这个值越高，垃圾收集器使用的增量越小。一个像 100000000% 一样巨大的值会让收集器表现得像一个非增量的垃圾收集器。默认值是 200%。低于 100% 的值会让收集器运行得很慢，以至于可能一次收集也完不成[①]。

函数 collectgarbage 的另外一些参数用来在垃圾收集器运行时控制它的行为。同样，对于大多数程序员来说，默认值已经足够好了，但是对于一些特殊的应用，用手工控制可能更好，游戏就经常需要这种类型的控制。例如，如果我们不想让垃圾收集在某些阶段运行，那么可以通过调用函数 collectgarbage("stop") 停止垃圾收集器，然后再调用 collectgarbage("restart") 重新启动垃圾收集器。在一些具有周期性休眠阶段的程序中，可以让垃圾收集器停止，然后在程序休眠期间调用 collectgarbage("step", n)。要设置在每一个休眠期间进行多少工作，要么为 n 实验性地选择一个恰当的值，要么把 n 设成零（意为最小的步长），然后在一个循环中调用函数 collectgarbage 直到休眠结束。

## 23.9 练习

练习 23.1：请编写一个实验证明为什么 Lua 语言需要实现瞬表（记得调用函数 collectgarbage 来强制进行一次垃圾收集）。如果可能的话，分别在 Lua 5.1 和 Lua 5.2/5.3 中运行你的代码来看看有什么不同。

练习 23.2：考虑23.6节的第一个例子，该示例创建了一个带有析构器的表，该析构器在执行时只是输出一条消息。如果程序没有进行过垃圾收集就退出会发生什么？如果程序调用了函数 os.exit 呢？如果程序由于出错而退出呢？

---

[①] 译者注：该参数与增量式垃圾收集算法有关，作者在原文中也言之不详，有兴趣的读者可以参考其他资料，在此译者也不再展开。

练习 23.3：假设要实现一个记忆表，该记忆表所针对函数的参数和返回值都是字符串。由于弱引用表不把字符串当作可回收对象，因此将这个记忆表标记为弱引用并不能使得其中的键值对能够被垃圾收集。在这种情况下，你该如何实现记忆呢？

练习 23.4：解释示例 23.3中程序的输出。

示例 23.3　析构器和内存

```
local count = 0

local mt = {__gc = function () count = count - 1 end}
local a = {}

for i = 1, 10000 do
  count = count + 1
  a[i] = setmetatable({}, mt)
end

collectgarbage()
print(collectgarbage("count") * 1024, count)
a = nil
collectgarbage()
print(collectgarbage("count") * 1024, count)
collectgarbage()
print(collectgarbage("count") * 1024, count)
```

练习 23.5：对于这个练习，你需要至少一个使用很多内存的 Lua 脚本。如果你没有这样的脚本，那就写一个（一个创建表的循环就可以）。

- 使用不同的 pause 和 stepmul 运行脚本。它们的值是如何影响脚本的性能和内存使用的？如果把 pause 设成零会发生什么？如果把 pause 设成 1000 会发生什么？如果把 stepmul 设成零会发生什么？如果把 stepmul 设成 1000000 会发生什么？
- 调整你的脚本，使其能够完整地控制垃圾收集器。脚本应该让垃圾收集器停止运行，然后时不时地完成垃圾收集的工作。你能够使用这种方式提高脚本的性能么？

# 24 协程（Coroutine）

我们并不经常需要用到协程，但是当需要的时候，协程会起到一种不可比拟的作用。协程可以颠倒调用者和被调用者的关系，而且这种灵活性解决了软件架构中被笔者称为“谁是老大（who-is-the-boss）”或者“谁拥有主循环（who-has-the-main-loop）”的问题。这正是对诸如事件驱动编程、通过构造器构建迭代器和协作式多线程等几个看上去并不相关的问题的泛化，而协程以简单和高效的方式解决了这些问题。

从多线程（multithreading）的角度看，协程（*coroutine*）与线程（thread）类似：协程是一系列的可执行语句，拥有自己的栈、局部变量和指令指针，同时协程又与其他协程共享了全局变量和其他几乎一切资源。线程与协程的主要区别在于，一个多线程程序可以并行运行多个线程，而协程却需要彼此协作地运行，即在任意指定的时刻只能有一个协程运行，且只有当正在运行的协程显式地要求被挂起（suspend）时其执行才会暂停。

在本章中，我们会学习 Lua 语言中的协程是如何运行的，同时也将学习如何使用协程来解决一系列的问题。

## 24.1 协程基础

Lua 语言中协程相关的所有函数都被放在表 `coroutine` 中。函数 `create` 用于创建新协程，该函数只有一个参数，即协程要执行的代码的函数（协程体（*body*））。函数 `create` 返回一个`"thread"` 类型的值，即新协程。通常，函数 `create` 的参数是一个匿名函数，例如：

```
co = coroutine.create(function () print("hi") end)
print(type(co))            --> thread
```

一个协程有以下四种状态，即挂起（suspended）、运行（running）、正常（normal）和死亡（dead）。我们可以通过函数 coroutine.status 来检查协程的状态：

```
print(coroutine.status(co))   --> suspended
```

当一个协程被创建时，它处于挂起状态，即协程不会在被创建时自动运行。函数 coroutine.resume 用于启动或再次启动一个协程的执行，并将其状态由挂起改为运行：

```
coroutine.resume(co)   --> hi
```

如果在交互模式下运行上述代码，最好在最后一行加上一个分号来阻止输出函数 resume 的返回值。在上例中，协程体只是简单地打印了"hi"后便终止了，然后协程就变成了死亡状态：

```
print(coroutine.status(co))   --> dead
```

到目前为止，协程看上去也就是一种复杂的调用函数的方式。协程的真正强大之处在于函数 yield，该函数可以让一个运行中的协程挂起自己，然后在后续恢复运行。例如下面这个简单的示例：

```
co = coroutine.create(function ()
       for i = 1, 10 do
         print("co", i)
         coroutine.yield()
       end
     end)
```

其中，协程进行了一个循环，在循环中输出数字并在每次打印后挂起。当唤醒协程后，它就会开始执行直到遇到第一个 yield：

```
coroutine.resume(co)    --> co   1
```

此时，如果我们查看协程状态，会发现协程处于挂起状态，因此可以再次恢复运行：

```
print(coroutine.status(co))   --> suspended
```

从协程的角度看，在挂起期间发生的活动都发生在协程调用 yield 期间。当我们唤醒协程时，函数 yield 才会最终返回，然后协程会继续执行直到遇到下一个 yield 或执行结束：

```
coroutine.resume(co)     --> co   2
coroutine.resume(co)     --> co   3
  ...
coroutine.resume(co)     --> co   10
coroutine.resume(co)     -- 不输出任何数据
```

在最后一次调用 resume 时，协程体执行完毕并返回，不输出任何数据。如果我们试图再次唤醒它，函数 resume 将返回 **false** 及一条错误信息：

```
print(coroutine.resume(co))
  --> false   cannot resume dead coroutine
```

请注意，像函数 pcall 一样，函数 resume 也运行在保护模式中。因此，如果协程在执行中出错，Lua 语言不会显示错误信息，而是将错误信息返回给函数 resume。

当协程 A 唤醒协程 B 时，协程 A 既不是挂起状态（因为不能唤醒协程 A），也不是运行状态（因为正在运行的协程是 B）。所以，协程 A 此时的状态就被称为正常状态。

Lua 语言中一个非常有用的机制是通过一对 resume-yield 来交换数据。第一个 resume 函数（没有对应等待它的 yield）会把所有的额外参数传递给协程的主函数：

```
co = coroutine.create(function (a, b, c)
       print("co", a, b, c + 2)
     end)
coroutine.resume(co, 1, 2, 3)    --> co  1  2  5
```

在函数 coroutine.resume 的返回值中，第一个返回值为 **true** 时表示没有错误，之后的返回值对应函数 yield 的参数：

```
co = coroutine.create(function (a,b)
       coroutine.yield(a + b, a - b)
     end)
print(coroutine.resume(co, 20, 10))  --> true  30  10
```

与之对应的是，函数 coroutine.yield 的返回值是对应的 resume 的参数：

```
co = coroutine.create (function (x)
       print("co1", x)
       print("co2", coroutine.yield())
     end)
```

```
coroutine.resume(co, "hi")      --> co1  hi
coroutine.resume(co, 4, 5)      --> co2  4  5
```

最后，当一个协程运行结束时，主函数所返回的值都将变成对应函数 resume 的返回值：

```
co = coroutine.create(function ()
       return 6, 7
     end)
print(coroutine.resume(co))    --> true  6  7
```

我们很少在同一个协程中用到所有这些机制，但每种机制都有各自的用处。

虽然协程的概念很容易理解，但涉及的细节其实很多。因此，对于那些已经对协程有一定了解的读者来说，有必要在进行进一步学习前先理清一些细节。Lua 语言提供的是所谓的非对称协程（*asymmetric coroutine*），也就是说需要两个函数来控制协程的执行，一个用于挂起协程的执行，另一个用于恢复协程的执行。而其他一些语言提供的是对称协程（*symmetric coroutine*），只提供一个函数用于在一个协程和另一个协程之间切换控制权。

一些人将非对称协程称为 *semi-coroutines*。然而，其他人则用相同的术语半协程（*semi-coroutine*）表示协程的一种受限制版实现。在这种实现中，一个协程只能在它没有调用其他函数时才可以挂起，即在调用栈中没有挂起的调用时。换句话说，只有这种半协程的主函数才能让出执行权（Python 中的 *generator* 正是这种半协程的一个例子）。

与对称协程和非对称协程之间的区别不同，协程与 generator（例如 Python 中的）之间的区别很大。generator 比较简单，不足以实现某些最令人关心的代码结构，而这些代码结构可以使用完整功能的协程实现。Lua 语言提供了完整的、非对称的协程。对于那些更喜欢对称协程的用户而言，可以基于非对称协程实现对称协程（参见练习 24.6）。

## 24.2 哪个协程占据主循环

有关协程的最经典示例之一就是生产者-消费者问题。在生产者-消费者问题中涉及两个函数，一个函数不断地产生值（比如，从一个文件中读取），另一个函数不断地消费这些值（比如，将值写入另一个文件中）。这两个函数可能形式如下：

```
function producer ()
  while true do
    local x = io.read()     -- 产生新值
```

```
    send(x)                -- 发给消费者
  end
end

function consumer ()
  while true do
    local x = receive()        -- 接收来自生产者的值
    io.write(x, "\n")          -- 消费
  end
end
```

为了简化这个示例，生产者和消费者都是无限循环的；不过，可以很容易地将其修改为没有数据需要处理时退出循环。这里的问题在于如何将 send 与 receive 匹配起来，也就是"谁占据主循环（who-has-the-main-loop）"问题的典型实例。其中，生产者和消费者都处于活跃状态，它们各自具有自己的主循环，并且都将对方视为一个可调用的服务（callable service）。对于这个特定的示例，可以很容易地修改其中一个函数的结构，展开它的循环使其成为一个被动的代理。不过，在其他的真实场景下，这样的代码结构改动可能会很不容易。

由于成对的 resume–yield 可以颠倒调用者与被调用者之间的关系，因此协程提供了一种无须修改生产者和消费者的代码结构就能匹配它们执行顺序的理想工具。当一个协程调用函数 yield 时，它不是进入了一个新函数，而是返回一个挂起的调用（调用的是函数 resume）。同样地，对函数 resume 的调用也不会启动一个新函数，而是返回一个对函数 yield 的调用。这种特性正好可以用于匹配 send 和 receive，使得双方都认为自己是主动方而对方是被动方（这也是笔者称之为 who-is-the-boss 问题的原因）。因此，receive 唤醒生产者的执行使其能生成一个新值，然后 send 则让出执行权，将生成的值传递给消费者：

```
function receive ()
  local status, value = coroutine.resume(producer)
  return value
end

function send (x)
  coroutine.yield(x)
end
```

当然，生产者现在必须运行在一个协程里：

```
producer = coroutine.create(producer)
```

在这种设计中，程序通过调用消费者启动。当消费者需要新值时就唤醒生产者，生产者向消费者返回新值后挂起，直到消费者再次将其唤醒。因此，我们将这种设计称为消费者驱动（*consumer-driven*）式的设计。另一种方式则是使用生产者驱动（*producer-driven*）式的设计，其中消费者是协程。虽然上述两种设计思路看上去是相反的，但实际上它们的整体思想相同。

我们可以使用过滤器来扩展上述设计[①]。过滤器位于生产者和消费者之间，用于完成一些对数据进行某种变换的任务。过滤器（*filter*）既是一个消费者又是一个生产者，它通过唤醒一个生产者来获得新值，然后又将变换后的值传递给消费者。例如，我们可以在前面代码中添加一个过滤器以实现在每行的起始处插入行号。参见示例 24.1。

示例 24.1　使用过滤器的生产者和消费者

```
function receive (prod)
  local status, value = coroutine.resume(prod)
  return value
end

function send (x)
  coroutine.yield(x)
end

function producer ()
  return coroutine.create(function ()
    while true do
      local x = io.read()      -- 产生新值
      send(x)
    end
  end)
end

function filter (prod)
```

[①] 译者注：参考 Pipe-And-Filter 管道-过滤器模式。

```
  return coroutine.create(function ()
    for line = 1, math.huge do
      local x = receive(prod)   -- 接收新值
      x = string.format("%5d %s", line, x)
      send(x)      -- 发送给消费者
    end
  end)
end

function consumer (prod)
  while true do
    local x = receive(prod)    -- 获取新值
    io.write(x, "\n")          -- 消费新值
  end
end

consumer(filter(producer()))
```

代码的最后一行只是简单地创建出所需的各个组件，将这些组件连接在一起，然后启动消费者。

如果读者在阅读了上例后想起了 POSIX 操作系统下的管道（pipe），那么这并非偶然。毕竟，协程是一种非抢占式（non-preemptive）多线程。使用管道时，每项任务运行在各自独立的进程中；而使用协程时，每项任务运行在各自独立的协程中。管道在写入者（生产者）和读取者（消费者）之间提供一个缓冲区，因此它们的相对运行速度可以存在一定差异。由于进程间切换的开销很高，所以这一点在使用管道的场景下非常重要。在使用协程时，任务切换的开销则小得多（基本与函数调用相同），因此生产者和消费者可以手拉手以相同的速度运行。

## 24.3 将协程用作迭代器

我们可以将循环迭代器视为生产者-消费者模式的一种特例：一个迭代器会生产由循环体消费的内容。因此，用协程来实现迭代器看上去就很合适。的确，协程为实现这类任务提供了一种强大的工具。同时，协程最关键的特性是能够颠倒调用者与被调用者之间的关系。有了这种特性，我们在编写迭代器时就无须担心如何保存连续调用之间的状态了。

为了说明这类用途，让我们来编写一个遍历指定数组所有排列的迭代器。要直接编写这种迭代器并不容易，但如果要编写一个递归函数来产生所有的排列则不是很难。思路很简单，只要依次将每个数组元素放到最后一个位置，然后递归地生成其余元素的所有排列即可。代码参见示例 24.2。

**示例 24.2　一个生成排列的函数**

```
function permgen (a, n)
  n = n or #a          -- 'n'的默认大小是'a'
  if n <= 1 then       -- 只有一种组合
    printResult(a)
  else
    for i = 1, n do

      -- 把第i个元素当做最后一个
      a[n], a[i] = a[i], a[n]

      -- 生成其余元素的所有排列
      permgen(a, n - 1)

      -- 恢复第i个元素
      a[n], a[i] = a[i], a[n]
    end
  end
end
```

还需要定义一个合适的函数 printResult 来输出结果，并使用恰当的参数调用 permgen：

```
function printResult (a)
  for i = 1, #a do io.write(a[i], " ") end
  io.write("\n")
end

permgen ({1,2,3,4})
  --> 2 3 4 1
  --> 3 2 4 1
  --> 3 4 2 1
```

```
  ...
  --> 2 1 3 4
  --> 1 2 3 4
```

当有了生成器后，将其转换为迭代器就很容易了。首先，我们把 printResult 改为 yield：

```
function permgen (a, n)
  n = n or #a
  if n <= 1 then
    coroutine.yield(a)
  else
    同前
```

然后，我们定义一个将生成器放入协程运行并创建迭代函数的工厂。迭代器只是简单地唤醒协程，让其产生下一个排列：

```
function permutations (a)
  local co = coroutine.create(function () permgen(a) end)
  return function ()   -- 迭代函数
    local code, res = coroutine.resume(co)
    return res
  end
end
```

有了上面的这些，在 **for** 循环中遍历一个数组的所有排列就非常简单了：

```
for p in permutations{"a", "b", "c"} do
  printResult(p)
end
  --> b c a
  --> c b a
  --> c a b
  --> a c b
  --> b a c
  --> a b c
```

函数 permutations 使用了 Lua 语言中一种常见的模式，就是将唤醒对应协程的调用包装在一个函数中。由于这种模式比较常见，所以 Lua 语言专门提供了一个特殊的函数 coroutine.

wrap 来完成这个功能。与函数 create 类似，函数 wrap 也用来创建一个新的协程。但不同的是，函数 wrap 返回的不是协程本身而是一个函数，当这个函数被调用时会唤醒协程。与原始的函数 resume 不同，该函数的第一个返回值不是错误代码，当遇到错误时该函数会抛出异常。我们可以使用函数 wrap 改写 permutations：

```
function permutations (a)
  return coroutine.wrap(function () permgen(a) end)
end
```

通常，函数 coroutine.wrap 比函数 coroutine.create 更易于使用。它为我们提供了对于操作协程而言所需的功能，即一个唤醒协程的函数。不过，该函数缺乏灵活性，我们无法检查通过函数 wrap 所创建的协程的状态，也无法检查运行时的异常。

## 24.4 事件驱动式编程

虽然第一眼看上去不是特别明显，但实际上传统的事件驱动编程（event-driven programming）伴随的典型问题就衍生自 who-is-the-boss 问题。

在典型的事件驱动平台下，一个外部的实体向我们程序中所谓的事件循环（*event loop*）或运行循环（*run loop*）生成事件。这里，我们的代码很明显不是主循环。我们的程序变成了事件循环的附属品，使得我们的程序成为了一组无须任何显式关联的、相互独立的事件处理程序的集合。

再举一个更加具体的例子，假设有一个与 libuv 类似的异步 I/O 库，该库中有四个与我们的示例有关的函数：

```
lib.runloop();
lib.readline(stream, callback);
lib.writeline(stream, line, callback);
lib.stop();
```

第一个函数运行事件循环，在其中处理所有发生的事件并调用对应的回调函数。一个典型的事件驱动程序初始化某些机制然后调用这个函数，这个函数就变成了应用的主循环。第二个函数指示库从指定的流中读取一行，并在读取完成后带着读取的结果调用指定的回调函数。第三个函数与第二个函数类似，只是该函数写入一行。最后一个函数打破事件循环，通常用于结束程序。

示例 24.3展示了上述库的一种实现。

示例 24.3 异步 I/O 库的简单实现

```
local cmdQueue = {}     -- 挂起操作的队列

local lib = {}

function lib.readline (stream, callback)
  local nextCmd = function ()
    callback(stream:read())
  end
  table.insert(cmdQueue, nextCmd)
end

function lib.writeline (stream, line, callback)
  local nextCmd = function ()
    callback(stream:write(line))
  end
  table.insert(cmdQueue, nextCmd)
end

function lib.stop ()
  table.insert(cmdQueue, "stop")
end

function lib.runloop ()
  while true do
    local nextCmd = table.remove(cmdQueue, 1)
    if nextCmd == "stop" then
      break
    else
      nextCmd()       -- 进行下一个操作
    end
  end
end
```

```
return lib
```

上述代码是一种简单而丑陋的实现。该程序的“事件队列（event queue）”实际上是一个由挂起操作组成的列表，当这些操作被异步调用时会产生事件。尽管很丑陋，但该程序还是完成了之前我们提到的功能，也使得我们无须使用真实的异步库就可以测试接下来的例子。

现在，让我们编写一个使用这个库的简单程序，这个程序把输入流中的所有行读取到一个表中，然后再逆序将其写到输出流中。如果使用同步 I/O，那么代码可能如下：

```
local t = {}
local inp = io.input()                  -- 输入流
local out = io.output()                 -- 输出流

for line in inp:lines() do
  t[#t + 1] = line
end

for i = #t, 1, -1 do
  out:write(t[i], "\n")
end
```

现在，让我们再使用异步 I/O 库按照事件驱动的方式重写这个程序，参见示例 24.4。

**示例 24.4　使用事件驱动方式逆序一个文件**

```
local lib = require "async-lib"

local t = {}
local inp = io.input()
local out = io.output()
local i

-- 写入行的事件处理函数
local function putline ()
  i = i - 1
  if i == 0 then          -- 没有行了？
    lib.stop()            -- 结束主循环
  else                    -- 写一行然后准备下一行
```

```
    lib.writeline(out, t[i] .. "\n", putline)
  end
end

-- 读取行的事件处理函数
local function getline (line)
  if line then                          -- 不是EOF?
    t[#t + 1] = line                    -- 保存行
    lib.readline(inp, getline)          -- 读取下一行
  else                                  -- 文件结束
    i = #t + 1                          -- 准备写入循环
    putline()                           -- 进入写入循环
  end
end

lib.readline(inp, getline)              -- 读取第一行
lib.runloop()                           -- 运行主循环
```

作为一种典型的事件驱动场景，由于主循环位于库中，因此所有的循环都消失了，这些循环被以事件区分的递归调用所取代。尽管我们可以通过使用闭包以后续传递风格（Continuation-Passing Style，CPS）进行改进，但仍然不能编写我们自己的循环。如果要这么做，那么必须通过递归来重写。

协程可以让我们使用事件循环来简化循环的代码，其核心思想是使用协程运行主要代码，即在每次调用库时将回调函数设置为唤醒协程的函数然后让出执行权。示例 24.5使用这种思想实现了一个在异步 I/O 库上运行传统同步代码的示例：

**示例 24.5　使用异步库运行同步代码**

```
local lib = require "async-lib"

function run (code)
  local co = coroutine.wrap(function ()
    code()
    lib.stop()      -- 结束时停止事件循环
  end)
  co()              -- 启动协程
```

```
    lib.runloop()     -- 启动事件循环
  end

  function putline (stream, line)
    local co = coroutine.running()     -- 调用协程
    local callback = (function () coroutine.resume(co) end)
    lib.writeline(stream, line, callback)
    coroutine.yield()
  end

  function getline (stream, line)
    local co = coroutine.running()     -- 调用协程
    local callback = (function (l) coroutine.resume(co, l) end)
    lib.readline(stream, callback)
    local line = coroutine.yield()
    return line
  end
```

顾名思义，run 函数运行通过参数传入的同步代码。该函数首先创建一个协程来运行指定的代码，并在完成后停止事件循环。然后，该函数唤醒协程（协程会在第一次 I/O 操作时挂起），进入时间循环。

函数 getline 和 putline 模拟了同步 I/O。正如之前强调的，这两个函数都调用了恰当的异步函数，这些异步函数被当作唤醒调用协程的回调函数传入（请注意函数 coroutine.running 的用法，该函数用来访问调用协程）。之后，异步函数挂起，然后将控制权返回给事件循环。一旦异步操作完成，事件循环就会调用回调函数来唤醒触发异步函数的协程。

使用这个库，我们就可以在异步库上运行同步代码了。如下示例再次实现了逆序行的例子：

```
  run(function ()
    local t = {}
    local inp = io.input()
    local out = io.output()

    while true do
      local line = getline(inp)
```

```
    if not line then break end
    t[#t + 1] = line
  end

  for i = #t, 1, -1 do
    putline(out, t[i] .. "\n")
  end
end)
```

除了使用了 get/putline 来进行 I/O 操作和运行在 run 以内，上述代码与之前的同步示例等价。在同步代码结构的外表之下，程序其实是以事件驱动模式运行的。同时，该程序与以更典型的事件驱动风格编写的程序的其他部分也完全兼容。

## 24.5 练习

练习 24.1：使用生产者驱动（*producer-driven*）式设计重写24.2节中生产者-消费者的示例，其中消费者是协程，而生产者是主线程。

练习 24.2：练习 6.5要求编写一个函数来输出指定数组元素的所有组合。请使用协程把该函数修改为组合的生成器，该生成器的用法如下：

```
for c in combinations({"a", "b", "c"}, 2) do
  printResult(c)
end
```

练习 24.3：在示例 24.5中，函数 getline 和 putline 每一次被调用都会产生一个新的闭包。请使用记忆技术来避免这种资源浪费。

练习 24.4：请为基于协程的库（示例 24.5）编写一个行迭代器，以便于使用 **for** 循环来读取一个文件。

练习 24.5：你能否使用基于协程的库（示例 24.5）来同时运行多个线程？要做哪些修改呢？

练习 24.6：请在 Lua 语言中实现一个 transfer 函数。如果读者认为唤醒-挂起（resume-yield）与调用-返回（call-return）类似，那么 transfer 就类似于 goto：它挂起运行中的协程，然后唤醒其他被当作参数给出的协程（提示：使用某种调度机制来控制协程。之后，transfer 会把执行权让给调度器以通知下一个协程运行，而调度器则唤醒下一个协程）。

# 25

# 反射（Reflection）

反射是程序用来检查和修改其自身某些部分的能力。像Lua语言这样的动态语言支持几种反射机制：环境允许运行时观察全局变量；诸如 `type` 和 `pairs` 这样的函数允许运行时检查和遍历未知数据结构；诸如 `load` 和 `require` 这样的函数允许程序在自身中追加代码或更新代码。不过，还有很多方面仍然是缺失的：程序不能检查局部变量，开发人员不能跟踪代码的执行，函数也不知道是被谁调用的，等等。调试库（debug library）填补了上述的缺失。

调试库由两类函数组成：*自省函数*（*introspective function*）和*钩子*（*hook*）。自省函数允许我们检查一个正在运行中的程序的几个方面，例如活动函数的栈、当前正在执行的代码行、局部变量的名称和值。钩子则允许我们跟踪一个程序的执行。

虽然名字里带有“调试”的字眼，但调试库提供的并不是Lua语言的调试器（debugger）。不过，调试库提供了编写我们自己的调试器所需要的不同层次的所有底层机制。

调试库与其他库不同，必须被慎重地使用。首先，调试库中的某些功能的性能不高。其次，调试库会打破语言的一些固有规则，例如不能从一个局部变量的词法定界范围外访问这个局部变量。虽然调试库作为标准库直接可用，但笔者建议在使用调试库的代码段中显式地加载调试库。

## 25.1 自省机制（Introspective Facility）

调试库中主要的自省函数是 `getinfo`，该函数的第一个参数可以是一个函数或一个栈层次。当为某个函数 `foo` 调用 `debug.getinfo(foo)` 时，该函数会返回一个包含与该函数有关的一些数据的表。这个表可能具有以下字段。

`source`： 该字段用于说明函数定义的位置。如果函数定义在一个字符串中（通过调用 `load`），那么 `source` 就是这个字符串；如果函数定义在一个文件中，那么 `source` 就是使用 @ 作为前缀的文件名。

`short_src`： 该字段是 `source` 的精简版本（最多 60 个字符），对于错误信息十分有用。

`linedefined`： 该字段是该函数定义在源代码中第一行的行号。

`lastlinedefined`： 该字段是该函数定义在源代码中最后一行的行号。

`what`： 该字段用于说明函数的类型。如果 `foo` 是一个普通的 Lua 函数，则为`"Lua"`；如果是一个 C 函数，则为`"C"`；如果是一个 Lua 语言代码段的主要部分，则为`"main"`。

`name`： 该字段是该函数的一个适当的名称，例如保存该函数的全局变量的名称。

`namewhat`： 该字段用于说明上一个字段[①]的含义，可能是`"global"`、`"local"`、`"method"`、`"field"` 或`""`（空字符串）。空字符串表示 Lua 语言找不到该函数的名称。

`nups`： 该字段是该函数的上值的个数。

`nparams`： 该字段是该函数的参数个数。

`isvararg`： 该字段表明该函数是否为可变长参数函数（一个布尔值）。

`activelines`： 该字段是一个包含该函数所有活跃行的集合。活跃行（*active line*）是指除空行和只包含注释的行外的其他行（该字段的典型用法是用于设置断点。大多数调试器不允许在活跃行外设置断点，因为非活跃行是不可达的）。

`func`： 该字段是该函数本身。

当 `foo` 是一个 C 函数时，Lua 语言没有多少关于该函数的信息。对于这种函数，只有字段 `what`、`name`、`namewhat`、`nups` 和 `func` 是有意义的。

[①] 译者注：即 name 字段。

当使用一个数字 *n* 作为参数调用函数 debug.getinfo(n) 时，可以得到有关相应栈层次上活跃函数的数据。*栈层次*（*stack level*）是一个数字，代表某个时刻上活跃的特定函数。调用 getinfo 的函数 A 的层次是 1，而调用 A 的函数的层次是 2，以此类推（层次 0 是 C 函数 getinfo 自己）。如果 *n* 大于栈中活跃函数的数量，那么函数 debug.getinfo 返回 nil。当通过带有栈层次的 debug.getinfo 查询一个活跃函数时，返回的表中还有两个额外字段：currentline，表示当前该函数正在执行的代码所在的行；istailcall（一个布尔值），如果为真则表示函数是被尾调用所调起（在这种情况下，函数的真实调用者不再位于栈中）。

字段 name 有些特殊。请注意，由于函数在 Lua 语言中是第一类值，因此函数既可以没有名称也可以有多个名称。Lua 语言会通过检查调用该函数的代码来看函数是如何被调用的，进而尝试找到该函数的名称。这种方法只有在以一个数字为参数调用 getinfo 时才会起作用，即我们只能获取关于某一具体调用的信息。

函数 getinfo 的效率不高。Lua 语言以一种不影响程序执行的形式来保存调试信息，至于获取这些调试信息的效率则是次要的。为了实现更好的性能，函数 getinfo 有一个可选的第二参数，该参数用于指定希望获取哪些信息。通过这个参数，函数 getinfo 就不会浪费时间去收集用户不需要的数据。这个参数是一个字符串，其中每个字母代表选择一组字段，如下表所示：

| | |
|---|---|
| n | 选择 name 和 namewhat |
| f | 选择 func |
| S | 选择 source、short_src、what、linedefined 和 lastlinedefined |
| l | 选择 currentline |
| L | 选择 activelines |
| u | 选择 nup、nparams 和 isvararg |

下面这个函数演示了函数 debug.getinfo 的用法，它打印出了活跃栈的栈回溯：

```
function traceback ()
  for level = 1, math.huge do
    local info = debug.getinfo(level, "Sl")
    if not info then break end
    if info.what == "C" then    -- 是否是C函数?
      print(string.format("%d\tC function", level))
    else   -- Lua函数
      print(string.format("%d\t[%s]:%d", level,
```

```
            info.short_src, info.currentline))
        end
      end
    end
```

要改进这个函数并不难，只需要让函数 getinfo 返回更多数据即可。事实上，调试库也提供了这样一个改进版本，即函数 traceback。与我们的版本不同的是，函数 debug.traceback 不会打印结果，而是返回一个（可能会很长的）包含栈回溯的字符串：

```
> print(debug.traceback())
stack traceback:
        stdin:1: in main chunk
        [C]: in ?
```

### 25.1.1 访问局部变量

我们可以通过函数 debug.getlocal 来检查任意活跃函数的局部变量。该函数有两个参数，一个是要查询函数的栈层次，另一个是变量的索引。该函数返回两个值，变量名和变量的当前值。如果变量索引大于活跃变量的数量，那么函数 getlocal 返回 nil。如果栈层次无效，则会抛出异常（我们可以使用函数 debug.getinfo 来检查栈层次是否有效）。

Lua 语言按局部变量在函数中的出现顺序对它们进行编号，但编号只限于在函数当前作用域中活跃的变量。例如，考虑如下的代码：

```
function foo (a, b)
  local x
  do local c = a - b end
  local a = 1
  while true do
    local name, value = debug.getlocal(1, a)
    if not name then break end
    print(name, value)
    a = a + 1
  end
end
```

调用 foo(10, 20) 会输出：

```
a       10
b       20
x       nil
a       4
```

索引为 1 的变量是 a（第一个参数），索引为 2 的变量 b，索引为 3 的变量是 x，索引为 4 的变量是内层的 a。在 getlocal 被调用的时候，c 已经离开了作用域，而 name 和 value 还未出现于作用域内（请注意，局部变量只在初始化后才可见）。

从 Lua 5.2 开始，值为负的索引获取可变长参数函数的额外参数，索引-1 指向第一个额外参数。此时，变量的名称永远是"(*vararg)"。

我们还可以通过函数 debug.setlocal 改变局部变量的值，该函数的前两个参数与 getlocal 相同，分别是栈层次和变量索引，而第三个参数是该局部变量的新值。该函数的返回值是变量名，如果变量索引超出了范围则返回 nil。

### 25.1.2 访问非局部变量

调试库还提供了函数 getupvalue，该函数允许我们访问一个被 Lua 函数所使用的非局部变量。与局部变量不同，被一个函数所引用的非局部变量即使在引用它的函数已经不活跃的情况下也会一直存在（毕竟这就是闭包的实质）。因此，函数 getupvalue 的第一个参数不是栈层次，而是一个函数（更确切地说，是一个闭包）。函数 getupvalue 的第二个参数是变量索引，Lua 语言按照函数引用非局部变量的顺序对它们编号，但由于一个函数不能用同一名称访问两个非局部变量，所以这个顺序是无关紧要的。

我们还可以通过函数 debug.setupvalue 更新非局部变量的值。就像读者可能预想的一样，该函数有三个参数：一个闭包、一个变量索引和一个新值。与函数 setlocal 一样，该函数返回变量名，如果变量索引超出范围则返回 nil。

示例 25.1演示了如何通过变量名访问一个函数中变量的值。

示例 25.1　获取变量的值

```
function getvarvalue (name, level, isenv)
  local value
  local found = false

  level = (level or 1) + 1
```

```
    -- 尝试局部变量
    for i = 1, math.huge do
      local n, v = debug.getlocal(level, i)
      if not n then break end
      if n == name then
        value = v
        found = true
      end
    end
    if found then return "local", value end

    -- 尝试非局部变量
    local func = debug.getinfo(level, "f").func
    for i = 1, math.huge do
      local n, v = debug.getupvalue(func, i)
      if not n then break end
      if n == name then return "upvalue", v end
    end

    if isenv then return "noenv" end    -- 避免循环

    -- 没找到；从环境中获取值
    local _, env = getvarvalue("_ENV", level, true)
    if env then
      return "global", env[name]
    else          -- 没有有效的_ENV
      return "noenv"
    end
  end
```

用法如下：

```
> local a = 4; print(getvarvalue("a"))   --> local    4
> a = "xx"; print(getvarvalue("a"))      --> global   xx
```

参数 level 指明在哪个栈层次中寻找函数，1（默认值）意味着直接的调用者[①]。代码中多加的 1 将层次纠正为包括 getvarvalue 自己。笔者稍后会解释参数 isenv。

该函数首先查找局部变量。如果有多个局部变量的名称与给定的名称相同，则获取具有最大索引的那个局部变量。因此，函数必须执行完整个循环。如果找不到指定名称的局部变量，那么就查找非局部变量。为了遍历非局部变量，该函数使用 debug.getinfo 函数获取调用闭包，然后遍历非局部变量。最后，如果还是找不到指定名字的非局部变量，就检索全局变量：该函数递归地调用自己来访问合适的 _ENV 变量并在相应环境中查找指定的名字。

参数 isenv 避免了一个诡异的问题。该参数用于说明我们是否处于一个从 _ENV 变量中查询全局名称的递归调用中。一个不使用全局变量的函数可能没有上值 _ENV。在这种情况下，如果我们试图把 _ENV 当作全局变量来查询，那么由于我们需要 _ENV 来得到其自身的值，所以可能会陷入无限递归循环。因此，当 isenv 为真且函数 getvarvalue 找不到局部变量或上值时，getvarvalue 就不应该再尝试全局变量。

### 25.1.3 访问其他协程

调试库中的所有自省函数都能够接受一个可选的协程作为第一个参数，这样就可以从外部来检查这个协程。例如，考虑如下的示例：

```
co = coroutine.create(function ()
  local x = 10
  coroutine.yield()
  error("some error")
end)

coroutine.resume(co)
print(debug.traceback(co))
```

对函数 traceback 的调用作用在协程 co 上，结果如下：

```
stack traceback:
        [C]: in function 'yield'
        temp:3: in function <temp:1>
```

[①] 译者注：debug.getlocal 和 debug.getinfo 栈层次为 0 时表示其自己，栈层次为 1 时表示调用它们的函数。

由于协程和主程序运行在不同的栈上，所以回溯没有跟踪到对函数 resume 的调用。

当协程引发错误时并不会进行栈展开，这就意味着可以在错误发生后检查错误。继续上面的示例，如果再次唤醒协程，它会提示引起了一个错误：

```
print(coroutine.resume(co))      --> false   temp:4: some error
```

现在，如果输出栈回溯，会得到这样的结果：

```
stack traceback:
        [C]: in function 'error'
        temp:4: in function <temp:1>
```

即使在错误发生后，也可以检查协程中的局部变量：

```
print(debug.getlocal(co, 1, 1))     --> x       10
```

## 25.2 钩子（Hook）

调试库中的钩子机制允许用户注册一个钩子函数，这个钩子函数会在程序运行中某个特定事件发生时被调用。有四种事件能够触发一个钩子：

- 每当调用一个函数时产生的 *call* 事件；
- 每当函数返回时产生的 *return* 事件；
- 每当开始执行一行新代码时产生的 *line* 事件；
- 执行完指定数量的指令后产生的 *count* 事件。（这里的指令指的是内部操作码，在16.2节中对其有简单的描述。）

Lua 语言用一个描述导致钩子函数被调用的事件的字符串为参数来调用钩子函数，包括"call"（或"tail call"）、"return"、"line" 或"count"。对于 line 事件来说，还有第二个参数，即新行号。我们可以在钩子函数内部调用函数 debug.getinfo 来获取更多的信息。

要注册一个钩子，需要用两个或三个参数来调用函数 debug.sethook：第一个参数是钩子函数，第二个参数是描述要监控事件的掩码字符串，第三个参数是一个用于描述以何种频度获取 count 事件的可选数字。如果要监控 call、return 和 line 事件，那么需要把这几个事件的首字母（c、r 或 l）放入掩码字符串。如果要监控 count 事件，则只需要在第三个参数中指定一个计数器。如果要关闭钩子，只需不带任何参数地调用函数 sethook 即可。

作为一个简单的示例，以下代码安装了一个简单的跟踪器（primitive tracer），它会输出解释器执行的每一行代码：

```
debug.sethook(print, "l")
```

这句调用只是简单地把函数print安装为一个钩子函数，并告诉Lua语言在line事件发生时调用它。一个更精巧的跟踪器可以使用函数getinfo获取当前文件名并添加到输出中：

```
function trace (event, line)
  local s = debug.getinfo(2).short_src
  print(s .. ":" .. line)
end

debug.sethook(trace, "l")
```

与钩子一起被使用的一个很有用的函数是debug.debug。这个简单的函数可以提供一个能够执行任意Lua语言命令的提示符，其等价于如下的代码：

```
function debug1 ()
  while true do
    io.write("debug> ")
    local line = io.read()
    if line == "cont" then break end
    assert(load(line))()
  end
end
```

当用户输入“命令”cont时，函数返回。这种标准的实现十分简单，并且在全局环境中运行命令，位于正在被调试代码的定界范围之外。练习25.4中讨论了一种更好的实现。

## 25.3 调优（Profile）

除了调试，反射的另外一个常见用法是用于调优，即程序使用资源的行为分析。对于时间相关的调优，最好使用C接口，因为每次钩子调用函数开销太大从而可能导致测试结果无效。不过，对于计数性质的调优，Lua代码就可以做得很好。在本节中，我们将开发一个原始的性能调优工具（profiler）来列出程序执行的每个函数的调用次数。

性能调优工具的主要数据结构是两个表，其中一个表将函数和它们的调用计数关联起来，另一个表关联函数和函数名。这两个表的索引都是函数自身：

```
local Counters = {}
local Names = {}
```

我们可以在性能分析完成后再获取函数的名称，但是如果能在一个函数 F 处于活动状态时获取其名称可能会得到更好的结果。这是因为，在函数 F 处于活动状态时，Lua 语言可以通过分析正在调用函数 F 的代码来找出函数 F 的名称。

现在，我们定义一个钩子函数，该钩子函数的任务是获取当前正在被调用的函数，并递增相应的计数器，再收集函数名。代码参见示例 25.2。

**示例 25.2　用于计算调用次数的钩子**

```
local function hook ()
  local f = debug.getinfo(2, "f").func
  local count = Counters[f]
  if count == nil then    -- 'f'第一次被调用?
    Counters[f] = 1
    Names[f] = debug.getinfo(2, "Sn")
  else     -- 只需递增计数器即可
    Counters[f] = count + 1
  end
end
```

接下来，运行带有钩子的程序。假设我们要分析的程序位于一个文件中，且用户通过参数把该文件名传递给性能分析器，如下：

```
% lua profiler main-prog
```

这样，性能分析器就可以从 arg[1] 中得到文件名、设置钩子并运行文件：

```
local f = assert(loadfile(arg[1]))
debug.sethook(hook, "c")  -- 设置call事件的钩子
f()                       -- 运行主程序
debug.sethook()           -- 关闭钩子
```

最后一步是显示结果。示例 25.3中的函数 getname 为每个函数生成一个函数名。

**示例 25.3 获取一个函数的函数名**

```
function getname (func)
  local n = Names[func]
  if n.what == "C" then
    return n.name
  end
  local lc = string.format("[%s]:%d", n.short_src, n.linedefined)
  if n.what ~= "main" and n.namewhat ~= "" then
    return string.format("%s (%s)", lc, n.name)
  else
    return lc
  end
end
```

由于 Lua 语言中的函数名并不是特别确定，所以我们给每个函数再加上位置信息，以 *file:line* 这样的形式给出。如果一个函数没有名称，那么就只使用它的位置。如果函数是 C 函数，那么就只使用它的名称（因为没有位置）。在上述函数定义后，我们输出每个函数及其计数器的值：

```
for func, count in pairs(Counters) do
  print(getname(func), count)
end
```

如果把这个性能调优工具用于第19章中开发的马尔可夫链算法示例的话，会得到大致如下的结果：

```
[markov.lua]:4 884723
write   10000
[markov.lua]:0 1
read    31103
sub     884722
...
```

这个结果意味着第 4 行的匿名函数（在 `allwords` 中定义的迭代函数）被调用了 884723 次，函数 `write`（`io.write`）被调用了 10000 次，等等。

对于这个性能分析器，还有几个地方可以改进。例如，可以对输出进行排序、打印更易读的函数名和美化输出格式等。不过，这个原始的性能分析器本身已经是可用的了。

## 25.4 沙盒（Sandbox）

在22.6节中，我们已经看到过，利用函数 load 在受限的环境中运行 Lua 代码是非常简单的。由于 Lua 语言通过库函数完成所有与外部世界的通信，因此一旦移除了这些函数也就排除了一个脚本能够影响外部环境的可能。不过尽管如此，我们仍然可能会被消耗大量 CPU 时间或内存的脚本进行拒绝服务（DoS）攻击。反射，以调试钩子的形式，提供了一种避免这种攻击的有趣方式。

首先，我们使用 count 事件钩子来限制一段代码能够执行的指令数。示例 25.4展示了一个在沙盒中运行指定文件的程序。

示例 25.4　一个使用钩子的简单沙盒

```
local debug = require "debug"

-- 最大能够执行的"steps"
local steplimit = 1000

local count = 0      -- 计数器

local function step ()
  count = count + 1
  if count > steplimit then
    error("script uses too much CPU")
  end
end

-- 加载
local f = assert(loadfile(arg[1], "t", {}))

debug.sethook(step, "", 100)    -- 设置钩子
```

```
f()     -- 运行文件
```

这个程序加载了指定的文件，设置了钩子，然后运行文件。该程序把钩子设置为监听 count 事件，使得 Lua 语言每执行 100 条指令就调用一次钩子函数。钩子（函数 step）只是递增一个计数器，然后检查其是否超过了某个固定的限制。这样做之后还会有问题么？

当然有问题。我们还必须限制所加载的代码段的大小：一段很长的代码只要被加载就可能耗尽内存。另一个问题是，程序可以通过少量指令消耗大量的内存。例如：

```
local s = "123456789012345"
for i = 1, 36 do s = s .. s end
```

上述的几行代码用不到 150 行的指令就试图创建出一个 1T 字节的字符串。显然，单纯限制指令数量和程序大小是不够的。

一种改进是检查和限制函数 step 使用的内存，参见示例 25.5。

示例 25.5　控制内存使用

```
-- 最大能够使用的内存（单位KB）
local memlimit = 1000

-- 最大能够执行的"steps"
local steplimit = 1000

local function checkmem ()
  if collectgarbage("count") > memlimit then
    error("script uses too much memory")
  end
end

local count = 0
local function step ()
  checkmem()
  count = count + 1
  if count > steplimit then
    error("script uses too much CPU")
  end
```

```
end
```

同前

由于通过少量指令就可以消耗很多内存，所以我们应该设置一个很低的限制或以很小的步进来调用钩子函数。更具体地说，一个程序用 40 行以内的指令就能把一个字符串的大小增加上千倍。因此，我们要么以比 40 条指令更高的频率调用钩子，要么把内存限制设为我们能够承受的最大值的一千分之一。笔者可能两种方式都会采用。

一个微妙的问题是字符串标准库。我们可以对字符串调用该库中的所有函数。因此，即使环境中没有这些函数，我们也可以调用它们；字符串常量把它们“走私”到了我们的沙盒中。字符串标准库中没有函数能够影响外部世界，但是它们绕过了我们的指令计数器（一个对 C 函数的调用相当于 Lua 语言中的一条指令）。字符串标准库中的有些函数对于 DoS 攻击而言可能会非常危险。例如，调用 `("x"):rep(2^30)` 在一步之内就吞噬了 1GB 的内存。又如，在笔者的新机器上，Lua 5.2 耗费了 13 分钟才运行完下述代码：

```
s = "012345678901234567890123456789012345678901234567890123456789"
s:find(".*.*.*.*.*.*.*.*.*x")
```

一种限制对字符串标准库访问的有趣方式是使用 call 钩子。每当有函数被调用时，我们就检查函数调用是不是合法的。示例 25.6实现了这种思路。

示例 25.6　使用钩子阻止对未授权函数的访问

```
local debug = require "debug"

-- 最大能够执行的"steps"
local steplimit = 1000

local count = 0      -- 计数器

-- 设置授权的函数
local validfunc = {
  [string.upper] = true,
  [string.lower] = true,
  ...        -- 其他授权的函数
}
```

```
local function hook (event)
  if event == "call" then
    local info = debug.getinfo(2, "fn")
    if not validfunc[info.func] then
      error("calling bad function: " .. (info.name or "?"))
    end
  end
  count = count + 1
  if count > steplimit then
    error("script uses too much CPU")
  end
end

-- 加载代码段
local f = assert(loadfile(arg[1], "t", {}))

debug.sethook(hook, "", 100)    -- 设置钩子

f()    -- 运行代码段
```

在上述代码中，表 validfunc 表示一个包含程序所能够调用的函数的集合。函数 hook 使用调试库来访问正在被调用的函数，然后检查函数是否在集合 validfunc 中。

对于任何一种沙盒的实现而言，很重要的一点是沙盒内允许使用哪些函数。用于数据描述的沙盒可以限制所有或大部分函数；其他的沙盒则需要更加宽容，也许应该对某些函数提供它们自己带限制的实现（例如，被限制只能处理小代码段的 load、只能访问固定目录的文件操作或只能对小对象使用的模式匹配）。

我们绝不考虑移除哪些函数，而是应该思考增加哪些函数。对于每一个要增加的函数，必须仔细考虑函数可能的弱点，这些弱点可能隐藏得很深。根据经验，所有数学标准库中的函数都是安全的。字符串库中的大部分也是安全的，只要小心涉及资源消耗的那些函数即可。调试库和模块库则不靠谱，它们中的几乎全部函数都是危险的。函数 setmetatable 和 getmetatable 同样很微妙：首先，它们可以访问别人访问不了的值；其次，它们允许创建带有析构器的表，在析构器中可以安装各种各样的“时间炸弹（time bomb）”（当表被垃圾回收时，代码可能在沙盒外被执行）。

## 25.5 练习

练习 25.1：改进 getvarvalue（示例 25.1），使之能处理不同的协程（与调试库中的函数 debug 类似）。

练习 25.2：请编写一个与函数 getvarvalue（示例 25.1）类似的 setvarvalue。

练习 25.3：请编写函数 getvarvalue（示例 25.1）的另一个版本，该函数返回一个包括调用函数可见的所有变量的表（返回的表中不应该包含环境中的变量，而应该从原来的环境中继承这些变量）。

练习 25.4：请编写一个函数 debug.debug 的改进版，该函数在调用 debug.debug 函数的词法定界中运行指定的命令（提示：在一个空环境中运行命令，并使用 __index 元方法让函数 getvarvalue 进行所有的变量访问）。

练习 25.5：改进上例，使之也能处理更新操作。

练习 25.6：实现25.3节中开发的基本性能调优工具中的一些建议的改进。

练习 25.7：请编写一个用于断点的库，这个库应该包括至少两个函数：

```
setbreakpoint(function, line)    --> 返回处理句柄
removebreakpoint(handle)
```

我们通过一个函数和对应函数中的一行来指定断点（breakpoint）。当程序命中断点时，这个库应该调用函数 debug.debug（提示：对于基本的实现，使用一个检查是否位于断点中的 line 事件钩子即可；要改进性能，可以使用一个 call 事件钩子来跟踪执行并只在程序运行到目标函数中时再启动 line 事件钩子）。

练习 25.8：示例 25.6中沙盒的问题之一在于沙盒中的代码不能调用其自身的函数。请问如何纠正这个问题？

# 26 小插曲：使用协程实现多线程

在本章这个小插曲中，我们将学习如何利用协程实现多线程。

正如我们此前所看到的，协程能够实现一种协作式多线程（collaborative multithreading）。每个协程都等价于一个线程。一对 yield-resume 可以将执行权在不同线程之间切换。不过，与普通的多线程的不同，协程是非抢占的。当一个协程正在运行时，是无法从外部停止它的。只有当协程显式地要求时（通过调用函数 `yield`）它才会挂起执行。对于有些应用而言，这并没有问题，而对于另外一些应用则不行。当不存在抢占时，编程简单得多。由于在程序中所有的线程间同步都是显式的，所以我们无须为线程同步问题抓狂，只需要确保一个协程只在它的临界区（critical region）之外调用 `yield` 即可。

不过，对于非抢占式多线程来说，只要有一个线程调用了阻塞操作，整个程序在该操作完成前都会阻塞。对于很多应用程序来说，这种行为是无法接受的，而这也正是导致许多程序员不把协程看作传统多线程的一种实现的原因。接下来，我们会用一个有趣（且显而易见）的方法来解决这个问题。

让我们假设一个典型的多线程场景：我们希望通过 HTTP 下载多个远程文件。为了下载多个远程文件，我们必须先知道如何下载一个远程文件。在本例中，我们将使用 LuaSocket 标准库。要下载一个文件，必须先打开一个到对应站点的连接，然后发送下载文件的请求，接收文件（按块），最后关闭连接。在 Lua 语言中，可以按以下步骤来完成这项任务。首先，加载 LuaSocket 库：

```
local socket = require "socket"
```

然后，定义主机和要下载的文件。在本例中，我们从 Lua 语言官网下载 Lua 5.3 的手册：

```
host = "www.lua.org"
file = "/manual/5.3/manual.html"
```

接下来，打开一个 TCP 连接，连接到该站点的 80 端口（HTTP 协议的默认端口）：

```
c = assert(socket.connect(host, 80))
```

这步操作返回一个连接对象，可以用它来发送下载文件的请求：

```
local request = string.format(
    "GET %s HTTP/1.0\r\nhost: %s\r\n\r\n", file, host)
c:send(request)
```

接下来，以 1KB 为一块读取文件，并将每块写入到标准输出中：

```
repeat
  local s, status, partial = c:receive(2^10)
  io.write(s or partial)
until status == "closed"
```

函数 receive 要么返回它读取到的字符串，要么在发生错误时返回 nil 外加错误码（status）及出错前读取到的内容（partial）。当主机关闭连接时，把输入流中剩余的内容打印出来，然后退出接收循环。

下载完文件后，关闭连接：

```
c:close()
```

既然我们知道了如何下载一个文件，那么再回到下载多个文件的问题上。最简单的做法是逐个地下载文件。不过，这种串行的做法太慢了，它只能在下载完一个文件后再下载一个文件。当读取一个远程文件时，程序把大部分的时间耗费在了等待数据到达上。更确切地说，程序将时间耗费在了对 receive 的阻塞调用上。因此，如果一个程序能够同时并行下载所有文件的话，就会快很多。当一个连接没有可用数据时，程序便可以从其他连接读取数据。很明显，协程为构造这种并发下载的代码结构提供了一种简便的方式。我们可以为每个下载任务创建一个新线程，当一个线程无可用数据时，它就可以将控制权传递给一个简单的调度器（dispatcher），这个调度器再去调用其他的线程。

在用协程重写程序前，我们先把之前下载的代码重写成一个函数。如示例 26.1所示。

**示例 26.1　下载 Web 页面的函数**

```
function download (host, file)
  local c = assert(socket.connect(host, 80))
  local count = 0    -- 计算读取的字节数
  local request = string.format(
         "GET %s HTTP/1.0\r\nhost: %s\r\n\r\n", file, host)
  c:send(request)
  while true do
    local s, status = receive(c)
    count = count + #s
    if status == "closed" then break end
  end
  c:close()
  print(file, count)
end
```

由于我们对远程文件的内容并不感兴趣，所以不需要将文件内容写入到标准输出中，只要计算并输出文件大小即可。（多个线程同时读取多个文件时，输出的结果也是乱的。）

在新版代码中，我们使用一个辅助函数 receive 从连接接收数据。在串行的下载方式中，receive 的代码如下：

```
function receive (connection)
  local s, status, partial = connection:receive(2^10)
  return s or partial, status
end
```

在并行的实现中，这个函数在接收数据时不能阻塞。因此，在没有足够的可用数据时，该函数会挂起，如下：

```
function receive (connection)
  connection:settimeout(0)       -- 不阻塞
  local s, status, partial = connection:receive(2^10)
  if status == "timeout" then
    coroutine.yield(connection)
  end
  return s or partial, status
```

```
end
```

调用 settimeout(0) 使得后续所有对连接进行的操作不会阻塞。如果返回状态为"timeout"（超时）"，就表示该操作在返回时还未完成。此时，线程就会挂起。传递给 yield 的非假参数通知调度器线程仍在执行任务中。请注意，即使在超时的情况下，连接也会返回超时前已读取到的内容，也就是变量 partial 中的内容。

示例 26.2展示了调度器及一些辅助代码。

示例 26.2　调度器

```
tasks = {}    -- 所有活跃任务的列表

function get (host, file)
  -- 为任务创建协程
  local co = coroutine.wrap(function ()
    download(host, file)
  end)
  -- 将其插入列表
  table.insert(tasks, co)
end

function dispatch ()
  local i = 1
  while true do
    if tasks[i] == nil then   -- 没有其他的任务了?
      if tasks[1] == nil then   -- 列表为空?
        break   -- 从循环中退出
      end
      i = 1                       -- 否则继续循环
    end
    local res = tasks[i]()   -- 运行一个任务
    if not res then     -- 任务结束?
      table.remove(tasks, i)
    else
      i = i + 1   -- 处理下一个任务
    end
```

```
    end
  end
```

表 tasks 为调度器保存着所有正在运行中的线程的列表。函数 get 保证每个下载任务运行在一个独立的线程中。调度器本身主要就是一个循环，它遍历所有的线程，逐个唤醒它们。调度器还必须在线程完成任务后，将该线程从列表中删除。在所有线程都完成运行后，调度器停止循环。

最后，主程序创建所有需要的线程并调起调度器。例如，如果要从 Lua 官网上下载几个发行包，主程序可能如下：

```
get("www.lua.org", "/ftp/lua-5.3.2.tar.gz")
get("www.lua.org", "/ftp/lua-5.3.1.tar.gz")
get("www.lua.org", "/ftp/lua-5.3.0.tar.gz")
get("www.lua.org", "/ftp/lua-5.2.4.tar.gz")
get("www.lua.org", "/ftp/lua-5.2.3.tar.gz")

dispatch()   -- 主循环
```

在笔者的机器上，串行实现花了 15 秒下载到这些个文件，而协程实现比串行实现快了三倍多。

尽管速度提高了，但最后一种实现还有很大的优化空间。当至少有一个线程有数据可读取时不会有问题；然而，如果所有的线程都没有数据可读，调度程序就会陷入忙等待（busy wait），不断地从一个线程切换到另一个线程来检查是否有数据可读。这样，会导致协程版的实现比串行版实现耗费多达 3 倍的 CPU 时间。

为了避免这样的情况，可以使用 LuaSocket 中的函数 select，该函数允许程序阻塞直到一组套接字的状态发生改变[①]。要实现这种改动，只需要修改调度器即可，参见示例 26.3。

**示例 26.3　使用 select 的调度器**

```
function dispatch ()
  local i = 1
  local timedout = {}
  while true do
    if tasks[i] == nil then    -- 没有其他的任务了？
```

[①] 译者注：此即非阻塞 I/O 的一种。

```
        if tasks[1] == nil then    -- 列表为空?
          break      -- 从循环中跳出
        end
        i = 1                      -- 否则继续循环
        timedout = {}
      end
      local res = tasks[i]()   -- 运行一个任务
      if not res then     -- 任务结束?
        table.remove(tasks, i)
      else                -- 超时
        i = i + 1
        timedout[#timedout + 1] = res
        if #timedout == #tasks then     -- 所有任务都阻塞了?
          socket.select(timedout)   -- 等待
        end
      end
    end
  end
```

在循环中，新的调度器将所有超时的连接收集到表 timedout 中。请记住，函数 receive 将这种超时的连接传递给 yield，然后由 resume 返回。如果所有的连接均超时，那么调度器调用 select 等待这些连接的状态就会发生改变。这个最终的实现与上一个使用协程的实现一样快。另外，由于它不会有忙等待，所以与串行实现耗费的 CPU 资源一样多。

## 26.1 练习

练习 26.1：实现并运行本章中展示的代码。

# 第 4 部分

# C 语言 API

# 27 C 语言 API 总览

Lua 是一种*嵌入式语言*（*embedded language*），这就意味着 Lua 并不是一个独立运行的应用，而是一个库，它可以链接到其他应用程序，将 Lua 的功能融入这些应用。

读者可能会有疑问：如果 Lua 不是一个独立的应用，那么在本书中为什么一直独立地使用它呢？答案是 Lua 解释器，即可执行的 `lua`。这个可执行文件是一个小应用，大概有 600 行代码，它是用 Lua 标准库实现的独立解释器（stand-alone interpreter）。这个解释器负责与用户的交互，将用户的文件和字符串传递给 Lua 标准库，由标准库完成主要的工作（例如，真正地运行 Lua 代码）。

因为能被当作库来扩展某个应用程序，所以 Lua 是一种*嵌入式语言*（*embeddable language*）。同时，使用了 Lua 语言的程序也可以在 Lua 环境中注册新的函数，比如用 C 语言（或其他语言）实现的函数，从而增加一些无法直接用 Lua 语言编写的功能，因此 Lua 也是一种*可扩展的语言*（*extensible language*）。

上述两种对 Lua 语言的定位（嵌入式语言和可扩展语言）分别对应 C 语言和 Lua 语言之间的两种交互形式。在第一种形式中，C 语言拥有控制权，而 Lua 语言被用作库，这种交互形式中的 C 代码被称为*应用代码*（*application code*）。在第二种形式中，Lua 语言拥有控制权，而 C 语言被用作库，此时的 C 代码被称为*库代码*（*library code*）。应用代码和库代码都使用相同的 API 与 Lua 语言通信，这些 API 被称为 C API。

C API 是一个函数、常量和类型组成的集合[①]，有了它，C 语言代码就能与 Lua 语言交

[①] 本书中，术语“函数”实际上是指“函数或者宏”。C API 以宏的方式实现了各种功能。

互。C API 包括读写 Lua 全局变量的函数、调用 Lua 函数的函数、运行 Lua 代码段的函数，以及注册 C 函数（以便于其后可被 Lua 代码调用）的函数等。通过调用 C API，C 代码几乎可以做 Lua 代码能够做的所有事情。

C API 遵循 C 语言的操作模式（*modus operandi*），与 Lua 的操作模式有很大区别。在使用 C 语言编程时，我们必须注意类型检查、错误恢复、内存分配错误和其他一些复杂的概念。C API 中的大多数函数都不会检查其参数的正确性，我们必须在调用函数前确保参数的合法性[①]一旦出错，程序会直接崩溃而不会收到规范的错误信息。此外，C API 强调的是灵活性和简洁性，某些情况下会以牺牲易用性为代价，即便是常见的需求，也可能需要调用好几个 API。这么做虽然有些烦琐，但我们却可以完全控制所有细节。

正如本章标题所示，本章的目的是概述在 C 语言中使用 Lua 时需要注意的事项。不要试图现在就理解所有的细节，后面我们还会进一步学习。但是记住，在 Lua 语言参考手册（reference manual）中总是能够找到关于某个特定函数的更多细节。此外，在 Lua 的发行版中也可以找到若干使用 C API 的实例。Lua 独立解释器（`lua.c`）给出了几个应用代码的实例，而 Lua 标准库（`lmathlib.c`、`lstrlib.c` 等）则给出了几个库代码的实例。

从现在开始，我们就要变成 C 语言程序员了。

## 27.1 第一个示例

首先来学习一个简单的应用程序的例子：一个独立解释器。示例 27.1就是一个简单的 Lua 独立解释器。

**示例 27.1 一个简单的独立解释器**

```
#include <stdio.h>
#include <string.h>
#include "lua.h"
#include "lauxlib.h"
#include "lualib.h"

int main (void) {
  char buff[256];
```

① 在编译 Lua 时，可以使用宏定义 LUA_USE_APICHECK 来启用某些检查。这个选项在调试 C 代码的时候特别有用。不过尽管如此，C 语言中的某些错误也是无法检测到的，例如无效的指针。

```
    int error;
    lua_State *L = luaL_newstate();             /* 打开Lua */
    luaL_openlibs(L);        /* 打开标准库 */

    while (fgets(buff, sizeof(buff), stdin) != NULL) {
      error = luaL_loadstring(L, buff) || lua_pcall(L, 0, 0, 0);
      if (error) {
        fprintf(stderr, "%s\n", lua_tostring(L, -1));
        lua_pop(L, 1);  /* 从栈中弹出错误信息 */
      }
    }

    lua_close(L);
    return 0;
  }
```

头文件lua.h 声明了 Lua 提供的基础函数，其中包括创建新 Lua 环境的函数、调用 Lua 函数的函数、读写环境中的全局变量的函数，以及注册供 Lua 语言调用的新函数的函数，等等。lua.h 中声明的所有内容都有一个前缀 lua_（例如 lua_pcall）。

头文件lauxlib.h 声明了辅助库（*auxiliary library*，*auxlib*）所提供的函数，其中所有的声明均以 luaL_ 开头（例如，luaL_loadstring）。辅助库使用lua.h 提供的基础 API 来提供更高层次的抽象，特别是对标准库用到的相关机制进行抽象。基础 API 追求经济性和正交性（orthogonality），而辅助库则追求对常见任务的实用性。当然，要在程序中创建其他所需的抽象也是非常简单的。请记住，辅助库不能访问 Lua 的内部元素，而只能通过lua.h 中声明的官方基础 API 完成所有工作。辅助库能实现什么，你的程序就能实现什么。

Lua 标准库没有定义任何 C 语言全局变量，它将其所有的状态都保存在动态的结构体 lua_State 中，Lua 中的所有函数都接收一个指向该结构的指针作为参数。这种设计使得 Lua 是可重入的，并且可以直接用于编写多线程代码。

顾名思义，函数 luaL_newstate 用于创建一个新的 Lua 状态。当它创建一个新状态时，新环境中没有包含预定义的函数，甚至连 print 也没有。为了保持 Lua 语言的精炼，所有的标准库都被组织成不同的包，这样我们在不需要使用某些包时可以忽略它们。头文件lualib.h 中声明了用于打开这些库的函数。函数 luaL_openlibs 用于打开所有的标准库。

当创建好一个状态并在其中加载标准库以后，就可以处理用户的输入了。程序会首先调用函数 luaL_loadstring 来编译用户输入的每一行内容。如果没有错误，则返回零，并向栈中压入编译后得到的函数（27.2节我们会学习这个神奇的栈）。然后，程序调用函数 lua_pcall 从栈中弹出编译后的函数，并以保护模式（protected mode）运行。与函数 luaL_loadstring 类似，如果没有错误发生，函数 lua_pcall 返回零；当发生错误时，这两个函数都会向栈中压入一条错误信息。随后我们可以通过函数 lua_tostring 获取错误信息，并在打印出错误信息后使用函数 lua_pop 将其从栈中删除。

在 C 语言中，真实的错误处理可能会相当复杂，并且如何处理错误取决于应用的性质。Lua 核不会直接向任何输出流写入数据，它只会通过返回错误信息来提示错误。每个应用可以用其所需的最恰当的方式来处理这些错误信息。为了简化讨论，假设以下示例使用如下简单的错误处理函数，即打印一条错误信息，关闭 Lua 状态并结束整个应用：

```
#include <stdarg.h>
#include <stdio.h>
#include <stdlib.h>

void error (lua_State *L, const char *fmt, ...) {
  va_list argp;
  va_start(argp, fmt);
  vfprintf(stderr, fmt, argp);
  va_end(argp);
  lua_close(L);
  exit(EXIT_FAILURE);
}
```

后面我们会讨论更多在应用代码中进行错误处理的内容。

由于 Lua 既可以作为 C 代码来编译，也可以作为 C++ 代码来编译，因此lua.h 中并没有包含以下这种在 C 标准库中的常见的写法：

```
#ifdef __cplusplus
extern "C" {
#endif
   ...
#ifdef __cplusplus
}
#endif
```

如果将 Lua 作为 C 代码编译出来后又要在 C++ 中使用，那么可以引入 lua.hpp 来替代lua.h，定义如下：

```
extern "C" {
#include "lua.h"
}
```

## 27.2 栈

Lua 和 C 之间通信的主要组件是无处不在的虚拟栈（*stack*），几乎所有的 API 调用都是在操作这个栈中的值，Lua 与 C 之间所有的数据交换都是通过这个栈完成的。此外，还可以利用栈保存中间结果。

当我们想在 Lua 和 C 之间交换数据时，会面对两个问题：第一个问题是动态类型和静态类型体系之间不匹配；第二个问题是自动内存管理和手动内存管理之间不匹配。

在 Lua 中，如果我们写 t[k] =v，k 和 v 都可以是几种不同类型；由于元表的存在，甚至 t 也可以有不同的类型。然而，如果要在 C 语言中提供这种操作，任意给定的 settable 函数都必须有一个固定的类型。为了实现这样的操作，我们就需要好几十个不同的函数（为三个不同类型参数的每一种组合都要写一个函数）。

可以通过在 C 语言中声明某种联合体类型来解决这个问题，假设这种类型叫 lua_Value，它能够表示 Lua 语言中所有的值。然后，可以把 settable 声明为：

```
void lua_settable (lua_Value a, lua_Value k, lua_Value v);
```

这种方法有两个缺点。首先，我们很难将如此复杂的类型映射到其他语言中；而在设计 Lua 时，我们又要求 Lua 语言不仅能方便地与 C/C++ 交互，而且还能与 Java、Fortran、C# 等其他语言方便地交互。其次，Lua 语言会做垃圾收集：由于 Lua 语言引擎并不知道 Lua 中的一个表可能会被保存在一个 C 语言变量中，因此它可能会（错误地）认为这个表是垃圾并将其回收。

因此，Lua API 中没有定义任何类似于 lua_Value 的类型，而是使用栈在 Lua 和 C 之间交换数据。栈中的每个元素都能保存 Lua 中任意类型的值。当我们想要从 Lua 中获取一个值（例如一个全局变量的值）时，只需调用 Lua，Lua 就会将指定的值压入栈中。当想要将一个值传给 Lua 时，首先要将这个值压入栈，然后调用 Lua 将其从栈中弹出即可。尽管我们仍然需要一个不同的函数将每种 C 语言类型的值压入栈，还需要另一个不同的函数从栈中弹出每种 C 语言类型的值，但是避免了过多的组合（combinatorial explosion）。另外，由于这个栈是 Lua 状态的一部分，因此垃圾收集器知道 C 语言正在使用哪些值。

几乎 C API 中的所有函数都会用到栈。正如第一个示例，函数 luaL_loadstring 将其结果留在栈中（不管是编译好的代码段还是一条错误消息）；函数 lua_pcall 从栈中取出要调用的函数，并且也会将错误消息留在栈中。

Lua 严格地按照 LIFO（Last In First Out，后进先出）的规则来操作栈。在调用 Lua 时，只有栈顶部的部分会发生改变；而 C 语言代码则有更大的自由度。更具体地说，C 语言可以检视栈中的任何一个元素，甚至可以在栈的任意位置插入或删除元素。

### 27.2.1 压入元素

针对每一种能用 C 语言直接表示的 Lua 数据类型，C API 中都有一个对应的压栈函数：常量 nil 使用 lua_pushnil；布尔值（在 C 语言中是整型）使用 lua_pushboolean；双精度浮点数使用 lua_pushnumber[①]；整型使用 lua_pushinteger；任意字符串（一个指向 char 的指针，外加一个长度）使用 lua_pushlstring；以\0 终止的字符串使用 lua_pushstring。

```
void lua_pushnil      (lua_State *L);
void lua_pushboolean  (lua_State *L, int bool);
void lua_pushnumber   (lua_State *L, lua_Number n);
void lua_pushinteger  (lua_State *L, lua_Integer n);
void lua_pushlstring  (lua_State *L, const char *s, size_t len);
void lua_pushstring   (lua_State *L, const char *s);
```

当然，也有向栈中压入 C 函数和用户数据的函数，我们后面会讨论它们。

类型 lua_Number 相当于 Lua 语言中的浮点数类型，默认为 double，但可以在编译时配置 Lua，让 lua_Number 为 float 甚至 long double。类型 lua_Integer 相当于 Lua 语言中的整型，通常被定义为 long long，即有符号 64 位整型。同样，要把 Lua 语言中的 lua_Integer 配置为使用 int 或 long 也很容易。如果使用 float-int 组合，也就是 32 位浮点类型和整型，即我们所说的精简 Lua（Small Lua），对于资源受限的机器和硬件而言，相当高效。[②]

Lua 语言中的字符串不是以\0 结尾的，它们可以包含任意的二进制数据。因此，将字符串压栈的基本函数 lua_pushlstring 需要一个明确的长度作为参数。对于以\0 结尾的字符

---

[①] 由于历史的原因，C API 中的术语“number”指的是双精度浮点类型。

[②] 对于这些配置，请参见头文件luaconf.h。

串，也可以使用函数 lua_pushstring，该函数通过 strlen 来计算字符串的长度。Lua 语言不会保留指向外部字符串（或指向除静态的 C 语言函数外的任何外部对象）的指针。对于不得不保留的字符串，Lua 要么生成一个内部副本，要么复用已有的字符串。因此，一旦上述函数返回，即使立刻释放或修改缓冲区也不会出现问题。

无论何时向栈内压入一个元素，我们都应该确保栈中有足够的空间。请注意，现在你是一个 C 语言程序员，Lua 语言也不会宠着你。当 Lua 启动时，以及 Lua 调用 C 语言时，栈中至少会有 20 个空闲的位置（slot）（头文件lua.h 中将这个常量定义为 LUA_MINSTACK）。对于大多数情况，这个空间完全够用，所以我们一般无须考虑栈空间的问题。不过，有些任务可能会需要更多的栈空间，特别是循环向栈中压入元素时。在这些情况下，就需要调用函数 lua_checkstack 来检查栈中是否有足够的空间：

```
int lua_checkstack (lua_State *L, int sz);
```

这里，sz 是我们所需的额外栈位置的数量。如果可能，函数 lua_checkstack 会增加栈的大小，以容纳所需的额外空间；否则，该函数返回零。

辅助库也提供了一个高层函数来检查栈空间：

```
void luaL_checkstack (lua_State *L, int sz, const char *msg);
```

该函数类似于函数 lua_checkstack，但是如果栈空间不能满足请求，该函数会使用指定的错误信息抛出异常，而不是返回错误码。

### 27.2.2 查询元素

C API 使用*索引*（*index*）来引用栈中的元素。第一个被压入栈的元素索引为 1，第二个被压入的元素索引为 2，依此类推。我们还可以以栈顶为参照，使用负数索引来访问栈中的元素。此时，-1 表示栈顶元素（即最后被压入栈的元素），-2 表示在它之前被压入栈的元素，依此类推。例如，调用 lua_tostring(L, -1) 会将栈顶的值作为字符串返回。正如你接下来要看到的，有些情况下从栈底对栈进行索引更加自然（即使用正数索引），而有些情况下则使用负数索引更好。

要检查栈中的一个元素是否为特定的类型，C API 提供了一系列名为 lua_is* 的函数，其中 * 可以是任意一种 Lua 数据类型。这些函数包括 lua_isnil、lua_isnumber、lua_isstring 和 lua_istable 等。所有这些函数都有同样的原型：

```
int lua_is* (lua_State *L, int index);
```

实际上，函数 lua_isnumber 不会检查某个值是否为特定类型，而是检查该值是否能被转换为此特定类型。函数 lua_isstring 与之类似，特别之处在于，它接受数字。

还有一个函数 lua_type，用于返回栈中元素的类型，每一种类型都由一个对应的常量表示，包括 LUA_TNIL、LUA_TBOOLEAN、LUA_TNUMBER、LUA_TSTRING 等。该函数一般与 switch 语句连用。当需要检查字符串和数值是否存在潜在的强制类型转换时，该函数也同样有用。

函数 lua_to* 用于从栈中获取一个值：

```
int          lua_toboolean (lua_State *L, int index);
const char  *lua_tolstring (lua_State *L, int index,
                                                size_t *len);
lua_State   *lua_tothread (lua_State *L, int index);
lua_Number   lua_tonumber  (lua_State *L, int index);
lua_Integer  lua_tointeger (lua_State *L, int index);
```

即使指定的元素的类型不正确，调用这些函数也不会有问题。函数 lua_toboolean 适用于所有类型，它可以按照如下的规则将任意 Lua 值转换为 C 的布尔值：nil 和 **false** 转换为 0，所有其他的 Lua 值转换为 1。对于类型不正确的值，函数 lua_tolstring 和 lua_tothread 返回 NULL。不过，数值相关的函数都无法提示数值的类型错误，因此只能简单地返回 0。以前我们需要调用函数 lua_isnumber 来检查类型，但 Lua 5.2 引入了如下的新函数：

```
lua_Number   lua_tonumberx (lua_State *L, int idx, int *isnum);
lua_Integer  lua_tointegerx (lua_State *L, int idx, int *isnum);
```

出口参数 isnum 返回了一个布尔值，来表示 Lua 值是否被强制转换为期望的类型。

函数 lua_tolstring 返回一个指向该字符串内部副本的指针，并将字符串的长度存入到参数 len 指定的位置。我们无法修改这个内部副本（const 表明了这一点）。Lua 语言保证，只要对应的字符串还在栈中，那么这个指针就是有效的。当 Lua 调用的一个 C 函数返回时，Lua 就会清空栈。因此，作为规则，永远不要把指向 Lua 字符串的指针存放到获取该指针的函数之外。

函数 lua_tolstring 返回的所有字符串在其末尾都会有一个额外的\0，不过这些字符串中也可能会有\0，因此可以通过第三个参数 len 获取字符串的真实长度。特别的，假设栈顶的值是一个字符串，那么如下推断永远成立：

```
size_t len;
const char *s = lua_tolstring(L, -1, &len); /* 任意Lua字符串 */
assert(s[len] == '\0');
```

```
assert(strlen(s) <= len);
```

如果不需要长度信息，可以在调用函数 lua_tolstring 时将第三个参数设为 NULL。不过，使用宏 lua_tostring 会更好，因为这个宏就是用 NULL 作为第三个参数来调用函数 lua_tolstring 的。

为了演示这些函数的用法，示例 27.2提供了一个有用的辅助函数，它输出整个栈的内容。

示例 27.2　对栈进行 Dump

```
static void stackDump (lua_State *L) {
  int i;
  int top = lua_gettop(L);  /* 栈的深度 */
  for (i = 1; i <= top; i++) {  /* 循环 */
    int t = lua_type(L, i);
    switch (t) {
      case LUA_TSTRING: {  /* 字符串类型 */
        printf("'%s'", lua_tostring(L, i));
        break;
      }
      case LUA_TBOOLEAN: {  /* 布尔类型 */
        printf(lua_toboolean(L, i) ? "true" : "false");
        break;
      }
      case LUA_TNUMBER: {  /* 数值类型 */
        printf("%g", lua_tonumber(L, i));
        break;
      }
      default: {  /* 其他类型 */
        printf("%s", lua_typename(L, t));
        break;
      }
    }
    printf("  ");  /* 输出分隔符 */
  }
  printf("\n");  /* 换行符 */
}
```

这个函数从栈底向栈顶遍历，并根据每个元素的类型打印其值。它打印字符串时会用单引号将其括起来，对数值类型的值则使用格式"%g" 输出，对于其他 C 语言中不存在等价类型的值（表、函数等）则只打印出它们的类型（函数 lua_typename 可以将类型编码转换为类型名称）。

在 Lua 5.3 中，由于整型总是可以被强制转换为浮点型，因此仍然可以用函数 lua_tonumber 和"%g" 的格式打印所有的数值。但是，我们倾向于将整数打印为整型，以避免损失精度。此时，我们可以用新函数 lua_isinteger 来区分整型和浮点型：

```
case LUA_TNUMBER: {  /* 数值 */
  if (lua_isinteger(L, i))  /* 整型？ */
    printf("%lld", lua_tointeger(L, i));
  else  /* 浮点型 */
    printf("%g", lua_tonumber(L, i));
  break;
}
```

### 27.2.3　其他栈操作

除了上述在 C 语言和栈之间交换数据的函数外，C API 还提供了下列用于通用栈操作的函数：

```
int  lua_gettop    (lua_State *L);
void lua_settop    (lua_State *L, int index);
void lua_pushvalue (lua_State *L, int index);
void lua_rotate    (lua_State *L, int index, int n);
void lua_remove    (lua_State *L, int index);
void lua_insert    (lua_State *L, int index);
void lua_replace   (lua_State *L, int index);
void lua_copy      (lua_State *L, int fromidx, int toidx);
```

函数 lua_gettop 返回栈中元素的个数，也即栈顶元素的索引。函数 lua_settop 将栈顶设置为一个指定的值，即修改栈中的元素数量。如果之前的栈顶比新设置的更高，那么高出来的这些元素就会被丢弃；反之，该函数会向栈中压入 nil 来补足大小。特别的，函数 lua_settop(L, 0) 用于清空栈。在调用函数 lua_settop 时也可以使用负数索引；基于这个功能，C API 提供了下面的宏，用于从栈中弹出 n 个元素：

```
#define lua_pop(L,n)  lua_settop(L, -(n) - 1)
```

函数 lua_pushvalue 用于将指定索引上的元素的副本压入栈。

函数 lua_rotate 是 Lua 5.3 中新引入的。顾名思义，该函数将指定索引的元素向栈顶转动 n 个位置。若 n 为正数，表示将元素向栈顶方向转动，而 n 为负数则表示向相反的方向转动。这是一个非常有用的函数，另外两个 C API 操作实际上是基于使用该函数的宏定义的。其中一个是 lua_remove，用于删除指定索引的元素，并将该位置之上的所有元素下移以填补空缺，其定义如下：

```
#define lua_remove(L,idx)  \
        (lua_rotate(L, (idx), -1), lua_pop(L, 1))
```

也就是说，该函数会将栈转动一格，把想要的那个元素移动到栈顶，然后弹出该元素。另一个宏是 lua_insert，用于将栈顶元素移动到指定位置，并上移指定位置之上的所有元素以开辟出一个元素的空间：

```
#define lua_insert(L,idx)       lua_rotate(L, (idx), 1)
```

函数 lua_replace 弹出一个值，并将栈顶设置为指定索引上的值，而不移动任何元素。最后，函数 lua_copy 将一个索引上的值复制到另一个索引上，并且原值不受影响[①]。请注意，以下的操作不会对空栈产生影响：

```
lua_settop(L, -1);  /* 将栈顶设为当前的值 */
lua_insert(L, -1);  /* 将栈顶的元素移动到栈顶 */
lua_copy(L, x, x);  /* 把一个元素复制到它当前的位置 */
lua_rotate(L, x, 0);  /* 旋转零个位置 */
```

示例 27.3中的程序使用 stackDump（在示例 27.2中定义）演示了这些栈操作。

**示例 27.3　栈操作示例**

```
#include <stdio.h>
#include "lua.h"
#include "lauxlib.h"

static void stackDump (lua_State *L) {
```

[①] 函数 lua_copy 是在 Lua 5.2 中引入的。

```
  参见示例 27.2
}

int main (void) {
  lua_State *L = luaL_newstate();

  lua_pushboolean(L, 1);
  lua_pushnumber(L, 10);
  lua_pushnil(L);
  lua_pushstring(L, "hello");

  stackDump(L);
    /* 将输出：  true  10  nil  'hello'  */

  lua_pushvalue(L, -4); stackDump(L);
    /* 将输出：  true  10  nil  'hello'  true  */

  lua_replace(L, 3); stackDump(L);
    /* 将输出：  true  10  true  'hello'  */

  lua_settop(L, 6); stackDump(L);
    /* 将输出：  true  10  true  'hello'  nil  nil  */

  lua_rotate(L, 3, 1); stackDump(L);
    /* 将输出：  true  10  nil  true  'hello'  nil  */

  lua_remove(L, -3); stackDump(L);
    /* 将输出：  true  10  nil  'hello'  nil */

  lua_settop(L, -5); stackDump(L);
    /* 将输出：  true  */

  lua_close(L);
  return 0;
}
```

## 27.3 使用 C API 进行错误处理

Lua 中所有的结构都是动态的：它们会按需扩展，并且在可能时最后重新收缩（shrink）。这意味着在 Lua 中内存分配失败可能无处不在，几乎所有的操作最终都可能会面临内存分配失败。此外，许多操作可能会抛出异常[①]。例如，访问一个全局变量可能会触发 `__index` 元方法，而该元方法又可能会抛出异常。最后，分配内存的操作会触发垃圾收集器，而垃圾收集器又可能会调用同样可能抛出异常的析构器。简而言之，Lua API 中的绝大部分函数都可能抛出异常。

Lua 语言使用异常来提示错误，而没有在 API 的每个操作中使用错误码。与 C++ 或 Java 不同，C 语言没有提供异常处理机制。为了解决这个问题，Lua 使用了 C 语言中的 `setjmp` 机制，`setjmp` 营造了一个类似异常处理的机制。因此，大多数 API 函数都可以抛出异常（即调用函数 `longjmp`）而不是直接返回。

在编写库代码时（被 Lua 语言调用的 C 函数），由于 Lua 会捕获所有异常，因此，对我们来说使用 `longjmp` 并不用进行额外的操作。不过，在编写应用程序代码（调用 Lua 的 C 代码）时，则必须提供一种捕获异常的方式。

### 27.3.1 处理应用代码中的错误

如果应用调用了 Lua API 中的函数，就可能发生错误。正如我们前面的讨论，Lua 语言通常通过长跳转来提示错误。但是，如果没有相应的 `setjmp`，解释器就无法进行长跳转。此时，API 中的任何错误都会导致 Lua 调用紧急函数（panic function），当这个函数返回后，应用就会退出。我们可以通过函数 `lua_atpanic` 来设置自己的紧急函数，但作用不大。

要正确地处理应用代码中的错误，就必须通过 Lua 语言调用我们自己的代码，这样 Lua 语言才能设置合适的上下文来捕获异常，即在 `setjmp` 的上下文中运行代码。类似于通过函数 `pcall` 在保护模式中运行 Lua 代码，我们也可以用函数 `lua_pcall` 运行 C 代码。更具体地说，可以把 C 代码封装到一个函数 F 中，然后使用 `lua_pcall` 调用这个函数 F。通过这种方式，我们的 C 代码会在保护模式下运行。即便发生内存分配失败，函数 `lua_pcall` 也会返回一个对应的错误码，使解释器能够保持一致的状态（consistent state），如下所示：

---

① 译者注：在编程语言中，异常方面通常有“raise error（引发错误）”和“throw exception（抛出异常）”两种说法，经常混用。本文原文的作者倾向于使用前者，但译者认为抛出异常的表达方式更符合中国国情，故在本章之前的所有译文采用的均是“抛出异常”。由于本章讲的就是 Lua 语言的错误处理机制，因此本章中使用“引发错误”的译法。

```
static int foo (lua_State *L) {
  code to run in protected mode（要以保护模式运行的代码）
  return 0;
}

int secure_foo (lua_State *L) {
  lua_pushcfunction(L, foo);  /* 将'foo'作为Lua函数压栈 */
  return (lua_pcall(L, 0, 0, 0) == 0);
}
```

在上述示例中，无论发生什么，调用 secure_foo 时都会返回一个布尔值，来表示 foo 执行是否成功。特别的，请注意，栈中已经预先分配了空间，而且函数 lua_pushcfunction 不会分配内存，这样才不会引发错误。（函数 foo 的原型是函数 lua_pushcfunction 所要求的，后者用于在 Lua 中创建一个代表 C 函数的 Lua 函数。我们会在29.1节讨论 C 函数有关的细节。）

### 27.3.2　处理库代码中的错误

Lua 是一种安全（*safe*）的语言。这意味着不管用 Lua 写的是什么，也不管写出来的内容多么不正确，我们总是能用它自身的机制来理解程序的行为。此外，程序中的错误（error）也是通过 Lua 语言的机制来检测和解释的。与之相比，许多 C 语言代码中的错误只能从底层硬件的角度来解释（例如，把异常位置作为指令地址给出）。

只要往 Lua 中加入新的 C 函数，这种安全性就可能被打破。例如，一个等价于 BASIC 命令 poke 的函数（该函数用于将任意的字节存储到任意的内存地址中）就可能导致各种各样的内存崩溃。因此，我们必须确保新加入的内容对 Lua 语言来说是安全的，并提供妥善的错误处理。

正如之前所讨论的，C 语言程序必须通过 lua_pcall 设置错误处理。不过，在为 Lua 编写库函数时，通常无须处理错误。库函数抛出的错误要么被 Lua 中的 pcall 捕获，要么被应用代码中的 lua_pcall 捕获。因此，当 C 语言库中的函数检测到错误时，只需简单地调用 lua_error 即可（或调用 luaL_error 更好，它会格式化错误信息，然后调用 lua_error）。函数 lua_error 会收拾 Lua 系统中的残局，然后跳转回保护模式调用处，并传递错误信息。

## 27.4 内存分配

Lua 语言核心对内存分配不进行任何假设，它既不会调用 malloc 也不会调用 realloc 来分配内存。相反，Lua 语言核心只会通过一个分配函数（*allocation function*）来分配和释放内存，当用户创建 Lua 状态时必须提供该函数。

luaL_newstate 是一个用默认分配函数来创建 Lua 状态的辅助函数。该默认分配函数使用了来自 C 语言标准函数库的标准函数 malloc-realloc-free，对于大多数应用程序来说，这几个函数（或应该是）够用了。但是，要完全控制 Lua 的内存分配也很容易，使用原始的 lua_newstate 来创建我们自己的 Lua 状态即可：

```
lua_State *lua_newstate (lua_Alloc f, void *ud);
```

该函数有两个参数：一个是分配函数，另一个是用户数据。用这种方式创建的 Lua 状态会通过调用 f 完成所有的内存分配和释放，甚至结构 lua_State 也是由 f 分配的。

分配函数必须满足 lua_Alloc 的类型声明：

```
typedef void * (*lua_Alloc) (void *ud,
                             void *ptr,
                             size_t osize,
                             size_t nsize);
```

第一个参数始终为 lua_newstate 所提供的用户数据；第二个参数是正要被（重）分配或者释放的块的地址；第三个参数是原始块的大小；最后一个参数是请求的块大小。如果 ptr 不是 NULL，Lua 会保证其之前被分配的大小就是 osize（如果 ptr 是 NULL，那么这个块之前的大小肯定是零，所以 Lua 使用 osize 来存放某些调试信息）。

Lua 语言使用 NULL 表示大小为零的块。当 nsize 为零时，分配函数必须释放 ptr 指向的块并返回 NULL，对应于所要求的大小（为零）的块。当 ptr 是 NULL 时，该函数必须分配并返回一个指定大小的块；如果无法分配指定的块，则必须返回 NULL。如果 ptr 是 NULL 并且 nsize 为零，则两条规则都适用：最终结果是分配函数什么都不做，返回 NULL。

最后，当 ptr 不是 NULL 并且 nsize 不为零时，分配函数应该像 realloc 一样重新分配块并返回新地址（可能与原地址一致，也可能不一致）。同样，当出现错误时分配函数必须返回 NULL。Lua 假定分配函数在块的新尺寸小于或等于旧尺寸时不会失败（Lua 在垃圾收集期间会压缩某些结构的大小，并且无法从垃圾收集时的错误中恢复）。

luaL_newstate 使用的标准分配函数定义如下（从文件 lauxlib.c 中直接抽取）：

```
void *l_alloc (void *ud, void *ptr, size_t osize, size_t nsize) {
  (void)ud; (void)osize;  /* 未使用 */
  if (nsize == 0) {
    free(ptr);
    return NULL;
  }
  else
    return realloc(ptr, nsize);
}
```

该函数假设 `free(NULL)` 什么也不做，并且 `realloc(NULL, size)` 等价于 `malloc(size)`。ISO C 标准会托管[①]这两种行为。

我们可以通过调用 `lua_getallocf` 恢复（recover）Lua 状态的内存分配器：

```
lua_Alloc lua_getallocf (lua_State *L, void **ud);
```

如果 `ud` 不是 `NULL`，那么该函数会把 `*ud` 设置为该分配器的用户数据。我们可以通过调用 `lua_setallocf` 来更改 Lua 状态的内存分配器：

```
void lua_setallocf (lua_State *L, lua_Alloc f, void *ud);
```

请记住，所有新的分配函数都有责任释放由前一个分配函数分配的块。通常情况下，新的分配函数是在旧分配函数的基础上做了包装，来追踪分配（trace allocation）或同步访问堆（heap）的。

Lua 在内部不会为了重用而缓存空闲内存。它假定分配函数会完成这种缓存工作；而优秀的分配函数确实也会这么做。Lua 不会试图压缩内存碎片。研究表明，内存碎片更多是由糟糕的分配策略导致的，而非程序的行为造成的；而优秀的分配函数不会造成太多内存碎片。

对于已有的优秀分配函数，想要做到比它更好是很难的，但有时候也不妨一试。例如，Lua 会告诉你已经释放或者重新分配的块的原有大小。因此，一个特定的分配函数不需要保存有关块大小的信息，以此减少每个块的内存开销。

还有一种可以改善的内存分配的场景，是在多线程系统中。这种系统通常需要对内存分配函数进行线程同步，因为这些函数使用的是全局资源（堆）。不过，对 Lua 状态的访问也必须是同步的——或者更好的情况是，限制只有一个线程能够访问 Lua 状态，正如在第33章

[①] 译者注：此处的托管是指 malloc 的实现是基于特定平台的，ISO C 标准只规定 malloc 函数应该“做什么”，而不对“如何做”进行任何假设和限定。

中实现的 lproc 一样。因此，如果每个 Lua 状态都从私有的内存池中分配内存，那么分配函数就可以避免线程同步导致的额外开销。

## 27.5 练习

练习 27.1：编译并运行简单的独立运行的解释器（示例 27.1）。

练习 27.2：假设栈是空的，执行下列代码后，栈中会是什么内容？

```
lua_pushnumber(L, 3.5);
lua_pushstring(L, "hello");
lua_pushnil(L);
lua_rotate(L, 1, -1);
lua_pushvalue(L, -2);
lua_remove(L, 1);
lua_insert(L, -2);
```

练习 27.3：使用函数 stackDump（见示例 27.2）检查上一道题的答案。

练习 27.4：请编写一个库，该库允许一个脚本限制其 Lua 状态能够使用的总内存大小。该库可能仅提供一个函数 setlimit，用来设置限制值。

这个库应该设置它自己的内存分配函数，此函数在调用原始的分配函数之前，应该检查在使用的内存总量，并且在请求的内存超出限制时返回 NULL。

（提示：这个库可以使用分配函数的用户数据来保存状态，例如字节数、当前内存限制等；请记住，在调用原始分配函数时应该使用原始的用户数据。）

# 28 扩展应用

Lua 的重要用途之一就是用作配置（*configuration*）语言。本章将介绍如何使用 Lua 语言来配置一个程序，从一个简单的示例开始，然后对其逐步扩展来完成更复杂的任务。

## 28.1 基础知识

让我们想象一个简单的需要配置的场景：假设我们的 C 程序有一个窗口，并希望用户能够指定窗口的初始大小。显然，对于这种简单的任务，有许多比使用 Lua 语言更简单的方法，例如使用环境变量或使用基于键值对的配置文件。但即便是使用一个简单的文本文件，我们也需要对其进行解析。因此，我们决定使用一个 Lua 配置文件（也即一个普通的文本文件，只不过它是一个 Lua 程序）。下面所示的是这种文件最简单的形式，它可以包含如下内容：

```
-- 定义窗口大小
width = 200
height = 300
```

现在，我们必须使用 Lua API 来指挥 Lua 语言解析该文件，并获取全局变量 `width` 和 `height` 的值。示例 28.1中的函数 `load` 完成了此项工作。

示例 28.1 从配置文件中获取用户信息

```
int getglobint (lua_State *L, const char *var) {
```

```
  int isnum, result;
  lua_getglobal(L, var);
  result = (int)lua_tointegerx(L, -1, &isnum);
  if (!isnum)
    error(L, "'%s' should be a number\n", var);
  lua_pop(L, 1);    /* 从栈中移除结果 */
  return result;
}

void load (lua_State *L, const char *fname, int *w, int *h) {
  if (luaL_loadfile(L, fname) || lua_pcall(L, 0, 0, 0))
    error(L, "cannot run config. file: %s", lua_tostring(L, -1));
  *w = getglobint(L, "width");
  *h = getglobint(L, "height");
}
```

假设我们已经按照第27章学习的内容创建了一个 Lua 状态。它调用函数 luaL_loadfile 从文件 fname 中加载代码段，然后调用函数 lua_pcall 运行编译后的代码段。如果发生错误（例如配置文件中有语法错误），那么这两个函数会把错误信息压入栈，并返回一个非零的错误码。此时，程序可以用索引-1 来调用函数 lua_tostring 从栈顶获取错误信息（我们在27.1节已定义了函数 error）。

当运行完代码段后，C 程序还需要获取全局变量的值。因此，该程序调用了两次辅助函数 getglobint（也在示例 28.1中）。getglobint 首先调用函数 lua_getglobal 将相应全局变量的值压入栈，lua_getglobal 只有一个参数（除了无所不在的 lua_State），就是变量名。然后，getglobint 调用函数 lua_tointegerx 将这个值转换为整型以保证其类型正确。

那么，用 Lua 语言来完成这类任务是否值得呢？正如笔者之前所说，对于这类简单的任务，用一个仅仅包含两个数字的简单文件会比用 Lua 语言更方便。尽管如此，使用 Lua 还是会有一些好处。首先，Lua 为我们处理了所有的语法细节，甚至配置文件都可以有注释！其次，用户还可以使用 Lua 来实现一些更复杂的配置。例如，脚本可以提示用户输入某些信息，或者查询环境变量来选择合适的窗口大小：

```
-- 配置文件
if getenv("DISPLAY") == ":0.0" then
  width = 300; height = 300
else
```

```
  width = 200; height = 200
end
```

即使是在这样一个简单的配置场景中，要满足用户的需求也非易事；不过，只要脚本定义了这两个变量，我们的 C 程序无须修改就能运行。

最后一个使用 Lua 的理由是，使用它以后，向程序中添加新的配置机制时会很方便。这种便利性可以让人形成一种态度，这种态度让程序变得更加灵活。

## 28.2 操作表

让我们一起来践行这种态度。现在，我们要为每个窗口配置一种背景色。假设最终的颜色格式是由三个数字分量组成的 RGB 颜色。通常，在 C 语言中，这些数字是在区间 *[0,255]* 中的整型数；而在 Lua 语言中，我们会使用更自然的区间 *[0,1]*[①]。

一种直接的方法是要求用户用不同的全局变量设置每个分量：

```
-- 配置文件
width = 200
height = 300
background_red = 0.30
background_green = 0.10
background_blue = 0
```

这种方法有两个缺点：第一，太烦琐（在真实的程序中可能需要数十种不同的颜色，用于设置窗口背景、窗口前景、菜单背景等）；第二，无法预定义常用颜色，如果能预定义常用颜色，用户只需要写 `background =WHITE` 之类的语句就好。为了避免这些缺点，我们将用一张表来表示颜色：

```
background = {red = 0.30, green = 0.10, blue = 0}
```

使用表可以让脚本变得更加结构化。现在，用户（或者应用程序）就可以很容易地在配置文件中预定义后面要用的颜色了：

```
BLUE = {red = 0, green = 0, blue = 1.0}
```

① 译者注：在国内的参考书中 RGB 分量通常还是 0~255 范围内，包括 Windows 操作系统中采用的也是 0~255 的范围，只是作者自己觉得 0~1 的范围更“自然”罢了。

```
other color definitions（其他颜色定义）

background = BLUE
```

若要在 C 语言中获取这些值，可以使用如下的代码：

```
lua_getglobal(L, "background");
if (!lua_istable(L, -1))
  error(L, "'background' is not a table");

red = getcolorfield(L, "red");
green = getcolorfield(L, "green");
blue = getcolorfield(L, "blue");
/* 译者注：本章中颜色示例的最终目的就是在C语言中获得这三个变量red、
green和blue的值，牢记 */
```

上述代码先获取全局变量 background 的值，并确认它是一张表；然后使用 getcolorfield 获取每个颜色的分量。

当然，函数 getcolorfield 不是 Lua API 的一部分，必须先定义它。此外，我们还面临多态的问题：getcolorfield 函数可能有许多版本，它们有不同类型的键、不同类型的值和错误处理等。Lua API 只提供了一个函数 lua_gettable 来处理所有的类型，该函数以这个表在栈中的位置为参数，从栈中弹出键再压入相应的值。示例 28.2中定义了私有的 getcolorfield，这个函数假设表位于栈顶。

示例 28.2　getcolorfield 的详细实现

```
#define MAX_COLOR       255

/* 假设表位于栈顶 */
int getcolorfield (lua_State *L, const char *key) {
  int result, isnum;
  lua_pushstring(L, key);  /* 压入键 */
  lua_gettable(L, -2);  /* 获取background[key] */
  result = (int)(lua_tonumberx(L, -1, &isnum) * MAX_COLOR);
  if (!isnum)
    error(L, "invalid component '%s' in color", key);
  lua_pop(L, 1);  /* 移除数值 */
```

```
  return result;
}
```

使用 lua_pushstring 压入键以后，表就位于索引-2 上。在 getcolorfield 返回前，它会从栈中弹出检索到的值以达到栈平衡。

我们继续拓展这个示例，为用户引入颜色的名字。用户除了可以使用颜色表，还可以使用更多常用颜色的预定义名字。要实现这个功能，在 C 程序中就要有一张颜色表：

```
struct ColorTable {
  char *name;
  unsigned char red, green, blue;
} colortable[] = {
  {"WHITE",   MAX_COLOR, MAX_COLOR, MAX_COLOR},
  {"RED",     MAX_COLOR,         0,         0},
  {"GREEN",           0, MAX_COLOR,         0},
  {"BLUE",            0,         0, MAX_COLOR},
  other colors（其他颜色）
  {NULL, 0, 0, 0}  /* 哨兵 */
};
```

我们的实现会使用这些颜色名来创建全局变量，然后用颜色表来初始化这些全局变量。最终的结果相当于用户在其脚本中写了如下的内容：

```
WHITE = {red = 1.0, green = 1.0, blue = 1.0}
RED   = {red = 1.0, green = 0,   blue = 0}
other colors（其他颜色）
```

为了设置表的字段，我们定义了一个辅助函数 setcolorfield，该函数会将索引和字段名压入栈，然后调用函数 lua_settable：

```
/* 假设表位于栈顶 */
void setcolorfield (lua_State *L, const char *index, int value) {
  lua_pushstring(L, index); /* 键 */
  lua_pushnumber(L, (double)value / MAX_COLOR);  /* 值 */
  lua_settable(L, -3);
}
```

与其他 API 函数一样，函数 lua_settable 需要处理很多不同的数据类型，因此它会从栈中获取所有的操作数，将表索引当作参数并弹出键和值。函数 setcolorfield 假设在调用前表位于栈顶（索引为-1）；压入了键和值以后，表位于索引为-3 的位置上。

下一个函数是 setcolor，用于定义单个颜色，它会创建一张表，设置相应的字段，并将这个表赋给相应的全局变量：

```
void setcolor (lua_State *L, struct ColorTable *ct) {
  lua_newtable(L);        /* 创建表（译者注：这其实是一个宏，详情见后文） */
  setcolorfield(L, "red", ct->red);
  setcolorfield(L, "green", ct->green);
  setcolorfield(L, "blue", ct->blue);
  lua_setglobal(L, ct->name);       /* 'name' = table */
}
```

函数 lua_newtable 创建一个空表，并将其压入栈；其后三次调用 setcolorfield 设置表的各个字段；最后，函数 lua_setglobal 弹出表，并将其设置为具有指定名称全局变量的值。

有了上述的函数，下面的这个循环就会为配置脚本注册所有的颜色：

```
int i = 0;
while (colortable[i].name != NULL)
  setcolor(L, &colortable[i++]);
```

请注意，在运行脚本前应用程序必须先执行这个循环[①]。

示例 28.3演示了另一种实现颜色命名的方法。

示例 28.3　用字符串或表表示颜色

```
  lua_getglobal(L, "background");
  /* 译者注：获取全局变量background值，结果位于栈顶 */
  if (lua_isstring(L, -1)) {    /* 值是一个字符串？ */
    const char *name = lua_tostring(L, -1);  /* 获取字符串 */
    int i;   /* 搜索颜色表 */
    for (i = 0; colortable[i].name != NULL; i++) {
      if (strcmp(colorname, colortable[i].name) == 0)
        break;
```

[①] 译者注：即将 C 语言中定义的颜色注册到 Lua 中。

```
    }
    if (colortable[i].name == NULL)  /* 没有发现字符串？ */
      error(L, "invalid color name (%s)", colorname);
    else {  /* 使用colortable[i] */
      red = colortable[i].red;
      green = colortable[i].green;
      blue = colortable[i].blue;
    }
  } else if (lua_istable(L, -1)) {
    red = getcolorfield(L, "red");
    green = getcolorfield(L, "green");
    blue = getcolorfield(L, "blue");
  } else
      error(L, "invalid value for 'background'");
```

除了全局变量，用户还可以使用字符串来表示颜色名，例如通过 background ="BLUE" 来进行设置。因此，background 既可以是表又可以是字符串。在这种设计下，在运行用户脚本前应用无须做任何事情；不过，应用在获取颜色时需要做更多的工作。当应用获取变量 background 的值时，必须测试该值是否为字符串，然后在颜色表中查找这个字符串。

哪一个是最好的方法呢？在 C 语言程序中，用字符串来表示选项并不是一个好做法，因为编译器无法检测到拼写错误。不过，在 Lua 语言中，对于拼写错了的颜色，该配置“程序”的作者可能会发现其错误信息。程序员和用户之间的区别没有那么明确，因此编译错误和运行时错误之间的区别也不明确。

使用字符串时，background 的值可能会有拼写错误；因此，应用程序可以把这个错误的拼写添加到错误信息中。应用程序还可以在比较字符串时忽略大小写，这样用户就可以使用"white"、"WHITE" 甚至"White"。此外，如果用户的脚本很小且颜色很多，那么用户只需要几种颜色却注册上百种颜色（创建上百张表和全局变量）的做法会很低效。使用字符串则可以避免这种开销。

### 28.2.1 一些简便方法

尽管 Lua 语言的 C API 追求简洁性，但 Lua 也没有做得过于激进。因此，C API 为一些常用的操作提供了一些简便方法。接下来就让我们一起来看几种简便方法。

由于通过字符串类型的键来检索表是很常见的操作，因此 Lua 语言针对这种情况提供了一个特定版本的 lua_gettable 函数：lua_getfield。使用这个函数，可以将 getcolorfield 中的如下两行代码：

```
lua_pushstring(L, key);
lua_gettable(L, -2);  /* 获取background[key] */
```

重写为：

```
lua_getfield(L, -1, key);  /* 获取background[key] */
```

因为没有把这个字符串[①]压栈，所以调用 lua_getfield 时，表的索引仍然是-1。

由于经常要检查 lua_gettable 返回的值的类型，因此，在 Lua 5.3 中，该函数（以及与 lua_getfield 类似的函数）会返回结果的类型。所以，我们可以简化 getcolorfield 中后续的访问和检查：

```
if (lua_getfield(L, -1, key) != LUA_TNUMBER)
  error(L, "invalid component in background color");
```

正如你可能期望的那样，Lua 语言还为字符串类型的键提供了一个名为 lua_setfield 的特殊版本的 lua_settable。使用该函数，可以重写之前对 setcolorfield 的定义：

```
void setcolorfield (lua_State *L, const char *index, int value) {
  lua_pushnumber(L, (double)value / MAX_COLOR);
  lua_setfield(L, -2, index);
}
```

作为一个小优化，我们还可以在函数 setcolor 中替代对函数 lua_newtable 的使用。Lua 提供了另一个函数 lua_createtable，它可以创建表并为元素预分配空间。Lua 将这些函数声明为：

```
void lua_createtable (lua_State *L, int narr, int nrec);

#define lua_newtable(L)      lua_createtable(L, 0, 0)
```

参数 narr 是表中连续元素（即具有连续整数索引的元素）的期望个数，而 nrec 是其他元素的期望数量。在 setcolor 中，我们会用 lua_createtable(L, 0, 3) 提示该表中会有三个元素（在编写表构造器时，Lua 代码也会做类似的优化）。

[①] 译者注：即键名，变量 key。

## 28.3 调用 Lua 函数

Lua 语言的一大优势在于允许在一个配置文件中定义应用所调用的函数。例如，我们可以用 C 语言编写一个应用来绘制某个函数的图形，并用 Lua 定义要绘制的函数。

调用 Lua 函数的 API 规范很简单：首先，将待调用的函数压栈；然后，压入函数的参数；接着用 lua_pcal 进行实际的调用；最后，从栈中取出结果。

举一个例子，假设配置文件中有如下的函数：

```
function f (x, y)
  return (x^2 * math.sin(y)) / (1 - x)
end
```

我们想在 C 语言中对指定的 x 和 y 计算表达式 z=f(x,y) 的值。假设我们已经打开了 Lua 库并运行了该配置文件，示例 28.4中的函数 f 计算了表达式 z=f(x,y) 的值。

示例 28.4　从 C 语言中调用 Lua 函数

```
/* 调用Lua语言中定义的函数'f' */
double f (lua_State *L, double x, double y) {
  int isnum;
  double z;

  /* 函数和参数压栈 */
  lua_getglobal(L, "f");  /* 要调用的函数 */
  lua_pushnumber(L, x);   /* 压入第一个参数 */
  lua_pushnumber(L, y);   /* 压入第二个参数 */

  /* 进行调用（两个参数，一个结果） */
  if (lua_pcall(L, 2, 1, 0) != LUA_OK)
    error(L, "error running function 'f': %s",
             lua_tostring(L, -1));

  /* 获取结果 */
  z = lua_tonumberx(L, -1, &isnum);
  if (!isnum)
    error(L, "function 'f' should return a number");
```

```
    lua_pop(L, 1);  /* 弹出返回值 */
    return z;
}
```

在调用函数 lua_pcall 时，第二个参数表示传递的参数数量，第三个参数是期望的结果数量，第四个参数代表错误处理函数（稍后讨论）。就像 Lua 语言的赋值一样，函数 lua_pcall 会根据所要求的数量来调整返回值的个数，即压入 nil 或丢弃多余的结果。在压入结果前，lua_pcall 会把函数和其参数从栈中移除。当一个函数返回多个结果时，那么第一个结果最先被压入。例如，如果函数返回三个结果，那么第一个结果的索引是-3，最后一个结果的索引是-1。

如果函数 lua_pcall 在运行过程中出现错误，它会返回一个错误码，并在栈中压入一条错误信息（但是仍会弹出函数及其参数）。不过，如果有错误处理函数，在压入错误信息前，lua_pcall 会先调用错误处理函数。我们可以通过 lua_pcall 的最后一个参数指定这个错误处理函数，零表示没有错误处理函数，即最终的错误信息就是原来的消息；若传入非零参数，那么参数应该是该错误处理函数在栈中的索引。在这种情况下，错误处理函数应该被压入栈且位于待调用函数之下。

对于普通的错误，lua_pcall 会返回错误代码 LUA_ERRRUN。但有两种特殊的错误会生成不同的错误码，因为它们不会运行错误处理函数。第一种错误是内存分配失败，对于这类错误，lua_pcall 会返回 LUA_ERRMEM。第二种错误是消息处理函数本身出错，此时再次调用错误处理函数基本上没用，因此 lua_pcall 会立即返回错误码 LUA_ERRERR。自 Lua 5.2 后，Lua 语言还区分了第三种错误，即当一个析构器引发错误时，lua_pcall 会返回错误码 LUA_ERRGCMM（*error in a GC metamethod*），表示错误并非与调用自身直接相关。

## 28.4 一个通用的调用函数

下例是一个更高级的示例，我们将编写一个调用 Lua 函数的包装程序，其中用到了 C 语言的 stdarg 机制。这个包装函数名为 call_va，它接受一个待调用的全局函数的名字、一个描述参数类型和结果类型的字符串、参数列表，以及存放结果的一组指向变量的指针。函数 call_va 会处理有关 API 的所有细节。用这个函数，可以将示例 28.4中的例子简化为：

```
call_va(L, "f", "dd>d", x, y, &z);
```

其中，字符串"dd>d"表示“两个双精度浮点型的参数和一个双精度浮点型的结果”。在这种表示方法中，字母 d 表示双精度浮点型，字母 i 表示整型，字母 s 表示字符串，> 用于分隔参数和结果。如果该函数没有结果，那么 > 可以没有。

示例 28.5演示了 call_va 的具体实现。

**示例 28.5　一个通用的调用函数**

```
#include <stdarg.h>

void call_va (lua_State *L, const char *func,
                            const char *sig, ...) {
  va_list vl;
  int narg, nres;  /* 参数和结果的个数 */

  va_start(vl, sig);
  lua_getglobal(L, func);  /* 函数压栈 */

  push and count arguments （压入参数并计数，参见示例 28.6）

  nres = strlen(sig);  /* 期望的结果数 */

  if (lua_pcall(L, narg, nres, 0) != 0)  /* 进行调用 */
    error(L, "error calling '%s': %s", func,
                                       lua_tostring(L, -1));

  retrieve results（获取结果，参见示例 28.7）

  va_end(vl);
}
```

尽管该函数具有通用性，但它与第一个示例的执行步骤相同：压入函数、压入参数（见示例 28.6）、完成调用，并获取结果（见示例 28.7）。

**示例 28.6　为通用调用函数压入参数**

```
  for (narg = 0; *sig; narg++) {  /* 对于每一个参数循环 */
```

```
    /* 检查栈空间 */
    luaL_checkstack(L, 1, "too many arguments");

    switch (*sig++) {

      case 'd':  /* double类型的参数 */
        lua_pushnumber(L, va_arg(vl, double));
        break;

      case 'i':  /* int类型的参数 */
        lua_pushinteger(L, va_arg(vl, int));
        break;

      case 's':  /* string类型的参数 */
        lua_pushstring(L, va_arg(vl, char *));
        break;

      case '>':  /* 参数部分结束 */
        goto endargs;  /* 从循环中跳出 */

      default:
        error(L, "invalid option (%c)", *(sig - 1));
    }

  }
  endargs:
```

示例 28.7　为通用调用函数检索结果

```
  nres = -nres;  /* 第一个结果的栈索引 */
  while (*sig) {  /* 对于每一个结果循环 */
    switch (*sig++) {

      case 'd': {  /* double类型的结果 */
        int isnum;
```

```
        double n = lua_tonumberx(L, nres, &isnum);
        if (!isnum)
          error(L, "wrong result type");
        *va_arg(vl, double *) = n;
        break;
      }

      case 'i': {  /* int类型的结果 */
        int isnum;
        int n = lua_tointegerx(L, nres, &isnum);
        if (!isnum)
          error(L, "wrong result type");
        *va_arg(vl, int *) = n;
        break;
      }

      case 's': {  /*类型的结果 */
        const char *s = lua_tostring(L, nres);
        if (s == NULL)
          error(L, "wrong result type");
        *va_arg(vl, const char **) = s;
        break;
      }

      default:
        error(L, "invalid option (%c)", *(sig - 1));
    }
    nres++;
  }
```

以上大部分代码都很直观，不过有些细节需要说明一下。首先，通用调用函数无须检查 func 是否是一个函数，因为 lua_pcall 会抛出这类异常。其次，由于通用调用函数会压入任意数量的参数，因此必须确保栈中有足够的空间。第三，由于被调用的函数可能会返回字符串，因此 call_va 不能将结果弹出栈。调用者必须在使用完字符串结果（或将字符串复制到恰当的缓冲区）后弹出这些字符串。

## 28.5 练习

练习 28.1：请编写一个 C 程序，该程序读取一个定义了函数 f 的 Lua 文件（函数以一个数值参数对一个数值结构的形式给出），并绘制出该函数（无须你做任何特别的事情，程序会像16.1节中的例子一样用 ASCII 星号绘出结果）。

练习 28.2：修改函数 `call_va`（见示例 28.5）来处理布尔类型的值。

练习 28.3：假设有一个函数需要监控一些气象站。此函数在内部使用四个字节的字符串来表示每个气象站，并且有一个配置文件将每个字符串映射到相应气象站的实际 URL 上。一个 Lua 配置文件可以以多种方式进行这种映射：

- 一组全局变量，每个变量对应一个气象站。
- 一个表，将字符串映射到 URL 上。
- 一个函数，将字符串映射到 URL 上。

讨论每种方法的优劣，请考虑诸如气象站的总数、URL 的规则（例如，从字符串到 URL 是否存在某种规则）以及用户的类型等因素。

# 29 在 Lua 中调用 C 语言

我们说 Lua 可以调用 C 语言函数，但这并不意味着 Lua 可以调用所有的 C 函数[①]。正如我们在第28章所看到的，当 C 语言调用 Lua 函数时，该函数必须遵循一个简单的规则来传递参数和获取结果。同样，当 Lua 调用 C 函数时，这个 C 函数也必须遵循某种规则来获取参数和返回结果。此外，当 Lua 调用 C 函数时，我们必须注册该函数，即必须以一种恰当的方式为 Lua 提供该 C 函数的地址。

Lua 调用 C 函数时，也使用了一个与 C 语言调用 Lua 函数时相同类型的栈，C 函数从栈中获取参数，并将结果压入栈中。

此处的重点在于，这个栈不是一个全局结构；每个函数都有其私有的局部栈（private local stack）。当 Lua 调用一个 C 函数时，第一个参数总是位于这个局部栈中索引为 1 的位置。即使一个 C 函数调用了 Lua 代码，而且 Lua 代码又再次调用了同一个（或其他）的 C 函数，这些调用每一次都只会看到本次调用自己的私有栈，其中索引为 1 的位置上就是第一个参数。

## 29.1 C 函数

先举一个例子，让我们实现一个简化版本的正弦函数，该函数返回某个给定数的正弦值：

[①] 有很多包使 Lua 能够调用任意的 C 语言函数，但是这些包要么不具有 Lua 的可移植性，要么不安全。

```
static int l_sin (lua_State *L) {
  double d = lua_tonumber(L, 1);  /* 获取参数 */
  lua_pushnumber(L, sin(d));  /* 压入返回值 */
  return 1;  /* 返回值的个数 */
}
```

所有在 Lua 中注册的函数都必须使用一个相同的原型，该原型就是定义在lua.h 中的 lua_CFunction：

```
typedef int (*lua_CFunction) (lua_State *L);
```

从 C 语言的角度看，这个函数只有一个指向 Lua 状态类型的指针作为参数，返回值为一个整型数，代表压入栈中的返回值的个数。因此，该函数在压入结果前无须清空栈。在该函数返回后，Lua 会自动保存返回值并清空整个栈。

在 Lua 中，调用这个函数前，还必须通过 lua_pushcfunction 注册该函数。函数 lua_pushcfunction 会获取一个指向 C 函数的指针，然后在 Lua 中创建一个"function" 类型，代表待注册的函数。一旦完成注册，C 函数就可以像其他 Lua 函数一样行事了。

一种快速测试函数 l_sin 的方法是，将其代码放到简单解释器中（见示例 27.1），并将下列代码添加到 luaL_openlibs 调用的后面：

```
lua_pushcfunction(L, l_sin);
lua_setglobal(L, "mysin");
```

上述代码的第一行压入一个函数类型的值，第二行将这个值赋给全局变量 mysin。完成这些修改后，我们就可以在 Lua 脚本中使用新函数 mysin 了。在接下来的一节中，我们会讨论如何用更好的方式把新的 C 函数与 Lua 链接在一起。现在，我们先来探索如何编写更好的 C 函数。

要编写一个更专业的正弦函数，必须检查其参数的类型，而辅助库可以帮助我们完成这个任务。函数 luaL_checknumber 可以检查指定的参数是否为一个数字：如果出现错误，该函数会抛出一个告知性的错误信息；否则，返回这个数字。只需对上面这个正弦函数稍作修改：

```
static int l_sin (lua_State *L) {
  double d = luaL_checknumber(L, 1);
  lua_pushnumber(L, sin(d));
  return 1;  /* 返回值的个数 */
}
```

在做了上述修改后，如果调用 mysin('a') 就会出现如下的错误：

```
bad argument #1 to 'mysin' (number expected, got string)
```

函数 luaL_checknumber 会自动用参数的编号（#1）、函数名（"mysin"）、期望的参数类型（number）及实际的参数类型（string）来填写错误信息。

下面是一个更复杂的示例，编写一个函数返回指定目录下的内容。由于 ISO C 中没有具备这种功能的函数，因此 Lua 没有在标准库中提供这样的函数。这里，我们假设使用一个 POSIX 兼容的操作系统。这个函数（在 Lua 语言中我们称之为 dir，在 C 语言中称之为 l_dir）以一个目录路径字符串作为参数，返回一个列表，列出该目录下的内容。例如，调用 dir("/home/lua") 会得到形如 {".", "..", "src", "bin", "lib"} 的表。该函数的完整代码参见示例 29.1。

**示例 29.1　一个读取目录的函数**

```
#include <dirent.h>
#include <errno.h>
#include <string.h>

#include "lua.h"
#include "lauxlib.h"

/* 译者注：l_dir是在Lua中被调用的，以下代码中所有以lua_开头的函数都是在向Lua返
回值 */
static int l_dir (lua_State *L) {
  DIR *dir;
  struct dirent *entry;
  int i;
  const char *path = luaL_checkstring(L, 1);

  /* 打开目录 */
  dir = opendir(path);
  if (dir == NULL) {  /* 打开目录失败？ */
    lua_pushnil(L);  /* 返回nil... */
    lua_pushstring(L, strerror(errno));  /* 和错误信息 */
    return 2;  /* number of results */
  }
```

```
    /* 创建结果表 */
    lua_newtable(L);
    i = 1;
    while ((entry = readdir(dir)) != NULL) {  /* 对于目录中的每一个元素 */
      lua_pushinteger(L, i++);  /* 压入键 */
      lua_pushstring(L, entry->d_name);  /* 压入值 */
      lua_settable(L, -3);    /* table[i] = 元素名 */
    }

    closedir(dir);
    return 1;  /* 表本身就在栈顶 */
  }
```

该函数先使用与 luaL_checknumber 类似的函数 luaL_checkstring 检查目录路径是否为字符串，然后使用函数 opendir 打开目录。如果无法打开目录，该函数会返回 nil 以及一条用函数 strerror 获取的错误信息。在打开目录后，该函数会创建一张新表，然后用目录中的元素填充这张新表（每次调用 readdir 都会返回下一个元素）。最后，该函数关闭目录并返回 1，在 C 语言中即表示该函数将其栈顶的值返回给了 Lua（请注意，函数 lua_settable 会从栈中弹出键和值。因此，循环结束后，栈顶的元素就是最终结果的表）。

在某些情况中，l_dir 的这种实现可能会造成内存泄漏。该函数调用的三个 Lua 函数（lua_newtable、lua_pushstring 和 lua_settable）均可能由于内存不足而失败。这三个函数中的任意一个执行失败都会就会引发错误，并中断函数 l_dir 的执行，进而也就无法调用 closedir 了。在第32章中，我们会看到能够避免此类错误的另一种实现。

## 29.2 延续（Continuation）①

通过 lua_pcall 和 lua_call，一个被 Lua 调用的 C 函数也可以回调 Lua 函数。标准库中有一些函数就是这么做的：table.sort 调用了排序函数，string.gsub 调用了替换函数，

① 译者注：本章的原文中有一些找不到对应中文名词的英文术语，涉及非对称式协程、编译原理、call/cc、CPS 等不少理论性内容，原著者直接假设了读者具有相关的背景，因而也并未对所有细节进行解释。在原文中对于部分术语的使用也与传统教科书和文献中的用法不同，如有不明之处，烦请读者查阅相关资料。以 Continuation 为例，它实际上是函数调用方式的一种，与 C 语言等使用栈帧（stackframe）记录函数调用的上下文的方式不同，continuation 使用的是 continuation record 而非栈帧；而在本书中，原著者使用 Continuation 表达了更多的含义。

pcall 和 xpcall 以保护模式来调用函数。如果你还记得 Lua 代码本身就是被 C 代码（宿主程序）调用的，那么你应该知道调用顺序类似于：C（宿主）调用 Lua（脚本），Lua（脚本）又调用了 C（库），C（库）又调用了 Lua（回调）。

通常，Lua 语言可以处理这种调用顺序；毕竟，与 C 语言的集成是 Lua 的一大特点。但是，有一种情况下，这种相互调用会有问题，那就是协程（coroutine）。

Lua 语言中的每个协程都有自己的栈，其中保存了该协程所挂起调用的信息。具体地说，就是该栈中存储了每一个调用的返回地址、参数及局部变量。对于 Lua 函数的调用，解释器只需要这个栈即可，我们将其称为软栈（*soft stack*）。然而，对于 C 函数的调用，解释器必须使用 C 语言栈。毕竟，C 函数的返回地址和局部变量都位于 C 语言栈中。

对于解释器来说，拥有多个软栈并不难；然而，ISO C 的运行时环境却只能拥有一个内部栈。因此，Lua 中的协程不能挂起 C 函数的执行：如果一个 C 函数位于从 resume 到对应 yield 的调用路径中，那么 Lua 无法保存 C 函数的状态以便于在下次 resume 时恢复状态。请考虑如下的示例（使用的是 Lua 5.1）：

```
co = coroutine.wrap(function ()
                      print(pcall(coroutine.yield))
                    end)
co()
  --> false    attempt to yield across metamethod/C-call boundary
```

函数 pcall 是一个 C 语言函数；因此，Lua 5.1 不能将其挂起，因为 ISO C 无法挂起一个 C 函数并在之后恢复其运行。

在 Lua 5.2 及后续版本中，用延续（*continuation*）改善了对这个问题的处理。Lua 5.2 使用长跳转（long jump）实现了 yield，并使用相同的方式实现了错误处理。长跳转简单地丢弃了 C 语言栈中关于 C 函数的所有信息，因而无法 resume 这些函数。但是，一个 C 函数 foo 可以指定一个延续函数（continuation function）foo_k，该函数也是一个 C 函数，在要恢复 foo 的执行时它就会被调用。也就是说，当解释器发现它应该恢复函数 foo 的执行时，如果长调转已经丢弃了 C 语言栈中有关 foo 的信息，则调用 foo_k 来替代。

为了说得更具体些，我们将 pcall 的实现作为示例。在 Lua 5.1 中，该函数的代码如下：

```
static int luaB_pcall (lua_State *L) {
  int status;
  luaL_checkany(L, 1);  /* 至少一个参数 */
  status = lua_pcall(L, lua_gettop(L) - 1, LUA_MULTRET, 0);
```

```
  lua_pushboolean(L, (status == LUA_OK));  /* 状态 */
  lua_insert(L, 1);  /* 状态是第一个结果 */
  return lua_gettop(L);  /* 返回状态和所有结果 */
}
```

如果程序正在通过 lua_pcall 被调用的函数 yield，那么后面就不可能恢复 luaB_pcall 的执行。因此，如果我们在保护模式的调用下试图 yield 时，解释器就会抛出异常。Lua 5.3 使用基本类似于示例 29.2中的方式实现了 pcall。[①]

示例 29.2　使用延续实现 pcall

```
static int finishpcall (lua_State *L, int status, intptr_t ctx) {
  (void)ctx;   /* 未使用的参数 */
  status = (status != LUA_OK && status != LUA_YIELD);
  lua_pushboolean(L, (status == 0));  /* 状态 */
  lua_insert(L, 1);  /* 状态是第一个结果 */
  return lua_gettop(L);  /* 返回状态和所有结果 */
}

static int luaB_pcall (lua_State *L) {
  int status;
  luaL_checkany(L, 1);
  status = lua_pcallk(L, lua_gettop(L) - 1, LUA_MULTRET, 0,
                      0, finishpcall);
  return finishpcall(L, status, 0);
}
```

与 Lua 5.1 中的版本相比，上述实现有三个重要的不同点：首先，新版本用 lua_pcallk 替换了 lua_pcall；其次，新版本在调用完 lua_pcallk 后把完成的状态传给了新的辅助函数 finishpcall；第三，lua_pcallk 返回的状态除了 LUA_OK 或者一个错误外，还可以是 LUA_YIELD。

如果没有发生 yield，那么 lua_pcallk 的行为与 lua_pcall 的行为完全一样。但是，如果发生 yield，情况则大不相同。如果一个被原来 lua_pcall 调用的函数想要 yield，那么 Lua 5.3 会像 Lua 5.1 版本一样引发错误。但当被新的 lua_pcallk 调用的函数 yield 时，则不会

[①] 在 Lua 5.2 中，延续的相关 API 稍有不同。具体细节烦请参阅参考手册。

出现发生错误：Lua 会做一个长跳转并且丢弃 C 语言栈中有关 luaB_pcall 的元素，但是会在协程软栈（soft stack）中保存传递给函数 lua_pcallk 的延续函数（*continuation function*）的引用（在我们的示例中即 finishpcall）。后来，当解释器发现应该返回到 luaB_pcall 时（而这是不可能的），它就会调用延续函数。

当发生错误时，延续函数 finishpcall 也可能会被调用。与原来的 luaB_pcall 不同，finishpcall 不能获取 lua_pcallk 所返回的值。因此，finishpcall 通过额外的参数 status 获取这个结果。当没有错误时，status 是 LUA_YIELD 而不是 LUA_OK，因此延续函数可以检查它是如何被调用的。当发生错误时，status 还是原来的错误码。

除了调用的状态，延续函数还接收一个上下文（*context*）。lua_pcallk 的第 5 个参数是一个任意的整型数，这个参数被当作延续函数的最后一个参数来传递（这个参数的类型为 intptr_t，该类型也允许将指针当作上下文传递）。这个值允许原来的函数直接向延续函数传递某些任意的信息（我们的示例没有使用这种机制）。

Lua 5.3 的延续体系是一种为了支持 yield 而设计的精巧机制，但它也不是万能的。某些 C 函数可能会需要给它们的延续传递相当多的上下文。例如，table.sort 将 C 语言栈用于递归，而 string.gsub 则必须跟踪捕获（capture），还要跟踪和一个用于存放部分结果的缓冲区。虽然这些函数能以“yieldable”的方式重写，但与增加的复杂性和性能损失相比，这样做似乎并不值得。

## 29.3 C 模块

Lua 模块就是一个代码段，其中定义了一些 Lua 函数并将其存储在恰当的地方（通常是表中的元素）。为 Lua 编写的 C 语言模块可以模仿这种行为。除了 C 函数的定义外，C 模块还必须定义一个特殊的函数，这个特殊的函数相当于 Lua 库中的主代码段，用于注册模块中所有的 C 函数，并将它们存储在恰当的地方（通常也是表中的元素）。与 Lua 的主代码段一样，这个函数还应该初始化模块中所有需要初始化的其他东西。

Lua 通过注册过程感知到 C 函数。一旦一个 C 函数用 Lua 表示和存储，Lua 就会通过对其地址（就是我们注册函数时提供给 Lua 的信息）的直接引用来调用它。换句话说，一旦一个 C 函数完成注册，Lua 调用它时就不再依赖于其函数名、包的位置以及可见性规则。通常，一个 C 模块中只有一个用于打开库的公共（外部）函数[①]；其他所有的函数都是私有的，在

[①] 译者注：即前文中提到的打开函数，在本章中也与初始化函数混用。

C 语言中被声明为 static。

当我们使用 C 函数来扩展 Lua 程序时，将代码设计为一个 C 模块是个不错的想法。因为即使我们现在只想注册一个函数，但迟早（通常比想象中早）总会需要其他的函数。通常，辅助库为这项工作提供了一个辅助函数。宏 luaL_newlib 接收一个由 C 函数及其对应函数名组成的数组，并将这些函数注册到一个新表中。举个例子，假设我们要用之前定义的函数 l_dir 创建一个库。首先，必须定义这个库函数：

```
static int l_dir (lua_State *L) {
   同前
}
```

然后，声明一个数组，这个数组包含了模块中所有的函数及其名称。数组元素的类型为 luaL_Reg，该类型是由两个字段组成的结构体，这两个字段分别是函数名（字符串）和函数指针。

```
static const struct luaL_Reg mylib [] = {
  {"dir", l_dir},
  {NULL, NULL}  /* 哨兵 */
};
```

在上例中，只声明了一个函数（l_dir）。数组的最后一个元素永远是 {NULL, NULL}，并以此标识数组的结尾。最后，我们使用函数 luaL_newlib 声明一个主函数[①]：

```
int luaopen_mylib (lua_State *L) {
  luaL_newlib(L, mylib);
  return 1;
}
```

对函数 luaL_newlib 的调用会新创建一个表，并使用由数组 mylib 指定的“函数名-函数指针”填充这个新创建的表。当 luaL_newlib 返回时，它把这个新创建的表留在了栈中，在表中它打开了这个库。然后，函数 luaopen_mylib 返回 1，表示将这个表返回给 Lua。

编写完这个库以后，我们还必须将其链接到解释器。如果 Lua 解释器支持动态链接的话，那么最简便的方法是使用动态链接机制（dynamic linking facility）。在这种情况下，必须用代码（Windows 系统下为 mylib.dll，Linux 类系统下为 mylib.so）创建一个动态链接库，并将这个库放到 C 语言路径中的某个地方。在完成了这些步骤后，就可以使用 require 在 Lua 中直接加载这个模块了：

[①] 译者注：即打开函数。

```
local mylib = require "mylib"
```

上述的语句会将动态库 mylib 链接到 Lua，查找函数 luaopen_mylib，将其注册为一个 C 语言函数，然后调用它以打开模块（这也就解释了为什么 luaopen_mylib 必须使用跟其他 C 语言函数一样的原型）。

动态链接器必须知道函数 luaopen_mylib 的名字才能找到它。它总是寻找名为“luaopen_+ 模块名”这样的函数。因此，如果我们的模块名为 mylib，那么该函数应该命名为 luaopen_mylib（我们已经在第17章中讨论过有关该函数名的细节）。

如果解释器不支持动态链接，就必须连同新库一起重新编译 Lua 语言。除了重新编译，还需要以某种方式告诉独立解释器，它应该在打开一个新状态时打开这个库。一个简单的做法是把 luaopen_mylib 添加到由 luaL_openlibs 打开的标准库列表中，这个列表位于文件linit.c 中。

## 29.4 练习

练习 29.1：请使用 C 语言编写一个可变长参数函数 summation，来计算数值类型参数的和：

```
print(summation())                    -->   0
print(summation(2.3, 5.4))            -->   7.7
print(summation(2.3, 5.4, -34))       --> -26.3
print(summation(2.3, 5.4, {}))
  --> stdin:1: bad argument #3 to 'summation'
                (number expected, got table)
```

练习 29.2：请实现一个与标准库中的 table.pack 等价的函数。

练习 29.3：请编写一个函数，该函数接收任意个参数，然后逆序将其返回。

```
print(reverse(1, "hello", 20))   --> 20    hello    1
```

练习 29.4：请编写一个函数 foreach，该函数的参数为一张表和一个函数，然后对表中的每个键值对调用传入的函数。

```
foreach({x = 10, y = 20}, print)
  --> x     10
  --> y     20
```

（提示：在 Lua 语言手册中查一下函数 `lua_next`。）

练习 29.5：请重写练习 29.4 中的函数 `foreach`，让它所调用的函数支持 yield。

练习 29.6：用前面所有练习中的函数创建一个 C 语言模块。

# 30 编写 C 函数的技巧

官方的 C API 和辅助库都提供了一些机制来帮助用户编写 C 函数。本章将介绍这些机制，包括数组操作、字符串操作，以及如何在 C 语言中保存 Lua 语言的值。

## 30.1 数组操作

Lua 中的“数组”就是以特殊方式使用的表。像 lua_settable 和 lua_gettable 这种用来操作表的通用函数，也可用于操作数组。不过，C API 为使用整数索引的表的访问和更新提供了专门的函数：

```
void lua_geti (lua_State *L, int index, int key);
void lua_seti (lua_State *L, int index, int key);
```

Lua 5.3 之前的版本只提供了这些函数的原始版本，即 lua_rawgeti 和 lua_rawseti。这两个函数类似于 lua_geti 和 lua_seti，但进行的是原始访问（即不调用元方法）。当区别并不明显时（例如，表没有元方法），那么原始版本可能会稍微快一点。

lua_geti 和 lua_seti 的描述有一点令人困惑，因为其用了两个索引：index 表示表在栈中的位置，key 表示元素在表中的位置。当 t 为正数时，那么调用 lua_geti(L, t, key) 等价于如下的代码（否则，则必须对栈中的新元素进行补偿）：

```
lua_pushnumber(L, key);
lua_gettable(L, t);
```

调用 lua_seti(L, t, key)（t 仍然为正数值）等价于：

```
lua_pushnumber(L, key);
lua_insert(L, -2);  /* 把'key'放在之前的值下面 */
lua_settable(L, t);
```

作为使用这些函数的具体示例，示例 30.1实现了函数 map，该函数对数组中的所有元素调用一个指定的函数，然后用此函数返回的结果替换掉对应的数组元素。

示例 30.1　C 语言中的函数 map

```
int l_map (lua_State *L) {
  int i, n;

  /* 第一个参数必须是一张表（t） */
  luaL_checktype(L, 1, LUA_TTABLE);

  /* 第二个参数必须是一个函数（f） */
  luaL_checktype(L, 2, LUA_TFUNCTION);

  n = luaL_len(L, 1);  /* 获取表的大小 */

  for (i = 1; i <= n; i++) {
    lua_pushvalue(L, 2);   /* 压入f */
    lua_geti(L, 1, i);  /* 压入t[i] */
    lua_call(L, 1, 1);     /* 调用f(t[i]) */
    lua_seti(L, 1, i);  /* t[i] = result */
  }

  return 0;  /* 没有返回值 */
}
```

这个示例还引入了三个新函数：luaL_checktype、luaL_len 和 lua_call。

函数 luaL_checktype（来自lauxlib.h）确保指定的参数具有指定的类型，否则它会引发一个错误。

原始的 lua_len（在上例中并未使用）类似于长度运算符。由于元方法的存在，该运算符能够返回任意类型的对象，而不仅仅是数字；因此，lua_len 会在栈中返回其结果。函数

luaL_len（在上例中使用了，来自辅助库）会将长度作为整型数返回，如果无法进行强制类型转换则会引发错误。

函数 lua_call 做的是不受保护的调用，该函数类似于 lua_pcall，但在发生错误时 lua_call 会传播错误而不是返回错误码。在一个应用中编写主函数时，不应使用 lua_call，因为我们需要捕获所有的错误。不过，编写一个函数时，一般情况下使用 lua_call 是个不错的主意；如果发生错误，就留给关心错误的人去处理吧。

## 30.2 字符串操作

当 C 函数接收到一个 Lua 字符串为参数时，必须遵守两条规则：在使用字符串期间不能从栈中将其弹出，而且不应该修改字符串。

当 C 函数需要创建一个返回给 Lua 的字符串时，要求则更高。此时，是 C 语言代码负责缓冲区的分配/释放、缓冲区溢出，以及其他对 C 语言来说比较困难的任务。因此，Lua API 提供了一些函数来帮助完成这些任务。

标准 API 为两种最常用的字符串操作提供了支持，即子串提取和字符串连接。要提取子串，那么基本的操作 lua_pushlstring 可以获取字符串长度作为额外的参数。因此，如果要把字符串 s 从 i 到 j（包含）的子串传递给 Lua，就必须：

```
lua_pushlstring(L, s + i, j - i + 1);
```

举个例子，假设需要编写一个函数，该函数根据指定的分隔符（单个字符）来分割字符串，并返回一张包含子串的表。例如，调用 split("hi:ho:there", ":") 应该返回表 {"hi", "ho", "there"}。示例 30.2演示了该函数的一种简单实现。

示例 30.2　分割字符串

```
static int l_split (lua_State *L) {
  const char *s = luaL_checkstring(L, 1);      /* 目标字符串 */
  const char *sep = luaL_checkstring(L, 2);  /* 分隔符 */
  const char *e;
  int i = 1;

  lua_newtable(L);  /* 结果表 */

  /* 依次处理每个分隔符 */
```

```
  while ((e = strchr(s, *sep)) != NULL) {
    lua_pushlstring(L, s, e - s);  /* 压入子串 */
    lua_rawseti(L, -2, i++);    /* 向表中插入 */
    s = e + 1;  /* 跳过分隔符 */
  }

  /* 插入最后一个子串 */
  lua_pushstring(L, s);
  lua_rawseti(L, -2, i);

  return 1;  /* 将结果表返回 */
}
```

该函数无须缓冲区，并能处理任意长度的字符串，Lua 语言会负责处理所有的内存分配（由于我们创建表时知道其没有元表，因此可以用原始操作对其进行处理）。

要连接字符串，Lua 提供了一个名为 lua_concat 的特殊函数，该函数类似于 Lua 中的连接操作符（..），它会将数字转换为字符串，并在必要时调用元方法。此外，该函数还能一次连接两个以上的字符串。调用 lua_concat(L, n) 会连接（并弹出）栈最顶端的 n 个值，并将结果压入栈。

另一个有帮助的函数是 lua_pushfstring：

```
const char *lua_pushfstring (lua_State *L, const char *fmt, ...);
```

该函数在某种程度上类似于 C 函数 sprintf，它们都会根据格式字符串和额外的参数来创建字符串。然而，与 sprintf 不同，使用 lua_pushfstring 时不需要提供缓冲区。不管字符串有多大，Lua 都会动态地为我们创建。lua_pushfstring 会将结果字符串压入栈中并返回一个指向它的指针，该函数能够接受如下所示的指示符。

| | |
|---|---|
| %s | 插入一个以\0 结尾的字符串 |
| %d | 插入一个 int |
| %f | 插入一个 Lua 语言的浮点数 |
| %p | 插入一个浮点数 |
| %I | 插入一个 Lua 语言的整型数 |
| %c | 插入一个以 int 表示的单字节字符 |
| %U | 插入一个以 int 表示的 UTF-8 字节序列 |
| %% | 插入一个百分号 |

该函数不能使用诸如宽度或者精度之类的修饰符。[①]

当只需连接几个字符串时，lua_concat 和 lua_pushfstring 都很有用。不过，如果需要连接很多字符串（或字符），那么像14.7节中那样逐个连接就会非常低效。此时，我们可以使用由辅助库提供的缓冲机制（*buffer facility*）。

缓冲机制的简单用法只包含两个函数：一个用于在组装字符串时提供任意大小的缓冲区；另一个用于将缓冲区中的内容转换为一个 Lua 字符串。[②]示例 30.3用源文件lstrlib.c 中 string.upper 的实现演示了这些函数。

示例 30.3 函数 string.upper

```
static int str_upper (lua_State *L) {
  size_t l;
  size_t i;
  luaL_Buffer b;
  const char *s = luaL_checklstring(L, 1, &l);
  char *p = luaL_buffinitsize(L, &b, l);
  for (i = 0; i < l; i++)
    p[i] = toupper(uchar(s[i]));
  luaL_pushresultsize(&b, l);
  return 1;
}
```

使用辅助库中缓冲区的第一步是声明一个 luaL_Buffer 类型的变量。第二步是调用 luaL_buffinitsize 获取一个指向指定大小缓冲区的指针，之后就可以自由地使用该缓冲区来创建字符串了。最后需要调用 luaL_pushresultsize 将缓冲区中的内容转换为一个新的 Lua 字符串，并将该字符串压栈。其中，第二步调用时就确定了字符串的最终长度。通常情况下，像我们的示例一样，字符串的最终大小与缓冲区大小相等，但也可能更小。假如我们并不知道返回字符串的准确长度，但知道其最大不超过多少，那么可以保守地为其分配一个较大的空间。

请注意，luaL_pushresultsize 并未获取 Lua 状态作为其第一个参数。在初始化之后，缓冲区保存了对 Lua 状态的引用，因此在调用其他操作缓冲区的函数时无须再传递该状态。

---

[①] 指示符 p 是在 Lua 5.2 中引入的。指示符 I 和 U 是在 Lua 5.3 中引入的。

[②] 这两个函数在 Lua 5.2 中引入。

如果不知道返回结果大小的上限值，我们还可以通过逐步增加内容的方式来使用辅助库的缓冲区。辅助库提供了一些用于向缓冲区中增加内容的函数：luaL_addvalue 用于在栈顶增加一个 Lua 字符串，luaL_addlstring 用于增加一个长度明确的字符串，luaL_addstring 用于增加一个以\0 结尾的字符串，luaL_addchar 用于增加单个字符。这些函数的原型如下：

```
void luaL_buffinit   (lua_State *L, luaL_Buffer *B);
void luaL_addvalue   (luaL_Buffer *B);
void luaL_addlstring (luaL_Buffer *B, const char *s, size_t l);
void luaL_addstring  (luaL_Buffer *B, const char *s);
void luaL_addchar    (luaL_Buffer *B, char c);
void luaL_pushresult (luaL_Buffer *B);
```

示例 30.4通过函数 table.concat 的一个简化的实现演示了这些函数的使用。

**示例 30.4　函数 table.concat 一个简化的实现**

```
static int tconcat (lua_State *L) {
  luaL_Buffer b;
  int i, n;
  luaL_checktype(L, 1, LUA_TTABLE);
  n = luaL_len(L, 1);
  luaL_buffinit(L, &b);
  for (i = 1; i <= n; i++) {
    lua_geti(L, 1, i);  /* 从表中获取字符串 */
    luaL_addvalue(b);   /* 将其放入缓冲区 */
  }
  luaL_pushresult(&b);
  return 1;
}
```

在该函数中，首先调用 luaL_buffinit 来初始化缓冲区。然后，向缓冲区中逐个增加元素，本例中用的是 luaL_addvalue。最后，luaL_pushresult 刷新缓冲区并在栈顶留下最终的结果字符串。

在使用辅助库的缓冲区时，我们必须注意一个细节。初始化一个缓冲区后，Lua 栈中可能还会保留某些内部数据。因此，我们不能假设在使用缓冲区之前栈顶仍然停留在最初的位置。此外，尽管使用缓冲区时我们可以将该栈用于其他用途，但在访问栈之前，对栈的压入和弹出次数必须平衡。唯一的例外是 `luaL_addvalue`，该函数会假设要添加到缓冲区的字符串是位于栈顶的。

## 30.3 在 C 函数中保存状态

通常情况下，C 函数需要保存一些非局部数据，即生存时间超出 C 函数执行时间的数据。在 C 语言中，我们通常使用全局变量（`extern`）或静态变量来满足这种需求。然而，当我们为 Lua 编写库函数时①，这并不是一个好办法。首先，我们无法在一个 C 语言变量中保存普通的 Lua 值。其次，使用这类变量的库无法用于多个 Lua 状态。

更好的办法是从 Lua 语言中寻求帮助。Lua 函数有两个地方可用于存储非局部数据，即全局变量和非局部变量，而 C API 也提供了两个类似的地方来存储非局部数据，即注册表（registry）和上值（upvalue）。

### 30.3.1 注册表

*注册表*（*registry*）是一张只能被 C 代码访问的全局表。②通常情况下，我们使用注册表来存储多个模块间共享的数据。

注册表总是位于*伪索引*（*pseudo-index*）`LUA_REGISTRYINDEX` 中。伪索引就像是一个栈中的索引，但它所关联的值不在栈中。Lua API 中大多数接受索引作为参数的函数也能将伪索引作为参数，像 `lua_remove` 和 `lua_insert` 这种操作栈本身的函数除外。例如，要获取注册表中键为`"Key"` 的值，可以使用如下的调用：

```
lua_getfield(L, LUA_REGISTRYINDEX, "Key");
```

注册表是一个普通的 Lua 表，因此可以使用除 nil 外的任意 Lua 值来检索它。不过，由于所有的 C 语言模块共享的是同一个注册表，为了避免冲突，我们必须谨慎地选择作为键的值。当允许其他独立的库访问我们的数据时，字符串类型的键尤为有用，因为这些库只需知道键的名字就可以了。对于这些键，选择名字时没有一种可以绝对避免冲突的方法；不过，诸如避免使用常见的名字，以及用库名或类似的东西作为键名的前缀，仍然是好的做法（用 `lua` 或者 `lualib` 作为前缀不是明智的选择）。

---

① 译者注：用 C 语言编写的库函数。

② 实际上，我们可以通过 Lua 中的调试函数 `debug.getregistry` 来访问注册表，但除了调试外真的不应该使用这个函数。

在注册表中不能使用数值类型的键，因为 Lua 语言将其用作引用系统（*reference system*）的保留字。引用系统由辅助库中的一对函数组成，有了这两个函数，我们在表中存储值时不必担心如何创建唯一的键。函数 luaL_ref 用于创建新的引用：

```
int ref = luaL_ref(L, LUA_REGISTRYINDEX);
```

上述调用会从栈中弹出一个值，然后分配一个新的整型的键，使用这个键将从栈中弹出的值保存到注册表中，最后返回该整型键，而这个键就被称为引用（*reference*）。

顾名思义，我们主要是在需要在一个 C 语言结构体中保存一个指向 Lua 值的引用时使用引用。正如我们之前所看到的，不应该将指向 Lua 字符串的指针保存在获取该指针的函数之外。此外，Lua 语言甚至没有提供指向其他对象（例如表或者函数）的指针。因此，我们无法通过指针来引用 Lua 对象。当需要这种指针时，我们可以创建一个引用并将其保存在 C 语言中。

要将与引用 ref 关联的值压入栈中，只要这样写就行：

```
lua_rawgeti(L, LUA_REGISTRYINDEX, ref);
```

最后，要释放值和引用，我们可以调用 luaL_unref：

```
luaL_unref(L, LUA_REGISTRYINDEX, ref);
```

在这句调用后，再次调用 luaL_ref 会再次返回相同的引用。

引用系统将 nil 视为一种特殊情况。无论何时为一个 nil 值调用 luaL_ref 都不会创建新的引用，而是会返回一个常量引用 LUA_REFNIL。如下的调用没什么用处：

```
luaL_unref(L, LUA_REGISTRYINDEX, LUA_REFNIL);
```

而如下的代码则会像我们期望地一样向栈中压入一个 nil：

```
lua_rawgeti(L, LUA_REGISTRYINDEX, LUA_REFNIL);
```

引用系统还定义了一个常量 LUA_NOREF，这是一个不同于其他合法引用的整数，它可以用于表示无效的引用。

当创建 Lua 状态时，注册表中有两个预定义的引用：

LUA_RIDX_MAINTHREAD
指向 Lua 状态本身，也就是其主线程。

LUA_RIDX_GLOBALS
指向全局变量。

另一种在注册表中创建唯一键的方法是，使用代码中静态变量的地址，C 语言的链接编辑器（link editor）会确保键在所有已加载的库中的唯一性[①]。要使用这种方法，需要用到函数 lua_pushlightuserdata，该函数会在栈中压入一个表示 C 语言指针的值。下面的代码演示了如何使用这种方法在注册表中保存和获取字符串：

```
/* 具有唯一地址的变量 */
static char Key = 'k';

/* 保存字符串 */
lua_pushlightuserdata(L, (void *)&Key);  /* 压入地址 */
lua_pushstring(L, myStr);  /* 压入值 */
lua_settable(L, LUA_REGISTRYINDEX);  /* registry[&Key] = myStr */

/* 获取字符串 */
lua_pushlightuserdata(L, (void *)&Key);  /* 压入地址 */
lua_gettable(L, LUA_REGISTRYINDEX);  /* 获取值 */
myStr = lua_tostring(L, -1);  /* 转换为字符串 */
```

在31.5节中，我们将会讨论更多关于轻量级用户数据（light userdata）的细节。

为了简化将变量地址用作唯一键的用法，Lua 5.2 中引入了两个新函数：lua_rawgetp 和 lua_rawsetp。这两个函数类似于 lua_rawgeti 和 lua_rawseti，但它们使用 C 语言指针（转换为轻量级用户数据）作为键。使用这两个函数，可以将上面的代码重写为：

```
static char Key = 'k';

/* 保存字符串 */
lua_pushstring(L, myStr);
lua_rawsetp(L, LUA_REGISTRYINDEX, (void *)&Key);

/* 获取字符串 */
lua_rawgetp(L, LUA_REGISTRYINDEX, (void *)&Key);
myStr = lua_tostring(L, -1);
```

这两个函数都使用了原始访问。由于注册表没有元表，因此原始访问与普通访问相同，而且效率还会稍微高一些。

[①] 译者注：实际上就是代码重定位，可以参考《程序员的自我修养》一书。

### 30.3.2 上值

注册表提供了全局变量，而上值（*upvalue*）则实现了一种类似于 C 语言静态变量（只在特定的函数中可见）的机制。每一次在 Lua 中创建新的 C 函数时，都可以将任意数量的上值与这个函数相关联，而每个上值都可以保存一个 Lua 值。后面在调用该函数时，可以通过伪索引来自由地访问这些上值。

我们将这种 C 函数与其上值的关联称为闭包（*closure*）。C 语言闭包类似于 Lua 语言闭包。特别的，可以用相同的函数代码来创建不同的闭包，每个闭包可以拥有不同的上值。

接下来看一个简单的示例，让我们用 C 语言创建一个函数 newCounter（我们在第9章中用 Lua 语言定义过一个类似的函数）。该函数是一个工厂函数，每次调用时都会返回一个新的计数函数，如下所示：

```
c1 = newCounter()
print(c1(), c1(), c1())    --> 1    2    3
c2 = newCounter()
print(c2(), c2(), c1())    --> 1    2    4
```

尽管所有的计数器都使用相同的 C 语言代码，但它们各自都保留了独立的计数器。工厂函数的代码形如：

```
static int counter (lua_State *L);  /* 前向声明 */

int newCounter (lua_State *L) {
  lua_pushinteger(L, 0);
  lua_pushcclosure(L, &counter, 1);
  return 1;
}
```

这里的关键函数是 lua_pushcclosure，该函数会创建一个新的闭包。lua_pushcclosure 的第二个参数是一个基础函数（示例中为 counter），第三个参数是上值的数量（示例中为 1）。在创建一个新的闭包前，我们必须将上值的初始值压栈。在此示例中，我们压入了零作为唯一一个上值的初始值。正如我们预想的那样，lua_pushcclosure 会将一个新的闭包留在栈中，并将其作为 newCounter 的返回值。

现在，来看一下 counter 的定义：

```
static int counter (lua_State *L) {
```

```
  int val = lua_tointeger(L, lua_upvalueindex(1));
  lua_pushinteger(L, ++val);  /* 新值 */
  lua_copy(L, -1, lua_upvalueindex(1));  /* 更新上值 */
  return 1;  /* 返回新值 */
}
```

这里的关键是宏 lua_upvalueindex，它可以生成上值的伪索引。特别的，表达式 lua_upvalueindex(1) 给出了正在运行的函数的第一个上值的伪索引，该伪索引同其他的栈索引一样，唯一区别的是它不存在于栈中。因此，调用 lua_tointeger 会以整型返回第一个（也是唯一一个）上值的当前值。然后，函数 counter 将新值 ++val 压栈，并将其复制一份作为新上值的值，再将其返回。

接下来是一个更高级的示例，我们将使用上值来实现元组（tuple）。元组是一种具有匿名字段的常量结构，我们可以用一个数值索引来获取某个特定的字段，或者一次性地获取所有字段。在我们的实现中，将元组表示为函数，元组的值存储在函数的上值中。当使用数值参数来调用该函数时，函数会返回特定的字段。当不使用参数来调用该函数时，则返回所有字段。以下代码演示了元组的使用：

```
x = tuple.new(10, "hi", {}, 3)
print(x(1))     --> 10
print(x(2))     --> hi
print(x())      --> 10  hi  table: 0x8087878  3
```

在C语言中，我们会用同一个函数 t_tuple 来表示所有的元组，代码参见示例30.5。

### 示例 30.5 元组的实现

```
#include "lauxlib.h"

int t_tuple (lua_State *L) {
  lua_Integer op = luaL_optinteger(L, 1, 0);
  if (op == 0) {  /* 没有参数 */
    int i;
    /* 将每一个有效的上值压栈 */
    for (i = 1; !lua_isnone(L, lua_upvalueindex(i)); i++)
      lua_pushvalue(L, lua_upvalueindex(i));
    return i - 1;  /* 值的个数 */
```

```
  }
  else {  /* 获取字段'op' */
    luaL_argcheck(L, 0 < op && op <= 256, 1,
                  "index out of range");
    if (lua_isnone(L, lua_upvalueindex(op)))
      return 0;  /* 字段不存在 */
    lua_pushvalue(L, lua_upvalueindex(op));
    return 1;
  }
}

int t_new (lua_State *L) {
  int top = lua_gettop(L);
  luaL_argcheck(L, top < 256, top, "too many fields");
  lua_pushcclosure(L, t_tuple, top);
  return 1;
}

static const struct luaL_Reg tuplelib [] = {
  {"new", t_new},
  {NULL, NULL}
};

int luaopen_tuple (lua_State *L) {
  luaL_newlib(L, tuplelib);
  return 1;
}
```

由于调用元组时既可以使用数字作为参数也可以不用数字作为参数，因此 `t_tuple` 使用 `luaL_optinteger` 来获取可选参数。该函数类似于 `luaL_checkinteger`，但当参数不存在时不会报错，而是返回指定的默认值（本例中为零）。

C 语言函数中最多可以有 255 个上值，而 `lua_upvalueindex` 的最大索引值是 256。因此，我们使用 `luaL_argcheck` 来确保这些范围的有效性。

当访问一个不存在的上值时，结果是一个类型为 `LUA_TNONE` 的伪值（pseudo-value）（当访问的索引超出了当前栈顶时，也会得到一个类型为 `LUA_TNONE` 的伪值）。函数 `t_tuple` 使用 lua_isnone 测试指定的上值是否存在。不过，我们永远不应该使用负数或者超过 256（C 语言函数上值的最多个数加 1）的索引值来调用 lua_upvalueindex，因此必须对用户提供的索引进行检查。函数 luaL_argcheck 可用于检查给定的条件，如果条件不符合，则会引发错误并返回一条友好的错误信息：

```
> t = tuple.new(2, 4, 5)
> t(300)
  --> stdin:1: bad argument #1 to 't' (index out of range)
```

luaL_argcheck 的第三个参数表示错误信息的参数编号（上例中为 1)，第四个参数表示对消息的补充（"index out of range"，表示索引超出范围）。

创建元组的函数 t_new（参见示例 30.5）很简单，由于其参数已经在栈中，因此该函数先检查字段的数量是否符合闭包中上值个数的限制，然后将所有上值作为参数调用 lua_pushcclosure 来创建一个 t_tuple 的闭包。最后，数组 tuplelib 和函数 luaopen_tuple（参见示例 30.5）是创建 tuple 库的标准代码，该库只有一个函数 new。

### 30.3.3 共享的上值（Shared upvalue）

我们经常需要在同一个库的所有函数之间共享某些值或变量，虽然可以用注册表来完成这个任务，但也可以使用上值。

与 Lua 语言的闭包不同，C 语言的闭包不能共享上值，每个闭包都有其独立的上值。但是，我们可以设置不同函数的上值指向一张共同的表，这张表就成为一个共同的环境，函数在其中能够共享数据。

Lua 语言提供了一个函数，该函数可以简化同一个库中所有函数间共享上值的任务。我们已经使用 luaL_newlib 打开了 C 语言库。Lua 将这个函数实现为如下的宏：

```
#define luaL_newlib(L,lib)  \
    (luaL_newlibtable(L,lib), luaL_setfuncs(L,lib,0))
```

宏 luaL_newlibtable 只是为库创建了一张新表（该表预先分配的大小等同于指定库中函数的数量)。然后，函数 luaL_setfuncs 将列表 lib 中的函数添加到位于栈顶的新表中。

我们在这里感兴趣的是 luaL_setfuncs 的第三个参数，这个参数给出了库中的新函数共享的上值个数。当调用 lua_pushcclosure 时，这些上值的初始值应该位于栈顶。因此，如果要创建一个库，这个库中的所有函数共享一张表作为它们唯一的上值，则可以使用如下的代码：

```
/* 创建库的表（'lib'是函数的列表） */
luaL_newlibtable(L, lib);
/* 创建共享上值 */
lua_newtable(L);
/* 将表'lib'中的函数加入到新库中，将之前的表共享为上值 */
luaL_setfuncs(L, lib, 1);
```

最后一个函数调用从栈中删除了这张共享表，只留下了新库。

## 30.4 练习

练习 30.1：用 C 语言实现一个过滤函数（filter function），该函数接收一个列表和一个判定条件，然后返回指定列表中满足该判定条件的所有元素组成的新列表。

```
t = filter({1, 3, 20, -4, 5}, function (x) return x < 5 end)
-- t = {1, 3, -4}
```

判定条件就是一个函数，该函数测试一些条件并返回一个布尔值。

练习 30.2：修改函数 `l_split`（见示例 30.2），使其可以处理包含\0 的字符串（可以用 `memchr` 替代 `strchr`）。

练习 30.3：用 C 语言重新实现函数 `transliterate`（练习 10.3）。

练习 30.4：通过修改 `transliterate` 实现一个库，让翻译表不是作为参数给出，而是直接由库给出。这个库应该提供如下的函数：

```
lib.settrans (table)   -- 设置翻译表
lib.gettrans ()        -- 获取翻译表
lib.transliterate(s)    -- 根据当前的表翻译's'
```

使用注册表来保存翻译表。

练习 30.5：使用上值保存翻译表并重新实现练习 30.4。

练习 30.6：你认为把翻译表作为库的状态的一部分而并非作为 `transliterate` 的一个参数是否是一种好的设计?

# 31 C 语言中的用户自定义类型

在上一章中，我们介绍了如何通过 C 语言编写新函数来扩展 Lua。本章将介绍如何用 C 语言编写新的类型来扩展 Lua。我们将从一个简单的例子入手，然后在本章中用元表和其他机制来扩展它。

这个示例实现了一种很简单的类型，即布尔数组。选用这个示例的主要动机在于它不涉及复杂的算法，便于我们专注于 API 的问题。不过尽管如此，这个示例本身还是很有用的。当然，我们可以在 Lua 中用表来实现布尔数组。但是，在 C 语言实现中，可以将每个布尔值存储在一个比特中，所使用的内存量不到使用表方法的 3%。

这个实现需要以下定义：

```
#include <limits.h>

#define BITS_PER_WORD (CHAR_BIT * sizeof(unsigned int))
#define I_WORD(i)     ((unsigned int)(i) / BITS_PER_WORD)
#define I_BIT(i)      (1 << ((unsigned int)(i) % BITS_PER_WORD))
```

BITS_PER_WORD 表示一个无符号整型数的位数，宏 I_WORD 用于根据指定的索引来计算存放相应比特位的字，I_BIT 用于计算访问这个字中相应比特位要用的掩码。

我们可以使用以下的结构体来表示布尔数组：

```
typedef struct BitArray {
  int size;
```

```
  unsigned int values[1];  /* 可变部分 */
} BitArray;
```

由于 C 89 标准不允许分配长度为零的数组，所以我们声明数组 values 的大小为 1，仅有一个占位符；等分配数组时，我们再设置数组的实际大小。下面这个表达式可以计算出拥有 n 个元素的数组大小：

```
sizeof(BitArray) + I_WORD(n - 1) * sizeof(unsigned int)
```

此处 n 减去 1 是因为原结构体中已经包含了一个元素的空间。

## 31.1 用户数据（Userdata）

在第一个版本中，我们使用显式的调用来设置和获取值，如下所示：

```
a = array.new(1000)
for i = 1, 1000 do
  array.set(a, i, i % 2 == 0)      -- a[i] = (i % 2 == 0)
end
print(array.get(a, 10))            --> true
print(array.get(a, 11))            --> false
print(array.size(a))               --> 1000
```

后续我们将介绍如何同时支持像 a:get(i) 这样的面向对象风格和像 a[i] 这样的常见语法。在所有版本中，下列函数是一样的，参见示例 31.1。

示例 31.1 操作布尔数组

```
static int newarray (lua_State *L) {
  int i;
  size_t nbytes;
  BitArray *a;

  int n = (int)luaL_checkinteger(L, 1);    /* 比特位的个数 */
  luaL_argcheck(L, n >= 1, 1, "invalid size");
  nbytes = sizeof(BitArray) + I_WORD(n - 1)*sizeof(unsigned int);
  a = (BitArray *)lua_newuserdata(L, nbytes);
```

```
  a->size = n;
  for (i = 0; i <= I_WORD(n - 1); i++)
    a->values[i] = 0;  /* 初始化数组 */

  return 1;  /* 新的用户数据已经位于栈中 */
}

static int setarray (lua_State *L) {
  BitArray *a = (BitArray *)lua_touserdata(L, 1);
  int index = (int)luaL_checkinteger(L, 2) - 1;

  luaL_argcheck(L, a != NULL, 1, "'array' expected");
  luaL_argcheck(L, 0 <= index && index < a->size, 2,
                   "index out of range");
  luaL_checkany(L, 3);

  if (lua_toboolean(L, 3))
    a->values[I_WORD(index)] |= I_BIT(index);  /* 置位 */
  else
    a->values[I_WORD(index)] &= ~I_BIT(index);  /* 复位 */
  return 0;
}

static int getarray (lua_State *L) {
  BitArray *a = (BitArray *)lua_touserdata(L, 1);
  int index = (int)luaL_checkinteger(L, 2) - 1;

  luaL_argcheck(L, a != NULL, 1, "'array' expected");
  luaL_argcheck(L, 0 <= index && index < a->size, 2,
                   "index out of range");

  lua_pushboolean(L, a->values[I_WORD(index)] & I_BIT(index));
  return 1;
}
```

下面让我们来一点一点地分析。

我们首先关心的是如何在 Lua 中表示一个 C 语言结构体。Lua 语言专门为这类任务提供了一个名为*用户数据*（*userdata*）的基本类型。用户数据为 Lua 语言提供了可以用来存储任何数据的原始内存区域，没有预定义的操作。

函数 lua_newuserdata 分配一块指定大小的内存，然后将相应的用户数据压栈，并返回该块内存的地址：

```
void *lua_newuserdata (lua_State *L, size_t size);
```

如果因为一些原因需要用其他方法来分配内存，可以很容易地创建一个指针大小的用户数据并在其中存储一个指向真实内存块的指针。我们将在第32章中看到使用这种技巧的例子。

示例 31.1中的第一个函数 newarray 使用 lua_newuserdata 创建新的数组。newarray 的代码很简单，它检查了其唯一的参数（数组的大小，单位是比特），以字节为单位计算出数组的大小，创建了一个适当大小的用户数据，初始化用户数据的各个字段并将其返回给 Lua。

第二个函数是 setarray，它有三个参数：数组、索引和新的值。setarray 假定数组索引像 Lua 语言中的那样是从 1 开始的。因为 Lua 可以将任意值当作布尔类型，所以我们用 luaL_checkany 检查第三个参数，不过 luaL_checkany 只能确保该参数有一个值（可以是任意值）。如果用不符合条件的参数调用了 setarray，将会收到一条解释错误的信息，例如：

```
array.set(0, 11, 0)
  --> stdin:1: bad argument #1 to 'set' ('array' expected)
array.set(a, 1)
  --> stdin:1: bad argument #3 to 'set' (value expected)
```

示例 31.1中的最后一个函数是 getarray，该函数类似于 setarray，用于获取元素。

我们还需要定义一个获取数组大小的函数和一些初始化库的额外代码，参见示例 31.2。

**示例 31.2　布尔数组库的额外代码**

```
static int getsize (lua_State *L) {
  BitArray *a = (BitArray *)lua_touserdata(L, 1);
  luaL_argcheck(L, a != NULL, 1, "'array' expected");
  lua_pushinteger(L, a->size);
  return 1;
}
```

```
static const struct luaL_Reg arraylib [] = {
  {"new", newarray},
  {"set", setarray},
  {"get", getarray},
  {"size", getsize},
  {NULL, NULL}
};

int luaopen_array (lua_State *L) {
  luaL_newlib(L, arraylib);
  return 1;
}
```

我们再一次使用了辅助库中的luaL_newlib,该函数创建了一张表,并且用数组arraylib指定的“函数名-函数指针”填充了这张表。

## 31.2 元表（Metatable）

我们当前的实现有一个重大的漏洞。假设用户写了一条像 array.set(io.stdin, 1, false) 这样的语句，那么 io.stdin 的值会是一个带有指向文件流（FILE *）的指针的用户数据，array.set 会开心地认为它是一个合法的参数；其后果可能就是内存崩溃（或者幸运的话，程序提示出现一个超出索引范围的错误）。这种行为对于任何一个 Lua 库而言都是不可接受的。无论你如何使用库，都不应该破坏 C 语言的数据，也不应该让 Lua 语言崩溃。

要区别不同类型的用户数据，一种常用的方法是为每种类型创建唯一的元表。每次创建用户数据时，用相应的元表进行标记；每当获取用户数据时，检查其是否有正确的元表。由于 Lua 代码不能改变用户数据的元表，因此不能绕过这些检查。

我们还需要有个地方来存储这个新的元表，然后才能用它来创建新的用户数据和检查指定的用户数据是否具有正确的类型。我们之前已经看到过，存储元表有两种方法，即存储在注册表中或者库函数的上值中。在 Lua 语言中，惯例是将所有新的 C 语言类型注册到注册表中，用*类型名*（*type name*）作为索引，以元表作为值。由于注册表中还有其他索引，所以必须谨慎地选择类型名以避免冲突。在我们的示例中将使用"LuaBook.array" 作为这个新类型的名称。

通常，辅助库会提供一些函数来帮助实现这些内容。我们将使用的新的辅助函数包括：

```
int   luaL_newmetatable (lua_State *L, const char *tname);
void  luaL_getmetatable (lua_State *L, const char *tname);
void *luaL_checkudata   (lua_State *L, int index,
                                       const char *tname);
```

函数 luaL_newmetatable 会创建一张新表（被用作元表），然后将其压入栈顶，并将该表与注册表中的指定名称关联起来。函数 luaL_getmetatable 从注册表中获取与 tname 关联的元表。最后，luaL_checkudata 会检查栈中指定位置上的对象是否是与指定名称的元表匹配的用户数据。如果该对象不是用户数据，或者该用户数据没有正确的元表，luaL_checkudata 就会引发错误；否则，luaL_checkudata 就返回这个用户数据的地址。

现在让我们开始修改前面的代码。第一步是修改打开库的函数，让该函数为数组创建元表：

```
int luaopen_array (lua_State *L) {
  luaL_newmetatable(L, "LuaBook.array");
  luaL_newlib(L, arraylib);
  return 1;
}
```

下一步是修改 newarray 使其能为其新建的所有数组设置这个元表：

```
static int newarray (lua_State *L) {

  同前

  luaL_getmetatable(L, "LuaBook.array");
  lua_setmetatable(L, -2);

  return 1;  /* 新的用户数据已经位于栈中 */
}
```

函数 lua_setmetatable 会从栈中弹出一个表，并将其设置为指定索引上对象的元表。在本例中，这个对象就是新建的用户数据。

最后，setarray、getarray 和 getsize 必须检查其第一个参数是否是一个有效的数组。为了简化这项任务，我们定义如下的宏：

```
#define checkarray(L) \
```

```
        (BitArray *)luaL_checkudata(L, 1, "LuaBook.array")
```

有了这个宏，getsize 的定义就很简单了：

```
static int getsize (lua_State *L) {
  BitArray *a = checkarray(L);
  lua_pushinteger(L, a->size);
  return 1;
}
```

由于 setarray 和 getarray 还共享了用来读取和检查它们的第二个参数（索引）的代码，所以我们将其通用部分提取出来组成了一个新的辅助函数（getparams）。

示例 31.3 setarray/getarray 的新版本

```
static unsigned int *getparams (lua_State *L,
                                unsigned int *mask) {
  BitArray *a = checkarray(L);
  int index = (int)luaL_checkinteger(L, 2) - 1;

  luaL_argcheck(L, 0 <= index && index < a->size, 2,
                 "index out of range");

  *mask = I_BIT(index);  /* 访问指定比特位的掩码 */
  return &a->values[I_WORD(index)]; /* 字所在的地址 */
}

static int setarray (lua_State *L) {
  unsigned int mask;
  unsigned int *entry = getparams(L, &mask);
  luaL_checkany(L, 3);
  if (lua_toboolean(L, 3))
    *entry |= mask;
  else
    *entry &= ~mask;

  return 0;
```

```
}

static int getarray (lua_State *L) {
  unsigned int mask;
  unsigned int *entry = getparams(L, &mask);
  lua_pushboolean(L, *entry & mask);
  return 1;
}
```

在这个新版本中，setarray 和 getarray 都很简单，参见示例 31.3。现在，如果调用它们时使用了无效的用户数据，我们将会收到一条相应的错误信息：

```
a = array.get(io.stdin, 10)
--> bad argument #1 to 'get' (LuaBook.array expected, got FILE*)
```

## 31.3 面向对象访问

下一步是将这种新类型转换成一个对象，以便用普通的面向对象语法来操作其实例。例如：

```
a = array.new(1000)
print(a:size())     --> 1000
a:set(10, true)
print(a:get(10))    --> true
```

请注意，a:size() 等价于 a.size(a)。因此，我们必须让表达式 a.size 返回函数 getsize。此处的关键机制在于元方法 __index。对于表而言，Lua 会在找不到指定键时调用这个元方法；而对于用户数据而言，由于用户数据根本没有键，所以 Lua 在每次访问时都会调用该元方法。

假设我们运行了以下代码：

```
do
  local metaarray = getmetatable(array.new(1))
  metaarray.__index = metaarray
  metaarray.set = array.set
  metaarray.get = array.get
```

```
  metaarray.size = array.size
end
```

在第一行中，我们创建了一个数组用于获取分配给 metaarray 的元表（我们无法在 Lua 中设置用户数据的元表，但是可以获取用户数据的元表）。然后，将 metaarray.__index 设置为 metaarray。当对 a.size 求值时，因为对象 a 是一个用户数据，所以 Lua 在对象 a 中无法找到键"size"。因此，Lua 会尝试通过 a 的元表的 __index 字段来获取这个值，而这个字段正好就是 metaarray。由于 metaarray.size 就是 array.size，所以 a.size(a) 就是我们想要的 array.size(a)。

当然，用 C 语言也可以达到相同的效果，甚至还可以做得更好：既然数组有自己的操作的对象，那么在表 array 中也就无须包含这些操作了。我们的库只需导出一个用于创建新数组的函数 new 就行了，所有的其他操作都变成了对象的方法。C 语言代码同样可以直接注册这些方法。

操作 getsize、getarray 和 setarray 无须作任何改变，唯一需要改变的是注册它们的方式。换而言之，我们必须修改打开库的函数。首先，我们需要两个独立的函数列表，一个用于常规的函数，另一个用于方法。

```
static const struct luaL_Reg arraylib_f [] = {
  {"new", newarray},
  {NULL, NULL}
};

static const struct luaL_Reg arraylib_m [] = {
  {"set", setarray},
  {"get", getarray},
  {"size", getsize},
  {NULL, NULL}
};
```

新的打开函数 luaopen_array 必须创建元表，并把它赋给自己的 __index 字段，然后在元表中注册所有方法，创建和填充表 array：

```
int luaopen_array (lua_State *L) {
  luaL_newmetatable(L, "LuaBook.array");  /* 创建元表 */
  lua_pushvalue(L, -1);  /* 复制元表 */
  lua_setfield(L, -2, "__index");  /* mt.__index = mt */
```

```
    luaL_setfuncs(L, arraylib_m, 0);  /* 注册元方法 */
    luaL_newlib(L, arraylib_f);  /* 创建库 */
    return 1;
}
```

这里，我们再次使用了 luaL_setfuncs 将列表 arraylib_m 中的函数复制到栈顶的元表中。然后，调用 luaL_newlib 创建一张新表，并在该表中注册来自列表 arraylib_f 的函数。

最后，向新类型中新增一个 __tostring 元方法，这样 print(a) 就可以打印出"array"以及用括号括起来的数组的大小了。该函数如下：

```
int array2string (lua_State *L) {
  BitArray *a = checkarray(L);
  lua_pushfstring(L, "array(%d)", a->size);
  return 1;
}
```

调用 lua_pushfstring 格式化字符串，并将其保留在栈顶。我们还需要将 array2string 添加到列表 arraylib_m 中，以此将该函数加入到数组对象的元表中：

```
static const struct luaL_Reg arraylib_m [] = {
  {"__tostring", array2string},
  other methods（其他方法）
};
```

## 31.4 数组访问

另一种更好的面向对象的表示方法是，使用普通的数组符号来访问数组。只需简单地使用 a[i] 就可以替代 a:get(i)。对于上面的示例，由于函数 setarray 和 getarray 本身就是按照传递给相应元方法的参数的顺序来接收参数的，所以很容易做到这一点。一种快速的解决方案就是直接在 Lua 中定义这些元方法：

```
local metaarray = getmetatable(array.new(1))
metaarray.__index = array.get
metaarray.__newindex = array.set
metaarray.__len = array.size
```

必须在数组原来的实现中运行这段代码，无须修改面向对象的访问。这样，就可以使用标准语法了：

```
a = array.new(1000)
a[10] = true          -- 'setarray'
print(a[10])          -- 'getarray'   --> true
print(#a)             -- 'getsize'    --> 1000
```

如果还要更加完美，可以在 C 语言代码中注册这些元方法。为此，需要再次修改初始化函数，参见示例 31.4。

示例 31.4　新的初始化比特数组库的代码

```
static const struct luaL_Reg arraylib_f [] = {
  {"new", newarray},
  {NULL, NULL}
};

static const struct luaL_Reg arraylib_m [] = {
  {"__newindex", setarray},
  {"__index", getarray},
  {"__len", getsize},
  {"__tostring", array2string},
  {NULL, NULL}
};

int luaopen_array (lua_State *L) {
  luaL_newmetatable(L, "LuaBook.array");
  luaL_setfuncs(L, arraylib_m, 0);
  luaL_newlib(L, arraylib_f);
  return 1;
}
```

在这个新版本中，仍然只有一个公有函数 new，所有的其他函数都只是特定操作的元方法。

## 31.5 轻量级用户数据

到现在为止，我们使用的用户数据称为*完全用户数据*（*full userdata*）。Lua 语言还提供了另一种用户数据，称为*轻量级用户数据*（*light userdata*）。

轻量级用户数据是一个代表 C 语言指针的值，即它是一个 `void *` 值。因为轻量级用户数据是一个值而不是一个对象，所以无须创建它（就好比我们也不需要创建数值）。要将一个轻量级用户数据放入栈中，可以调用 `lua_pushlightuserdata`：

```
void lua_pushlightuserdata (lua_State *L, void *p);
```

尽管名字差不多，但实际上轻量级用户数据和完全用户数据之间区别很大。轻量级用户数据不是缓冲区，而只是一个指针，它们也没有元表。与数值一样，轻量级用户数据不受垃圾收集器的管理。

有时，人们会将轻量级用户数据当作完全用户数据的一种廉价的替代物来使用，但这种用法并不普遍。首先，轻量级用户数据没有元表，因此没有办法得知其类型。其次，不要被“完全”二字所迷惑，实际上完全用户数据的开销也并不大。对于给定的内存大小，完全用户数据与 `malloc` 相比只增加了一点开销。

轻量级用户数据的真正用途是相等性判断。由于完全用户数据是一个对象，因此它只和自身相等；然而，一个轻量级用户数据表示的是一个 C 语言指针的值。因此，它与所有表示相同指针的轻量级用户数据相等。因此，我们可以使用轻量级用户数据在 Lua 语言中查找 C 语言对象。

我们已经见到过轻量级用户数据的一种典型用法，即在注册表中被用作键（见30.3.1节）。在这种情况下，轻量级用户数据的相等性是至关重要的。每次使用 `lua_pushlightuserdata` 压入相同的地址时，我们都会得到相同的 Lua 值，也就是注册表中相同的元素。

Lua 语言中另一种典型的场景是把 Lua 语言对象当作对应的 C 语言对象的代理。例如，输入/输出库使用 Lua 中的用户数据来表示 C 语言的流。当操作是从 Lua 语言到 C 语言时，从 Lua 对象到 C 对象的映射很简单。还是以输入/输出库为例，每个 Lua 语言流会保存指向其相应 C 语言流的指针。不过，当操作是从 C 语言到 Lua 语言时，这种映射就可能比较棘手。例如，假设在输入/输出系统中有某些回调函数（例如，那些告诉我们还有多少数据需要被读取的函数），回调函数接收它要操作的 C 语言流，那么如何从中得到其相应的 Lua 对象呢？由于 C 语言流是由 C 语言标准库定义的而不是我们定义的，因此无法在 C 语言流中存储任何东西。

轻量级用户数据为这种映射提供了一种好的解决方案。我们可以保存一张表，其中键是带有流地址的轻量级用户数据，值是 Lua 中表示流的完全用户数据。在回调函数中，一旦有了流地址，就可以将其作为轻量级用户数据，把它当作这张表的索引来获取对应的 Lua 对象（这张表很可能得是弱引用的；否则，这些完全用户数据可能永远不会被作为垃圾回收）。

## 31.6 练习

练习 31.1：修改 setarray 的实现，让它只能接受布尔值。

练习 31.2：我们可以将一个布尔数组看作是一个整型的集合（在数组中值为 true 的索引）。向布尔数组的实现中增加计算两个数组间并集和交集的函数，这两个函数接收两个布尔数组并返回一个新数组且不修改其参数。

练习 31.3：在上一个练习的基础上扩展，让我们可以用加法来获取两个数组的并集，用乘法来获取两个数组的交集

练习 31.4：修改元方法 __tostring 的实现，让它可以用一种恰当的方式显示数组的所有内容。请使用字符串缓冲机制（见30.2节）创建结果字符串。

练习 31.5：基于布尔数组的例子，为整数数组实现一个小型的 C 语言库。

# 32 管理资源

在上一章的布尔数组实现中，我们无须担心管理资源（managing resource）的事情。那些数组只需要内存，每个表示数组的用户数据都有各自的内存，而这些内存是由 Lua 来管理的。当一个数组成为垃圾时（即程序无法访问），Lua 最终会将其回收并释放其占用的内存。

然而，事情并非总是这么简单。有时，除了内存之外，对象还需要使用其他资源，例如文件描述符、窗口句柄及其他类似的东西（这些资源通常也是内存，但由系统的其他部分管理）。在这种情况下，当一个对象被当成垃圾收集后，其他资源也需要被释放。

正如我们在23.6节中所看到的，Lua 以 `__gc` 元方法的形式提供了析构器。为了完整地演示在 C 语言中对该元方法和 API 的使用，本章中我们会开发两个使用外部功能的示例。第一个示例是遍历目录的函数的另一种实现方式，第二个（更重要）示例与 *Expat* 有关，它是一个开源的 XML 解析器。

## 32.1 目录迭代器

在29.1节中，我们实现了函数 `dir`，该函数会遍历目录并返回一张包含指定目录下所有内容的表。本章中对 `dir` 新的实现会返回一个迭代器，每次调用这个迭代器时它都会返回一个新元素。通过这种实现，我们就能使用如下的循环来遍历目录：

```
for fname in dir.open(".") do
  print(fname)
end
```

要在 C 语言中遍历一个目录，我们需要用到 DIR 结构体。DIR 的实例由 opendir 创建，且必须通过调用 closedir 显式地释放[①]。在之前的实现中，我们将 DIR 的实例当作局部变量，并在获取最后一个文件名后释放了它。而在新实现中，由于必须通过多次调用来查询该值，因此不能把 DIR 的实例保存到局部变量中。此外，不能在获取最后一个文件名后再释放 DIR 的实例，因为如果程序从循环中跳出，那么迭代器永远不会获取最后一个文件名。因此，为了确保 DIR 的实例能被正确释放，需要把该实例的地址存入一个用户数据中，并且用这个用户数据的元方法 __gc 来释放该结构体。

尽管用户数据在我们的实现中处于核心地位，但这个表示目录的用户数据并不一定需要对 Lua 可见。函数 dir.open 会返回一个 Lua 可见的迭代函数，而目录可以作为迭代函数的一个上值。这样，迭代函数能直接访问这个结构体，而 Lua 代码则不能（也没有必要）。

总之，我们需要三个 C 语言函数。首先，我们需要函数 dir.open，该函数是一个工厂函数，Lua 调用该函数来创建迭代器；它必须打开一个 DIR 结构体，并将这个结构体作为上值创建一个迭代函数的闭包。其次，我们需要迭代函数。最后，我们需要 __gc 元方法，该元方法用于释放 DIR 结构体。通常情况下，我们还需要一个额外的函数进行一些初始化工作，例如为目录创建和初始化元表。

先来看函数 dir.open，参见示例 32.1。

**示例 32.1 工厂函数 dir.open**

```
#include <dirent.h>
#include <errno.h>
#include <string.h>

#include "lua.h"
#include "lauxlib.h"

/* 迭代函数的前向声明 */
static int dir_iter (lua_State *L);

static int l_dir (lua_State *L) {
  const char *path = luaL_checkstring(L, 1);
```

[①] 译者注：在 C 语言中，实际上不存在实例的概念，作者在此要表达的意思是“一个 DIR 类型的变量”，请注意合理地理解后文中作者的表述。当然，对于实际的 C 代码来说，获取到的实际是一个指向 DIR 类型变量的指针。

```
    /* 创建一个保存DIR结构体的用户数据 */
    /* 译者注：请注意这里的用户数据保存的是一个‘指向DIR类型结构体的指针 */
    DIR **d = (DIR **)lua_newuserdata(L, sizeof(DIR *));

    /* 预先初始化 */
    *d = NULL;

    /* 设置元表 */
    luaL_getmetatable(L, "LuaBook.dir");
    lua_setmetatable(L, -2);

    /* 尝试打开指定目录 */
    /* 译者注：opendir返回的是一个指向DIR类型结构体的指针
       。虽然作者在下文中一直没有明确地指出指针的概念，
       但实际上所有对该结构体的操作都是通过这个指针进行的。
       请读者注意理解 */
    *d = opendir(path);
    if (*d == NULL)  /* 打开目录失败？ */
      luaL_error(L, "cannot open %s: %s", path, strerror(errno));

    /* 创建并返回迭代函数；该函数唯一的上值，即代表目录的用户数据本身就位于栈顶 */
    lua_pushcclosure(L, dir_iter, 1);
    return 1;
  }
```

在这个函数中要注意的是，必须在打开目录前先创建用户数据。如果先打开目录再调用 lua_newuserdata，那么会引发内存错误，该函数会丢失并泄漏 DIR 结构体[①]。如果顺序正确，DIR 结构体一旦被创建就会立即与用户数据相关联；无论此后发生什么，元方法 __gc 最终都会将其释放。

另一个需要注意的点是用户数据的一致性。一旦设置了元表，元方法 __gc 就一定会被调用。因此，在设置元表前，我们需要使用 NULL 预先初始化用户数据，以确保用户数据具有定义明确的值。

[①] 译者注：函数 opendir 会在内部使用 malloc 分配 DIR 结构体并返回指向该结构体的指针，如果不能保存这个指针，那么后续也没有办法释放 malloc 分配的内存，从而造成内存泄漏。

下一个函数是 dir_iter（在示例 32.2中），也就是迭代器本身。

示例 32.2 dir 库中的其他函数

```
static int dir_iter (lua_State *L) {
  DIR *d = *(DIR **)lua_touserdata(L, lua_upvalueindex(1));
  struct dirent *entry = readdir(d);
  if (entry != NULL) {
    lua_pushstring(L, entry->d_name);
    return 1;
  }
  else return 0;  /* 遍历完成 */
}

static int dir_gc (lua_State *L) {
  DIR *d = *(DIR **)lua_touserdata(L, 1);
  if (d) closedir(d);
  return 0;
}

static const struct luaL_Reg dirlib [] = {
  {"open", l_dir},
  {NULL, NULL}
};

int luaopen_dir (lua_State *L) {
  luaL_newmetatable(L, "LuaBook.dir");

  /* 设置__gc字段 */
  lua_pushcfunction(L, dir_gc);
  lua_setfield(L, -2, "__gc");

  /* 创建库 */
  luaL_newlib(L, dirlib);
  return 1;
}
```

上述代码很简单，它从上值中获取 DIR 结构体的地址，然后调用 readdir 读取下一个元素。

函数 dir_gc（也在示例 32.2中）就是元方法 __gc，该元方法用于关闭目录。正如之前提到的，该元方法必须做好防御措施：如果初始化时出现错误，那么目录可能会是 NULL。

示例 32.2中的最后一个函数 luaopen_dir 用于打开 dir，它是只有一个函数的库。

整个示例中还有一点需要注意。dir_gc 似乎应该检查其参数是否为一个目录以及目录是否已经被关闭；否则，恶意用户可能会用其他类型的用户数据（例如，一个文件）来调用 dir_gc 或者关闭一个目录两次，这样会造成灾难性后果。然而，Lua 程序是无法访问这个函数的：该函数被保存在目录的元表中[①]，而用户数据又被保存为迭代函数的上值，因此 Lua 代码无法访问这些目录。

## 32.2 XML 解析器

接下来，我们介绍一种使用 Lua 语言编写的 Expat 绑定（binding）的简单实现，称为 lxp[②]。Expat 是一个用 C 语言编写的开源 XML1.0 解析器，实现了 SAX，即 *Simple API for XML*。SAX 是一套基于事件的 API，这就意味着一个 SAX 解析器在读取 XML 文档时会边读取边通过回调函数向应用上报读取到的内容。例如，如果让 Expat 解析形如"<tag cap="5">hi</tag>" 的字符串，那么 Expat 会生成三个事件：当读取到子串"<tag cap="5">" 时，生成开始元素（*start-element*）事件；当读取到"hi" 时，生成文本（*text*）事件，也称为字符数据（*character data*）事件；当读取到"</tag>" 时，生成结束元素（*end-element*）事件。每个事件都会调用应用中相应的回调处理器（*callback handler*）。

在此我们不会介绍整个 Expat 库，只关注于那些用于演示与 Lua 交互的新技术部分。虽然 Expat 可以处理很多种不同的事件，但我们只考虑前面示例中所提到的三个事件（开始元素、结束元素和文本事件）。[③]

本例中用到的 Expat API 很少。首先，我们需要用于创建和销毁 Expat 解析器的函数：

```
XML_Parser XML_ParserCreate (const char *encoding);
void XML_ParserFree (XML_Parser p);
```

---

[①] 译者注：即 DIR 所对应用户数据的元表中。

[②] 译者注：此处的 binding 类似于 SL4J 与 Log4J、Logback 的关系，是接口与实现分离的一种模式。

[③] LuaExpat 包提供了非常完整的 Expat 接口。

参数 encoding 是可选的，本例中将使用 NULL。

当解析器创建完成后，必须注册回调处理器：

```
void XML_SetElementHandler(XML_Parser p,
                           XML_StartElementHandler start,
                           XML_EndElementHandler end);

void XML_SetCharacterDataHandler(XML_Parser p,
                                 XML_CharacterDataHandler hndl);
```

第一个函数为开始元素和结束元素事件注册了处理函数，第二个函数为文本（XML 术语中的字符数据，*character data*）事件注册了处理函数。

所有回调处理函数的第一个参数都是用户数据，开始元素事件的处理函数还能接收标签名（tag name）及其属性（attribute）：

```
typedef void (*XML_StartElementHandler)(void *uData,
                                        const char *name,
                                        const char **atts);
```

属性是一个以 NULL 结尾的字符串数组，其中每对连续的字符串保存一个属性的名称和值。结束元素事件处理函数除了用户数据外还有一个额外的参数，即标签名：

```
typedef void (*XML_EndElementHandler)(void *uData,
                                      const char *name);
```

最后，文本事件处理函数只接收文本作为额外参数，该文本字符串不是以 NULL 结尾的，它有一个显式的长度：

```
typedef void (*XML_CharacterDataHandler)(void *uData,
                                         const char *s,
                                         int len);
```

为了将文本输入 Expat，可以使用如下的函数：

```
int XML_Parse (XML_Parser p, const char *s, int len, int isLast);
```

Expat 通过连续调用函数 XML_Parse 一段一段地接收要解析的文档。XML_Parse 的最后一个参数，布尔类型的 isLast，告知 Expat 该片段是否是文档的最后一个片段。如果检测到解析错误，XML_Parse 返回零（Expat 还提供了用于获取错误信息的函数，但为了简单起见，此处忽略了错误信息）。

Expat 中要用到的最后一个函数允许我们设置传递给事件处理函数的用户数据：

```
void XML_SetUserData (XML_Parser p, void *uData);
```

现在，让我们看一下如何在 Lua 中使用这个库。第一种方法是一种直接的方法，即简单地把所有函数导出给 Lua。另一个更好的方法是让这些函数适配 Lua。例如，因为 Lua 语言不是强类型的，所以不需要为每一种回调函数设置不同的函数。我们可以做得更好，甚至免去所有注册回调函数的函数。我们要做的只是在创建解析器时提供一个包含所有事件处理函数的回调函数表，其中每一个键值对是与相应事件对应的键和事件处理函数。例如，如果需要打印出一个文档的布局（layout），可以使用如下的回调函数表：

```
local count = 0

callbacks = {
  StartElement = function (parser, tagname)
    io.write("+ ", string.rep("  ", count), tagname, "\n")
    count = count + 1
  end,

  EndElement = function (parser, tagname)
    count = count - 1
    io.write("- ", string.rep("  ", count), tagname, "\n")
  end,
}
```

输入内容"<to> <yes/> </to>"时，这些事件处理函数会打印出如下内容：

```
+ to
+   yes
-   yes
- to
```

有了这个 API，我们就不再需要那些操作回调函数的函数了，可以直接在回调函数表中操作它们。因此，整个 API 只需用到三个函数：一个用于创建解析器，一个用于解析文本，一个用于关闭解析器。实际上，我们可以将后两个函数实现为解析器对象的方法。该 API 的典型用法形如：

```
local lxp = require "lxp"

p = lxp.new(callbacks)        -- 创建新的解析器

for l in io.lines() do        -- 迭代输入文本
  assert(p:parse(l))          -- 解析一行
  assert(p:parse("\n"))       -- 增加换行符
end

assert(p:parse())             -- 解析文档
p:close()                     -- 关闭解析器
```

现在，让我们来看看如何实现它。首先要决定如何在Lua语言中表示一个解析器。我们会很自然地想到使用用户数据来包含C语言结构体，但是需要在用户数据中放些什么东西呢？我们至少需要实际的Expat解析器和回调函数表。由于这些解析器对象都是Expat回调函数接收的，并且回调函数需要调用Lua语言，因此还需要保存Lua状态。我们可以直接在C语言结构体中保存Expat解析器和Lua状态（它们都是C语言值）；而对于作为Lua语言值的回调函数表，一个选择是在注册表中为其创建引用并保存该引用（我们将在练习32.2中讨论这个做法），另一个选择是使用用户值（*user value*）。每个用户数据都可以有一个与其直接关联的唯一的Lua语言值，这个值就被叫作用户值[①]。要是使用这种方式的话，解析器对象的定义形如：

```
#include <stdlib.h>
#include "expat.h"
#include "lua.h"
#include "lauxlib.h"

typedef struct lxp_userdata {
  XML_Parser parser;          /* 关联的Expat解析器 */
  lua_State *L;
} lxp_userdata;
```

下一步是创建解析器对象的函数 `lxp_make_parser`，参见示例32.3。

[①] 在Lua 5.2中，用户值必须是表。

**示例 32.3　创建 XML 解析器对象的函数**

```
/* 回调函数的前向声明 */
static void f_StartElement (void *ud,
                            const char *name,
                            const char **atts);
static void f_CharData (void *ud, const char *s, int len);
static void f_EndElement (void *ud, const char *name);

static int lxp_make_parser (lua_State *L) {
  XML_Parser p;

  /* (1) 创建解析器对象 */
  lxp_userdata *xpu = (lxp_userdata *)lua_newuserdata(L,
                                          sizeof(lxp_userdata));

  /* 预先初始化以防止错误发生 */
  xpu->parser = NULL;

  /* 设置元表 */
  luaL_getmetatable(L, "Expat");
  lua_setmetatable(L, -2);

  /* (2) 创建Expat解析器 */
  p = xpu->parser = XML_ParserCreate(NULL);
  if (!p)
    luaL_error(L, "XML_ParserCreate failed");

  /* (3) 检查并保存回调函数表 */
  luaL_checktype(L, 1, LUA_TTABLE);
  lua_pushvalue(L, 1);  /* 回调函数表入栈 */
  lua_setuservalue(L, -2);   /* 将回调函数表设为用户值 */

  /* (4) 设置Expat解析器 */
  XML_SetUserData(p, xpu);
```

```
  XML_SetElementHandler(p, f_StartElement, f_EndElement);
  XML_SetCharacterDataHandler(p, f_CharData);
  return 1;
}
```

该函数有四个主要步骤。

- 第一步遵循常见的模式：先创建用户数据，然后使用一致性的值预先初始化用户数据，最后设置用户数据的元表（其中的预先初始化确保如果在初始化过程中发生了错误，析构器能够以一致性的状态处理用户数据）。
- 第二步中，该函数创建了一个 Expat 解析器，将其存储到用户数据中，并检查了错误。
- 第三步保证该函数的第一个参数是一个表（回调函数表），并将其作为用户值赋给了新的用户数据。
- 最后一步初始化 Expat 解析器，将用户数据设为传递给回调函数的对象，并设置了回调函数。请注意，这些回调函数对于所有的解析器来说都是相同的；毕竟，用户无法在 C 语言中动态地创建新函数。不同点在于，这些固定的 C 语言函数会通过回调函数表来决定每次应该调用哪些 Lua 函数。

接下来是解析函数 lxp_parse（参见示例 32.4），该函数用于解析 XML 数据片段。

示例 32.4 解析 XML 片段的函数

```
static int lxp_parse (lua_State *L) {
  int status;
  size_t len;
  const char *s;
  lxp_userdata *xpu;

  /* 获取并检查第一个参数（应该是一个解析器） */
  xpu = (lxp_userdata *)luaL_checkudata(L, 1, "Expat");

  /* 检查解析器是否已经被关闭了 */
  luaL_argcheck(L, xpu->parser != NULL, 1, "parser is closed");

  /* 获取第二个参数（一个字符串） */
  s = luaL_optlstring(L, 2, NULL, &len);
```

```
  /* 将回调函数表放在栈索引为3的位置 */
  lua_settop(L, 2);
  lua_getuservalue(L, 1);

  xpu->L = L;  /* 设置Lua状态 */

  /* 调用Expat解析字符串 */
  status = XML_Parse(xpu->parser, s, (int)len, s == NULL);

  /* 返回错误码 */
  lua_pushboolean(L, status);
  return 1;
}
```

该函数有两个参数，即解析器对象（方法本身）和一个可选的 XML 数据。如果调用该函数时未传入 XML 数据，那么它会通知 Expat 文档已结束。

当 lxp_parse 调用 XML_Parse 时，后一个函数会为指定文件片段中找到的每个相关元素调用处理函数。这些处理函数需要访问回调函数表，因此 lxp_parse 会将这个表放到栈索引为 3（正好在参数后）的位置。在调用 XML_Parse 时还有一个细节：请注意，该函数的最后一个参数会告诉 Expat 文本的指定片段是否为最后一个片段。当不带参数调用 parse 时，s 是 NULL，这样最后一个参数就为真。

现在我们把注意力放到处理回调的 f_CharData、f_StartElement 和 f_EndElement 函数上。这三个函数的代码结构类似，它们都会检查回调函数表是否为指定的事件定义了 Lua 处理函数，如果是，则准备好参数并调用这个处理函数。

首先来看示例 32.5中的处理函数 f_CharData。

**示例 32.5　字符数据事件的处理函数**

```
static void f_CharData (void *ud, const char *s, int len) {
  lxp_userdata *xpu = (lxp_userdata *)ud;
  lua_State *L = xpu->L;

  /* 从回调函数表中获取处理函数 */
  lua_getfield(L, 3, "CharacterData");
```

```
  if (lua_isnil(L, -1)) {  /* 没有处理函数? */
    lua_pop(L, 1);
    return;
  }

  lua_pushvalue(L, 1);  /* 解析器压栈('self') */
  lua_pushlstring(L, s, len);  /* 压入字符数据 */
  lua_call(L, 2, 0);  /* 调用处理函数 */
}
```

该函数的代码很简单。由于创建解析器时调用了 XML_SetUserData，所以处理函数的第一个参数是 lxp_userdata 结构体。在获取 Lua 状态后，处理函数就可以访问由 lxp_parse 设置的位于栈索引 3 位置的回调函数表，以及位于栈索引 1 位置的解析器。然后，该函数就可以用解析器和字符数据（一个字符串）作为参数调用 Lua 中对应的处理函数了（如果存在的话）。

处理函数 f_EndElement 与 f_CharData 十分相似，参见示例 32.6。

示例 32.6 结束元素事件的处理函数

```
static void f_EndElement (void *ud, const char *name) {
  lxp_userdata *xpu = (lxp_userdata *)ud;
  lua_State *L = xpu->L;

  lua_getfield(L, 3, "EndElement");
  if (lua_isnil(L, -1)) {  /* 没有处理函数? */
    lua_pop(L, 1);
    return;
  }

  lua_pushvalue(L, 1);  /* 解析器压栈('self') */
  lua_pushstring(L, name);  /* 压入标签名 */
  lua_call(L, 2, 0);  /* 调用处理函数 */
}
```

该函数也以解析器和标签名（也是一个字符串，但是以 null 结尾）作为参数调用相应的 Lua 处理函数。

示例 32.7演示了最后一个处理函数 f_StartElement。

**示例 32.7　开始元素事件的处理函数**

```
static void f_StartElement (void *ud,
                            const char *name,
                            const char **atts) {
  lxp_userdata *xpu = (lxp_userdata *)ud;
  lua_State *L = xpu->L;

  lua_getfield(L, 3, "StartElement");
  if (lua_isnil(L, -1)) {  /* 没有处理函数? */
    lua_pop(L, 1);
    return;
  }

  lua_pushvalue(L, 1);  /* 解析器压栈（'self'） */
  lua_pushstring(L, name);  /* 压入标签名 */

  /* 创建并填充属性表 */
  lua_newtable(L);
  for (; *atts; atts += 2) {
    lua_pushstring(L, *(atts + 1));
    lua_setfield(L, -2, *atts);  /* table[*atts] = *(atts+1) */
  }

  lua_call(L, 3, 0);  /* 调用处理函数 */
}
```

该函数以解析器、标签名和一个属性列表为参数，调用了 Lua 处理函数。处理函数 f_StartElement 比其他的处理函数稍微复杂一点，因为它需要将属性的标签列表转换为 Lua 语言。f_StartElement 使用了一种非常自然的转换方法，即创建了一张包含属性名和属性值的表。例如，类似这样的开始标签

```
<to method="post" priority="high">
```

会产生如下的属性表：

```
{method = "post", priority = "high"}
```

解析器的最后一个方法是 close，参见示例 32.8。

示例 32.8　关闭 XML 解析器的方法

```
static int lxp_close (lua_State *L) {
  lxp_userdata *xpu =
              (lxp_userdata *)luaL_checkudata(L, 1, "Expat");

  /* 释放Expat解析器（如果有） */
  if (xpu->parser)
    XML_ParserFree(xpu->parser);
  xpu->parser = NULL;  /* 避免重复关闭 */
  return 0;
}
```

当关闭解析器时，必须释放其资源，也就是 Expat 结构体。请注意，由于在创建解析器时可能会发生错误，解析器可能没有这些资源。此外还需注意，如何像关闭解析器一样，在一致的状态中保存解析器，这样当我们试图再次关闭解析器或者垃圾收集器结束解析器时才不会产生问题。实际上，我们可以将这个函数当作终结器来使用。这样便可以确保，即使程序员没有关闭解析器，每个解析器最终也会释放其资源。

示例 32.9是最后一步，它演示了打开库的 luaopen_lxp。luaopen_lxp 将前面所有的部分组织到了一起。

示例 32.9　lxp 库的初始化代码

```
static const struct luaL_Reg lxp_meths[] = {
  {"parse", lxp_parse},
  {"close", lxp_close},
  {"__gc", lxp_close},
  {NULL, NULL}
};

static const struct luaL_Reg lxp_funcs[] = {
  {"new", lxp_make_parser},
  {NULL, NULL}
```

```
};

int luaopen_lxp (lua_State *L) {
  /* 创建元表 */
  luaL_newmetatable(L, "Expat");

  /* metatable.__index = metatable */
  lua_pushvalue(L, -1);
  lua_setfield(L, -2, "__index");

  /* 注册方法 */
  luaL_setfuncs(L, lxp_meths, 0);

  /* 注册（只有lxp.new） */
  luaL_newlib(L, lxp_funcs);
  return 1;
}
```

此处使用的代码结构与31.3节中面向对象的布尔数组的示例相同，我们创建一个元表，将元表的 __index 字段指向自身，并将所有的方法放入其中。因此，需要一个具备解析器方法的列表（lxp_meths），还需要一个包含库函数的列表（lxp_funcs），像常见的面向对象的库一样，这个列表中只有一个创建新解析器的函数。

## 32.3 练习

练习 32.1：修改示例 32.2中的函数 dir_iter，使其在结束遍历时关闭 DIR 结构体。这样修改后，由于程序知道不再需要 DIR，所以无须等待垃圾收集器来释放资源。

（当关闭目录时，应该把保存在用户数据中的地址设为 NULL，以通知析构器该目录已经关闭。此外，dir_iter 在使用目录前也必须检查目录是否已经关闭。）

练习 32.2：在 lxp 的例子中，我们使用用户值将回调函数表和表示解析器的用户数据关联在一起。由于 C 语言回调函数接收到的是 lxp_userdata 结构体，而该结构体并不能提供对表的直接访问，因此这种实现会有一点小问题。我们可以通过在解析每个片段时将回调函数表保存在栈中固定索引的位置来解决这个问题。

另一种设计是通过引用来关联回调函数表和用户数据（见30.3.1节）：创建一个指向回调函数表的引用，并将这个引用（一个整数）保存在 `lxp_userdata` 结构体中。请实现这个方法，不要忘记在关闭解析器时释放该引用。

# 33 线程和状态

Lua 语言不支持真正的多线程，即不支持共享内存的抢占式线程。原因有两个，其一是 ISO C 没有提供这样的功能，因此也没有可移植的方法能在 Lua 中实现这种机制；其二，也是更重要的原因，在于我们认为在 Lua 中引入多线程不是一个好主意。

多线程一般用于底层编程。像信号量（semaphore）和监视器（monitor）这样的同步机制一般都是操作系统上下文（以及老练的程序员）提供的，而非应用程序提供。要查找和纠正多线程相关的 Bug 是很困难的，其中有些 Bug 还会导致安全隐患。此外，程序中的一些需要同步的临界区（例如内存分配函数）还可能由于同步而导致性能问题。

多线程的这些问题源于线程抢占（preemption）和共享内存，因此如果使用非抢先式的线程或者不使用共享内存就可以避免这些问题。Lua 语言同时支持这两种方案。Lua 语言的线程（也就是所谓的协程）是协作式的，因此可以避免因不可预知的线程切换而带来的问题。另一方面，Lua 状态之间不共享内存，因此也为 Lua 语言中实现并行化提供了良好基础。本章将会介绍这两种方式。

## 33.1 多线程

在 Lua 语言中，协程的本质就是线程（*thread*）。我们可以认为协程是带有良好编程接口的线程，也可以认为线程是带有底层 API 的协程。

从 C API 的角度来看，把线程当作一个栈会比较有用；而从实现的角度来看，栈实际上就是线程。每个栈都保存着一个线程中挂起的函数调用的信息，外加每个函数调用的参数和局部变量。换句话说，一个栈包括了一个线程得以继续运行所需的所有信息。因此，多个线程就意味着多个独立的栈。

Lua 语言中 C API 的大多数函数操作的是特定的栈，Lua 是如何知道应该使用哪个栈的呢？当调用 lua_pushnumber 时，是怎么指定将数字压入何处的呢？秘密在于 lua_State 类型，即这些函数的第一个参数，它不仅表示一个 Lua 状态，还表示带有该状态的一个线程（许多人认为这个类型应该叫作 lua_Thread，也许他们是对的）。

当创建一个 Lua 状态时，Lua 就会自动用这个状态创建一个主线程，并返回代表该线程的 lua_State。这个主线程永远不会被垃圾回收，它只会在调用 lua_close 关闭状态时随着状态一起释放。与线程无关的程序会在这个主线程中运行所有的代码。

调用 lua_newthread 可以在一个状态中创建其他的线程：

```
lua_State *lua_newthread (lua_State *L);
```

该函数会将新线程作为一个"thread" 类型的值压入栈中，并返回一个表示该新线程的 lua_State 类型的指针。例如，考虑如下的语句：

```
L1 = lua_newthread(L);
```

执行上述代码后，我们就有了两个线程 L1 和 L，它们都在内部引用了相同的 Lua 状态。每个线程都有其自己的栈。新线程 L1 从空栈开始运行，而老线程 L 在其栈顶会引用这个新线程：

```
printf("%d\n", lua_gettop(L1));           --> 0
printf("%s\n", luaL_typename(L, -1));     --> thread
```

除主线程以外，线程和其他的 Lua 对象一样都是垃圾回收的对象。当新建一个线程时，新创建的线程会被压入栈中，这样就保证了新线程不会被垃圾收集。永远不要使用未被正确锚定在 Lua 状态中的线程（主线程是内部锚定的，因此无须担心这一点）。所有对 Lua API 的调用都有可能回收未锚定的线程，即使是正在使用这个线程的函数调用。例如，考虑如下的代码：

```
lua_State *L1 = lua_newthread (L);
lua_pop(L, 1);          /* L1现在是垃圾 */
lua_pushstring(L1, "hello");
```

调用 lua_pushstring 可能会触发垃圾收集器并回收 L1，从而导致应用崩溃，尽管 L1 正在被使用。要避免这种情况，应该在诸如一个已锚定线程的栈、注册表或 Lua 变量中保留一个对使用中线程的引用。

一旦拥有一个新线程，我们就可以像使用主线程一样来使用它了。我们可以将元素压入栈中，或者从栈中弹出元素，还可以用它来调用函数等等。例如，如下代码在新线程中调用了 f(5)，然后将结果传递到老线程中：

```
lua_getglobal(L1, "f");    /* 假设'f'是一个全局函数 */
lua_pushinteger(L1, 5);
lua_call(L1, 1, 1);
lua_xmove(L1, L, 1);
```

函数 lua_xmove 可以在同一个 Lua 状态的两个栈之间移动 Lua 值。一个形如 lua_xmove(F, T, n) 的调用会从栈 F 中弹出 n 个元素，并将它们压入栈 T 中。

不过，对于这类用法，我们不需要用新线程，用主线程就足够了。使用多线程的主要目的是实现协程，从而可以挂起某些协程的执行，并在之后恢复执行。因此，我们需要用到函数 lua_resume：

```
int lua_resume (lua_State *L, lua_State *from, int narg);
```

要启动一个协程，我们可以像使用 lua_pcall 一样使用 lua_resume：将待调用函数（协程体）压入栈，然后压入协程的参数，并以参数的数量作为参数 narg 调用 lua_resume（参数 from 是正在执行调用的线程，或为 NULL）。这个行为与 lua_pcall 类似，但有三个不同点。首先，lua_resume 中没有表示期望结果数量的参数，它总是返回被调用函数的所有结果。其次，它没有表示错误处理函数的参数，发生错误时不会进行栈展开，这样我们就可以在错误发生后检查栈的情况。最后，如果正在运行的函数被挂起，lua_resume 就会返回代码 LUA_YIELD，并将线程置于一个可以后续再恢复执行的状态中。

当 lua_resume 返回 LUA_YIELD 时，线程栈中的可见部分只包含传递给 yield 的值。调用 lua_gettop 会返回这些值的个数。如果要将这些值转移到另一个线程，可以使用 lua_xmove。

要恢复一个挂起的线程，可以再次调用 lua_resume。在这种调用中，Lua 假设栈中所有的值都会被调用的 yield 返回。例如，如果在一个 lua_resume 返回后到再次调用 lua_resume 时不改变线程的栈，那么 yield 会原样返回它产生的值。

通常，我们会把一个 Lua 函数作为协程体启动协程。这个 Lua 函数可以调用其他 Lua 函数，并且其中任意一个函数都可以挂起，从而结束对 lua_resume 的调用。例如，假设有如下定义：

```
function foo (x)  coroutine.yield(10, x)  end

function foo1 (x)  foo(x + 1); return 3  end
```

现在运行以下C语言代码：

```
lua_State *L1 = lua_newthread(L);
lua_getglobal(L1, "foo1");
lua_pushinteger(L1, 20);
lua_resume(L1, L, 1);
```

调用lua_resume会返回LUA_YIELD，表示线程已交出了控制权。此时，L1的栈便有了为yield指定的值：

```
printf("%d\n", lua_gettop(L1));                --> 2
printf("%lld\n", lua_tointeger(L1, 1));        --> 10
printf("%lld\n", lua_tointeger(L1, 2));        --> 21
```

当恢复此线程时，它会从挂起的地方（即调用yield的地方）继续执行。此时，foo会返回到foo1，foo1继而又返回到lua_resume：

```
lua_resume(L1, L, 0);
printf("%d\n", lua_gettop(L1));                --> 1
printf("%lld\n", lua_tointeger(L1, 1));        --> 3
```

第二次调用lua_resume时会返回LUA_OK，表示一个正常的返回。

一个协程也可以调用C语言函数，而C语言函数又可以反过来调用其他Lua函数。我们已经讨论过如何使用延续（continuation）来让这些Lua函数交出控制权（参见29.2节）。C语言函数也可以交出控制权。在这种情况下，它必须提供一个在线程恢复时被调用的延续函数（continuation function）。要交出控制权，C语言函数必须调用如下的函数：

```
int lua_yieldk (lua_State *L, int nresults, int ctx,
                              lua_CFunction k);
```

在返回语句中我们应该始终使用这个函数，例如：

```
static inf myCfunction (lua_State *L) {
  ...
  return lua_yieldk(L, nresults, ctx, k);
}
```

这个调用会立即挂起正在运行的协程。参数 nresults 是将要返回给对应的 lua_resume 的栈中值的个数；参数 ctx 是传递给延续的上下文信息；参数 k 是延续函数。当协程恢复运行时，控制权会直接交给延续函数 k；当协程交出控制权后，myCfunction 就不会再有其他任何动作，它必须将所有后续的工作委托给延续函数处理。

让我们来看一个典型的例子。假设要编写一个读取数据的函数，如果无数据可读则交出控制权。我们可能会用 C 语言写出一个这样的函数：[①]

```
int readK (lua_State *L, int status, lua_KContext ctx) {
  (void)status;  (void)ctx;  /* 未使用的参数 */
  if (something_to_read()) {
    lua_pushstring(L, read_some_data());
    return 1;
  }
  else
    return lua_yieldk(L, 0, 0, &readK);
}

int prim_read (lua_State *L) {
  return readK(L, 0, 0);
}
```

在这个示例中，prim_read 无须做任何初始化，因此它可以直接调用延续函数（readK）。如果有数据可读，readK 会读取并返回数据；否则，它会交出控制权。当线程恢复时，prim_read 会再次调用延续函数，该延续函数会再次尝试读取数据。

如果 C 语言函数在交出控制权之后什么都不做，那么它可以不带延续函数调用 lua_yieldk 或者使用宏 lua_yield：

```
return lua_yield(L, nres);
```

在这一句调用之后，当线程恢复时，控制权会返回到名为 myCfunction 的函数中。

[①] 正如笔者之前提到过的，在 Lua 5.3 之前，延续的 API 有一点不同。特别是，延续函数只有一个参数，即 Lua 状态。

## 33.2 Lua 状态

每次调用 luaL_newstate（或 lua_newstate）都会创建一个新的 Lua 状态。不同的 Lua 状态之间是完全独立的，它们根本不共享数据。也就是说，无论在一个 Lua 状态中发生了什么，都不会影响其他 Lua 状态。这也意味着 Lua 状态之间不能直接通信，因而必须借助一些 C 语言代码的帮助。例如，给定两个状态 L1 和 L2，如下命令会将 L1 栈顶的字符串压入 L2 的栈中：

```
lua_pushstring(L2, lua_tostring(L1, -1));
```

由于所有数据必须由 C 语言进行传递，因此 Lua 状态之间只能交换能够使用 C 语言表示的类型，例如字符串和数值。其他诸如表之类的类型必须序列化后才能传递。

在支持多线程的系统中，一种有趣的设计是为每个线程创建一个独立的 Lua 状态。这种设计使得线程类似于 POSIX 进程，它实现了非共享内存的并发（concurrency）。在本节中，我们会根据这种方法开发一个多线程的原型实现。在这个实现中，将会使用 POSIX 线程（pthread）。因为这些代码只使用了一些基础功能，所以将它们移植到其他线程系统中并不难。

我们要开发的系统很简单，其主要目的是演示在一个多线程环境中使用多个 Lua 状态。在这个系统开始运行之后，我们可以为它添加几个高级功能。我们把这个库称为 lproc，它只提供 4 个函数：

`lproc.start(chunk)`
启动一个新进程来运行指定的代码段（一个字符串）。这个库将 Lua 进程（*process*）实现为一个 C 语言线程（*thread*）外加与其相关联的 Lua 状态。

`lproc.send(channel, val1, val2, ...)`
将所有指定值（应为字符串）发送给指定的、由名称（也是一个字符串）标识的通道（channel）。后面有一个练习，该练习要求对上述函数进行修改，使其支持发送其他类型的数据。

`lproc.receive(channel)`
接收发送给指定通道的值。

`lproc.exit()`
结束一个进程。只有主进程需要这个函数。如果主程序不调用 lproc.exit 就直接结束，那么整个程序会终止，而不会等待其他进程结束。

这个库通过字符串标识不同的通道，并通过字符串来匹配发送者和接收者。一个发送操作可以发送任意数量的字符串，这些字符串由对应的接收操作返回。所有的通信都是同步的，向通道发送消息的进程会一直阻塞，直到有进程从该通道接收信息，而从通道接收信息的进程会一直阻塞，直至有进程向其发送消息。

lproc 的实现像其接口一样简单，它使用了两个循环双向链表（circular double-linked list），一个用于等待发送消息的进程，另一个用于等待接收消息的进程。lproc 使用一个互斥量（mutex）来控制对这两个链表的访问。每个进程有一个关联的条件变量（condition variable）。当进程要向通道发送一条消息时，它会遍历接收链表以查找一个在该通道上等待的进程。如果找到了这样的进程，它会将该进程从等待链表中删除，并将消息的值从自身转移到找到的进程中，然后通知其他进程；否则，它就将自己插入发送链表，然后等待其条件变量发生变化。接收消息的操作也与此基本类似。

在这种实现中，主要的元素之一就是表示进程的结构体：

```
#include <pthread.h>
#include "lua.h"
#include "lauxlib.h"

typedef struct Proc {
  lua_State *L;
  pthread_t thread;
  pthread_cond_t cond;
  const char *channel;
  struct Proc *previous, *next;
} Proc;
```

前两个字段表示进程使用的 Lua 状态和运行该进程的 C 线程。第三个字段 cond 是条件变量，线程会在等待匹配的发送/接收时用它来使自己进入阻塞状态。第四个字段保存了进程正在等待的通道（如果有的话）。最后两个字段 previous 和 next 将进程的结构体组成等待链表。

下面的代码声明了两个等待链表及关联的互斥量：

```
static Proc *waitsend = NULL;
static Proc *waitreceive = NULL;

static pthread_mutex_t kernel_access = PTHREAD_MUTEX_INITIALIZER;
```

每个进程都需要一个 Proc 结构体，并且进程脚本调用 send 或 receive 时就需要访问这个结构体。这些函数接收的唯一参数就是进程的 Lua 状态；因此，每个进程都应将其 Proc 结构体保存在其 Lua 状态中。在我们的实现中，每个状态都将其对应的 Proc 结构体作为完整的用户数据存储在注册表中，关联的键为"_SELF"。辅助函数 getself 可以从指定的状态中获取相关联的 Proc 结构体：

```
static Proc *getself (lua_State *L) {
  Proc *p;
  lua_getfield(L, LUA_REGISTRYINDEX, "_SELF");
  p = (Proc *)lua_touserdata(L, -1);
  lua_pop(L, 1);
  return p;
}
```

下一个函数，movevalues，将值从发送进程移动到接收进程：

```
static void movevalues (lua_State *send, lua_State *rec) {
  int n = lua_gettop(send);
  int i;
  luaL_checkstack(rec, n, "too many results");
  for (i = 2; i <= n; i++)  /* 将值传给接收进程 */
    lua_pushstring(rec, lua_tostring(send, i));
}
```

这个函数将发送进程的栈中所有的值（除了第一个，它是通道）移动到接收进程的栈中。请注意，在压入任意数量的元素时，需要检查栈空间。

示例 33.1定义了函数 searchmatch，该函数会遍历列表以寻找等待指定通道的进程。

**示例 33.1　用于寻找等待通道的进程的函数**

```
static Proc *searchmatch (const char *channel, Proc **list) {
  Proc *node;
  /* 遍历列表 */
  for (node = *list; node != NULL; node = node->next) {
    if (strcmp(channel, node->channel) == 0) {  /* 匹配？ */
      /* 将结点从列表移除 */
      if (*list == node)  /* 结点是否为第一个元素？ */
```

```
        *list = (node->next == node) ? NULL : node->next;
      node->previous->next = node->next;
      node->next->previous = node->previous;
      return node;
    }
  }
  return NULL;  /* 没有找到匹配 */
}
```

如果找到一个进程，那么该函数会将这个进程从列表中移除并返回该进程；否则，该函数会返回 NULL。

当找不到匹配的进程时，会调用最后的辅助函数，参见示例 33.2。

示例 33.2　用于在等待列表中新增一个进程的函数

```
static void waitonlist (lua_State *L, const char *channel,
                                      Proc **list) {
  Proc *p = getself(L);

  /* 将其自身放到链表的末尾 */
  if (*list == NULL) {  /* 链表为空？ */
    *list = p;
    p->previous = p->next = p;
  }
  else {
    p->previous = (*list)->previous;
    p->next = *list;
    p->previous->next = p->next->previous = p;
  }

  p->channel = channel;  /* 等待的通道 */

  do {  /* 等待其条件变量 */
    pthread_cond_wait(&p->cond, &kernel_access);
  } while (p->channel);
}
```

在这种情况下，进程会将自己链接到相应等待链表的末尾，然后进入等待状态，直到另一个进程与之匹配并将其唤醒（pthread_cond_wait 附近的循环会处理 POSIX 线程允许的虚假唤醒，spurious wakeup）。当一个进程唤醒另一个进程时，它会将另一个进程的 channel 字段设置为 NULL。因此，如果 p->channel 不是 NULL，那就表示尚未出现与进程 p 匹配的进程，所以需要继续等待。

有了这些辅助函数，我们就可以编写 send 和 receive 了（参见示例 33.3）。

示例 33.3 用于发送和接收消息的函数

```
static int ll_send (lua_State *L) {
  Proc *p;
  const char *channel = luaL_checkstring(L, 1);

  pthread_mutex_lock(&kernel_access);

  p = searchmatch(channel, &waitreceive);

  if (p) {  /* 找到匹配的接收线程？ */
    movevalues(L, p->L);  /* 将值传递给接收线程 */
    p->channel = NULL;  /* 标记接收线程无须再等待 */
    pthread_cond_signal(&p->cond);  /* 唤醒接收线程 */
  }
  else
    waitonlist(L, channel, &waitsend);

  pthread_mutex_unlock(&kernel_access);
  return 0;
}

static int ll_receive (lua_State *L) {
  Proc *p;
  const char *channel = luaL_checkstring(L, 1);
  lua_settop(L, 1);

  pthread_mutex_lock(&kernel_access);
```

```
    p = searchmatch(channel, &waitsend);

    if (p) {  /* 找到匹配的发送线程？ */
      movevalues(p->L, L);  /* 从发送线程获取值 */
      p->channel = NULL;  /* 标记发送线程无须再等待 */
      pthread_cond_signal(&p->cond);  /* 唤醒发送线程 */
    }
    else
      waitonlist(L, channel, &waitreceive);

    pthread_mutex_unlock(&kernel_access);

    /* 返回除通道外的栈中的值 */
    return lua_gettop(L) - 1;
  }
```

函数 ll_send 先获取通道，然后锁住互斥量并搜索匹配的接收进程。如果找到了，就把待发送的值传递给这个接收进程，然后将接收进程标记为就绪状态并唤醒接收进程。否则，发送进程就将自己放入等待链表。当操作完成后，ll_send 解锁互斥量且不向 Lua 返回任何值。函数 ll_receive 与之类似，但它会返回所有接收到的值。

现在，让我们看一下如何创建新进程。新进程需要一个新的 POSIX 线程，而 POSIX 线程的运行需要一个线程体。我们会在后面的内容中定义这个线程体。在此，先看一下它的原型，这是 pthreads 所要求的：

```
static void *ll_thread (void *arg);
```

要创建并运行一个新进程，我们开发的系统必须创建一个新的 Lua 状态，启动一个新线程，编译指定的代码段，调用该代码段，最后释放其资源。原线程会完成前三个任务，而新线程则负责其余任务（为了简化错误处理，我们的系统只在成功编译了指定的代码段后才启动新的线程）。

函数 ll_start 可以创建一个新的进程（见示例 33.4）。

示例 33.4　用于创建进程的函数

```
static int ll_start (lua_State *L) {
  pthread_t thread;
```

```
  const char *chunk = luaL_checkstring(L, 1);
  lua_State *L1 = luaL_newstate();

  if (L1 == NULL)
    luaL_error(L, "unable to create new state");

  if (luaL_loadstring(L1, chunk) != 0)
    luaL_error(L, "error in thread body: %s",
                  lua_tostring(L1, -1));

  if (pthread_create(&thread, NULL, ll_thread, L1) != 0)
    luaL_error(L, "unable to create new thread");

  pthread_detach(thread);
  return 0;
}
```

该函数创建了一个新的 Lua 状态 L1，并在其中编译了指定的代码段。如果有错误发生，该函数会把错误传递给原来的状态 L。然后，该函数使用 ll_thread 作为线程体创建一个新线程（使用 pthread_create 创建），同时将新状态 L1 作为参数传递给这个线程体。最后，该函数调用 pthread_detach 通知系统我们不需要该线程的任何运行结果。

每个新线程的线程体都是函数 ll_thread（见示例 33.5），它接收相应的 Lua 状态（由 ll_start 创建），这个 Lua 状态的栈中只含有预编译的主代码段。

示例 33.5　新线程的线程体

```
int luaopen_lproc (lua_State *L);

static void *ll_thread (void *arg) {
  lua_State *L = (lua_State *)arg;
  Proc *self;  /* 进程自身的控制块 */

  openlibs(L);  /* 打开标准库 */
  luaL_requiref(L, "lproc", luaopen_lproc, 1);
  lua_pop(L, 1);  /* 移除之前调用的结果 */
```

```
  self = (Proc *)lua_newuserdata(L, sizeof(Proc));
  lua_setfield(L, LUA_REGISTRYINDEX, "_SELF");
  self->L = L;
  self->thread = pthread_self();
  self->channel = NULL;
  pthread_cond_init(&self->cond, NULL);

  if (lua_pcall(L, 0, 0, 0) != 0)  /* 调用主代码段 */
    fprintf(stderr, "thread error: %s", lua_tostring(L, -1));

  pthread_cond_destroy(&getself(L)->cond);
  lua_close(L);
  return NULL;
}
```

首先，该函数打开 Lua 标准库和库 `lproc`；之后，它创建并初始化其自身的控制块[1]；然后，调用主代码段；最后，销毁其条件变量并关闭 Lua 状态。

请注意使用 `luaL_requiref` 打开库 `lproc` 的用法。[2]这个函数在某种意义上等价于 `require`,但它用指定函数（示例 33.5中的 `luaopen_lproc`）来打开库而没有搜索打开函数（loader）。在调用这个打开函数后，`luaL_requiref` 会在表 `package.loaded` 中注册结果，这样以后再调用 `require` 加载这个库时就无须再次打开库了。当 `luaL_requiref` 的最后一个参数为真时，该函数还会在相应的全局变量（示例 33.5中为 `lproc`）中注册这个库。

示例 33.6演示了这个模块中的最后一个函数。

**示例 33.6　模块 `lproc` 的其他函数**

```
static int ll_exit (lua_State *L) {
  pthread_exit(NULL);
  return 0;
}

static const struct luaL_Reg ll_funcs[] = {
  {"start", ll_start},
```

[1] 译者注：在操作系统领域经常将封装了进程的结构体称为控制块。

[2] 这个函数是在 Lua 5.2 中引入的。

```
  {"send", ll_send},
  {"receive", ll_receive},
  {"exit", ll_exit},
  {NULL, NULL}
};

int luaopen_lproc (lua_State *L) {
  luaL_newlib(L, ll_funcs);  /* open library */
  return 1;
}
```

这两个函数都很简单。函数 ll_exit 应该只能在主进程结束时由主进程调用，以避免整个程序立即结束。函数 luaopen_lproc 是用于打开这个模块的标准函数。

正如笔者之前说过的，在 Lua 语言中这种进程的实现方式非常简单。我们可以对它进行各种改进，这里简单介绍几种。

第一种显而易见的改进是改变对匹配通道的线性查找，更好的选择是用哈希表来寻找通道，并为每个通道设置一个独立的等待列表。

另一种改进涉及创建进程的效率。创建一个新的 Lua 状态是一个轻量级操作，但打开所有的标准库可不是轻量级的，并且大部分进程可能并不需要用到所有的标准库。我们可以通过对库进行预注册来避免打开无用的库，这一点已经在17.1节中讨论过。相对于为每个标准库调用 luaL_requiref，使用这种方法时我们只需将库的打开函数放入表 package.preload 中即可。当且仅当进程调用 require "lib" 时，require 才会调用这个与库相关的函数来打开库。示例 33.7中的函数 registerlib 会完成这样的注册。

示例 33.7　注册按需打开的库

```
static void registerlib (lua_State *L, const char *name,
                                       lua_CFunction f) {
  lua_getglobal(L, "package");
  lua_getfield(L, -1, "preload");  /* 获取'package.preload' */
  lua_pushcfunction(L, f);
  lua_setfield(L, -2, name);  /* package.preload[name] = f */
  lua_pop(L, 2);  /* 弹出'package'和'preload' */
}
```

```
static void openlibs (lua_State *L) {
  luaL_requiref(L, "_G", luaopen_base, 1);
  luaL_requiref(L, "package", luaopen_package, 1);
  lua_pop(L, 2);  /* 移除之前调用的结果 */
  registerlib(L, "coroutine", luaopen_coroutine);
  registerlib(L, "table", luaopen_table);
  registerlib(L, "io", luaopen_io);
  registerlib(L, "os", luaopen_os);
  registerlib(L, "string", luaopen_string);
  registerlib(L, "math", luaopen_math);
  registerlib(L, "utf8", luaopen_utf8);
  registerlib(L, "debug", luaopen_debug);
}
```

一般情况都需要打开基础库。另外，我们还需要 package 库；如果没有 package 库，就无法通过 require 来打开其他库。所有其他的库都是可选的。因此，除了调用 luaL_openlibs 之外，可以在打开新状态时调用我们自己的函数 openlibs（在示例 33.7中也有展示）。当进程需要用到其中任意一个库时，只需显式地调用 require，require 就会调用相应的 luaopen_* 函数。

另一个改进涉及通信原语（communication primitive）。例如，为 lproc.send 和 lproc.receive 设置一个等待匹配的时间阈值会非常有用。特别的，当等待时间阈值为零时，这两个函数会成为非阻塞的。在 POSIX 线程中，可以用 pthread_cond_timedwait 实现这个功能。

## 33.3 练习

练习 33.1：正如我们所见，如果函数调用 lua_yield（没有延续的版本），当线程唤醒时，控制权会返回给调用它的函数。请问调用函数会接收到什么样的值作为这次调用的返回结果？

练习 33.2：修改库 lproc，使得这个库能够发送和接收其他诸如布尔值和数值的类型时无须将其转换成字符串（提示：只需要修改函数 movevalues 即可）。

练习 33.3：修改库 lproc，使得这个库能够发送和接收表（提示：可以通过遍历原表在接收状态中创建一个副本）。

练习 33.4：在库 lproc 中实现无阻塞的 send 操作。